21世纪高职系列教材
SHIJI GAOZHI XILIE JIAOCAI

金属熔焊原理

主编 / 马文姝 白凤臣 副主编 / 刘军华 胡福志 主审 / 黄凤虎

哈尔滨工程大学出版社

内容简介

《金属熔焊原理》是焊接专业或焊接方向的一门主要专业课教材，是为满足高等职业技术学院（包括中等专业学校）焊接专业或焊接方向教学改革的需要而编写的。其主要内容包括：焊接的物理本质；焊接区温度的变化；焊接化学冶金；焊接材料；熔池凝固和焊缝固态相变；焊接热影响区的组织和和性能；焊接裂纹。

本书着重论述了与焊接质量有关的焊接冶金的基本问题，尽量反映国内外近年来在焊接生产方面的最新成果。体系完整，内容精炼，可作为高等职业技术院校或中等专业学校焊接专业的教学用书，也可供从事焊接理论研究、焊接生产、施工等工程技术人员参考。

图书在版编目（CIP）数据

金属熔焊原理/马文姝、白凤臣主编.—哈尔滨：哈尔滨工程大学出版社，2007.8（2011.7 重印）
ISBN 978-7-81073-743-2

Ⅰ.金…　Ⅱ.马…　Ⅲ.熔焊-高等学校：技术学校-教材　Ⅳ.TG442

中国版本图书馆 CIP 数据核字（2007）第 130706 号

出版发行　哈尔滨工程大学出版社
社　　址　哈尔滨市南岗区东大直街 124 号
邮政编码　150001
发行电话　0451-82519328
传　　真　0451-82519699
经　　销　新华书店
印　　刷　肇东粮食印刷厂
开　　本　787mm×1 092mm　1/16
印　　张　15
字　　数　310 千字
版　　次　2007 年 8 月第 1 版
印　　次　2011 年 7 月第 4 次印刷
定　　价　25.00 元
http：//press.hrbeu.edu.cn
E-mail：heupress@hrbeu.edu.cn

高等职业教育系列教材编委会

前言

《金属熔焊原理》是焊接专业或焊接方向的一门主要专业课教材，在培养学生掌握专业知识过程中起着重要的作用。本书可作为高等职业技术院校或中等专业学校焊接专业的教学用书，也可供从事焊接理论研究、焊接生产、施工等工程技术人员参考。

本教材是编者借鉴部分高职院校教学改革的经验，结合编者多年来在培养技术应用型人才方面探索的实践经验和体会，为满足高等职业技术学院（包括中等专业学校）焊接专业或焊接方向教学改革的需要而编写的。面向21世纪，根据高等职业技术教育的培养目标，本书以培养学生在生产实践中分析问题和解决问题的能力为中心，结合焊接技术特点，构成本教材的基本框架。在内容安排上，重点放在与焊接质量有关的焊接冶金基本问题论述上。在论述深度上也有所取舍，偏重基本概念和基本规律，对于较深理论、目前尚不成熟或有争议的内容，书中只作简单介绍或不作介绍，力求体现先进、实际、实用、规范、必须、精炼的原则。同时，在编写过程中也注意内容的更新，尽量反映国内外近年来在焊接理论研究和生产应用方面的最新成果，不断发展和完善焊接理论体系，提高焊接技术水平。

全书共分为六章，按着熔焊原理的知识结构，从最基本的焊接概念、基础知识及原理逐步深入展开。第一章、第二章系统介绍了焊接的热过程和化学冶金过程；第三章系统地介绍焊接材料的基本知识；第四、五章介绍金属的凝固、组织及性能的变化规律；第六章介绍裂纹产生的原因、影响因素及防止措施。

为了更准确掌握焊接的基本概念和基础知识，增加本书的实用性，方便阅读，本书在附录部分按照国家标准系统地介绍了常用焊接术语、焊条标准等相关知识。

本书由黑龙江工商职业技术学院马文姝、白凤臣任主编，黑龙江农业工程职业学院刘军华、黑龙江农业经济职业学院胡福志为副主编。第二章、第四章及第五章由马文姝编写；绪论、第一章及附录由白凤臣编写，第三章由刘军华编写，第六章由胡福志编写。全书由马文姝统稿和定稿，无锡交通高等职业技术学校黄凤虎审阅了全书。

在编写过程中，参阅了高等学校有关教材及国内外最新出版资料，并得到各参编学校的大力支持，在此一并致谢。

尽管我们在探索《金属熔焊原理》教材特色建设的改革方面做了许多努力，但由于高职教育教学改革是一个继续探索和不断深化的过程，教材的完善需要一个较长的时间，加之编者水平有限，难免存在疏漏、不足之处，恳请各教学单位和读者在使用本教材的过程中给予关注，并多提宝贵意见。

编者

2007年5月

目 录

绪　　论

随着科学技术的不断发展,焊接作为一门传统的热加工工艺方法,正在逐步成为当代先进的制造技术之一。在人类社会步入21世纪的今天,焊接已经进入了一个崭新的发展阶段。愈来愈多的高新技术(如计算机、微电子、数字控制、信息处理、工业机器人、真空、激光技术等)已广泛地应用于焊接领域。

焊接技术的应用也已成为国际社会评价各国工业发达程度的重要指标之一。在世界工业发达的国家中,钢材总产量的50%以上要经过焊接加工之后投入使用。我国焊接结构用钢量已接近钢材总产量的40%。而且,焊接作为一种主导制造技术,在锅炉、压力容器、电站设备、石油化工、冶金机械、矿山机械、铁路、汽车、工程机械、造船、港口建设、航空、建筑工程、机床、医疗器械、精密仪器等行业得到了更广泛的应用。随着科学技术的不断发展和各种新材料的不断出现,可以预料,在推动我国的经济建设、国防建设和发展科学事业上,焊接技术将起到越来越重要的作用。

一、焊接过程的物理本质

这里所说的物理本质,是指焊接与其他连接方法在宏观和微观两个方面的根本区别。了解焊接过程的物理本质,是掌握焊接基本理论、基本规律的前提,对于保证焊接质量,提高焊接技术水平以及开发新的焊接能源都有重要的意义。

在机械制造中连接的方法很多,除焊接外,还有螺栓连接、键连接、铆接与粘接等。焊接不仅与上述方法有实质的区别,而且与钎焊的物理本质也不尽相同。什么是焊接?什么是钎焊?什么是粘接?

焊接的概念及内涵按照国际焊接学会的定义:焊接是指通过加热或加压或二者并用,并且用或不用填充材料,使被焊材料达到原子间的结合,从而形成永久性连接的工艺。其中,被焊的材料(同种或异种)一般被称为母材或工件。

据此描述可知,焊接这个概念至少包括三个方面的含义:一是焊接的途径,即加热或加压或二者并用;二是焊接的本质,即微观上达到原子间的结合;三是焊接的结果,即宏观上形成永久性的连接。

大家知道,固体材质是由各类键结合在一起的。就金属而言,是依靠金属键结合在一起的。由图0-1可以看到,两个原子间的结合力大小决定于二者之间的引力与斥力共同作用的结果。当原子间的距离为r_A时,结合力最大。对于大多数金属,$r_A = 0.3 \sim 0.5$ nm,当原子间的距离大于或小于r_A时,结合力都显著降低。

怎样才能实现焊接过程呢?从理论来讲,就是当两个被焊的固体金属表面接近到相距r_A时,就可以在接触表面上进行扩散、再结晶甚至发生化学反应,从而实现原子间的结合,达到焊接的目的。然而,这只是理论上的条件,事实上即使是经过精细加工的表面,在微观上也会存在凹凸不平之处,更何况在一般金属的表面上还常常带有氧化膜、油污和水分等吸附层,这样,就会阻碍金属表面的紧密接触。

为了克服阻碍金属表面紧密接触的各种因素,在焊接工艺上采取以下两种措施。

(1) 对被焊接的材质施加压力。目的是破坏接触表面的氧化膜,使结合处增加有效的接触面积,从而达到紧密接触。

(2) 对被焊材料加热(局部或整体)。对金属来讲,使结合处达到软化或熔化状态,此时接触面的氧化膜迅速破坏,降低金属变形的阻力。加热会增加原子的振动能,促进扩散、再结晶、化学反应和结晶过程的进行。

应该指出,无论是加压方式,还是加热方式,都是使被焊材料之间在微观上达到原子间的结合,在宏观上形成永久的连接接头。

每种金属实现焊接所必须的温度与压力之间存在一定的关系,如图0-2所示。对于纯铁来讲,金属加热的温度越低,实现焊接所需的压力就越大。当金属的加热温度 $T < T_1$ 时,压力必须在 AB 线的右上方(Ⅰ区)才能实现焊接;当金属的加热温度 T 在 $T_1 \sim T_2$ 之间时,压力应在 BC 线以上(Ⅱ区)才能实现焊接;当 $T > T_2 = T_M$(T_M 是金属的熔化温度),则实现焊接所需的压力为零,此即熔焊的情况(Ⅲ区)。

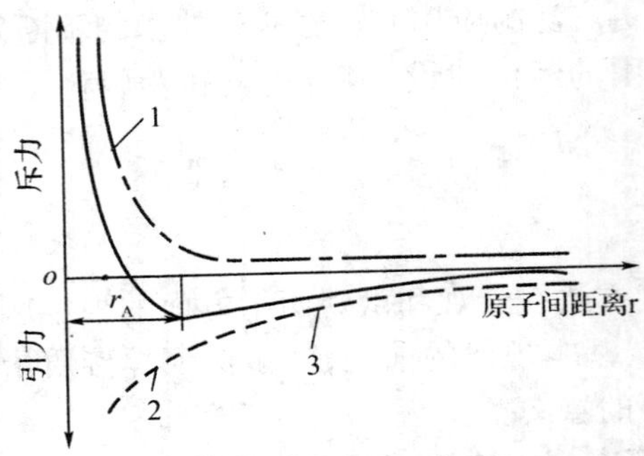

图0-1 原子间的作用力与距离的关系

1—斥力;2—引力;3—合力

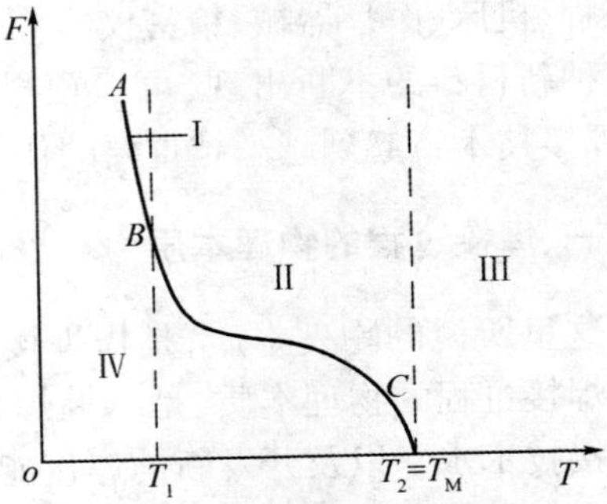

图0-2 纯铁焊接时所需的温度及压力

Ⅰ—高压焊接区;Ⅱ—电阻焊区

Ⅲ—熔焊区;Ⅳ—不能实现焊接区

根据以上的划分,可按外加能量的不同,将焊接分为熔焊与压焊两大类。将待焊处的母材金属熔化以形成焊缝的焊接方法叫做熔焊;焊接过程中,必须对焊件施加压力(加热或不加热),已完成焊接的方法叫做压焊。但无论是熔焊或压焊,实际上,对于金属来讲,都是使两个被焊材料之间(母材与焊缝)形成共同的晶粒,如图0-3(a)所示。钎焊时虽然也能

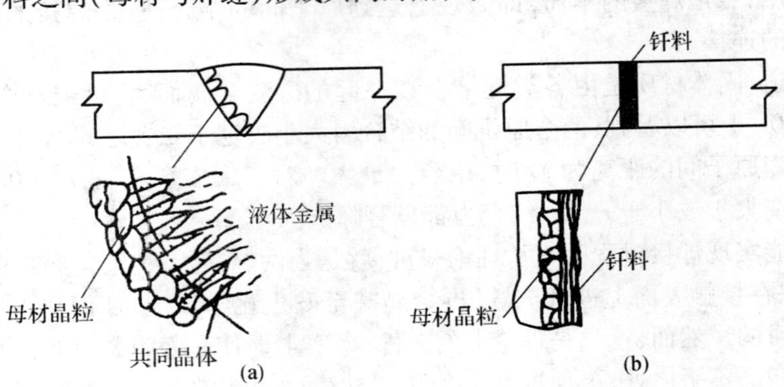

图0-3 焊接与钎焊本质区别示意图

(a) 焊接;(b) 钎焊

形成不可拆卸的接头，但由于只是钎料熔化，而母材不熔化，故在连接处一般不易形成共同的晶粒，只是在钎料与母材之间形成有相互原子渗透的机械结合（见图0－3(b)）。但有些材料钎焊也能形成共同晶粒，如用铝基钎料焊铝和铜基钎料焊铜时。因此，一般来讲，焊接与钎焊在微观上是有原则的区别。

至于粘接，是靠黏结剂与母材之间的黏合作用，一般来讲没有原子的相互渗透或扩散。

二、焊接接头及其形成过程

什么是焊接接头？它由哪些部分组成？其形成过程如何？这些都是研究焊接技术必然遇到的问题。掌握这些内容，对于深入分析焊接过程与微观组织及宏观性能之间的内在联系是非常重要的。

（一）焊接接头的组成

从本质上讲，焊接接头是指被焊材料经焊接之后发生组织和性能变化的区域。它由焊缝、熔合区和热影响区组成，如图0－4所示。

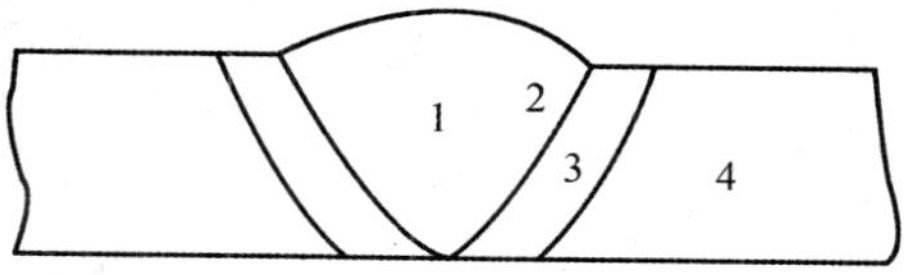

图0－4 焊接接头示意图

1—焊缝；2—熔合区；3—热影响区；4—母材

1. 焊缝

焊缝是焊接接头最重要的组成部分。对于熔焊而言，焊缝一般是由熔化的被焊材料和填加材料经凝固后所形成的。如果焊接过程中未采用任何填加材料，焊缝将完全由经历过熔化和凝固的母材所形成。无论是否采用填加材料，焊缝的组织和性能都不同于母材。

2. 热影响区

热影响区也是焊接接头的重要组成部分，它由受到焊接热影响而未发生熔化的母材所形成。所谓热影响，并不仅仅是指温度超过了母材初始温度，而是指温度超过一定值之后给母材带来的微观组织和性能的变化，因此，并不是超过了初始温度的所有母材部分都是热影响区，而只有超过了使母材组织和性能发生变化的温度，并且未发生熔化的母材部分才是热影响区。

3. 熔合区

熔合区是介于焊缝与热影响区之间的相当窄小的过渡区。从宏观角度来看，熔合区是焊缝与热影响区的分界线，因此又将其称为熔合线。但从微观角度来讲，熔合区是由部分熔化的母材和部分未熔化的母材所组成的区域，因此有人将该区称为部分熔化区或半熔化区。

熔合区的化学成分、微观组织和力学性能极不均匀，是焊接接头容易出现问题的部位。本书将在第3章对“熔合区”进行详细讨论和分析。

（二）焊接接头的形成过程

根据以上描述已知，焊接接头由焊缝、熔合区和热影响区组成，其组织和性能在焊接前后发生了变化。因此，可以说焊接接头的形成过程就是焊缝、熔合区和热影响区的形成过程。由于它们所经历的焊接热作用不同，因而它们的形成所经历的过程也有所不同，如图0－5所示。

从本质上看，焊接接头的形成过程主要涉及焊接热过程、固—液状态演变过程、焊接化学冶金过程和固态相变过程。

1. 焊接热过程

无论焊缝、熔合区，还是热影响区，都是在焊接热源作用下形成的。

焊接热过程是焊接中所涉及的所有其他过程产生和发展的前提。按母材受热进程来看，焊接热过程包括加热过程和冷却过程。

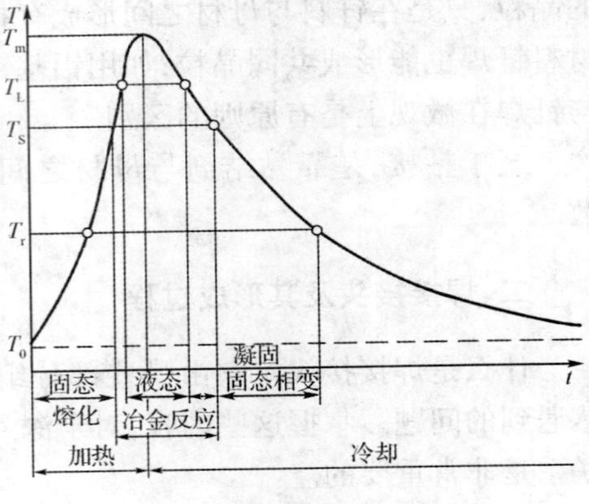

图 0－5　焊接热循环参数

2. 固—液状态演变过程

固—液状态演变过程主要发生在焊缝部位。在焊接热源的作用下，焊缝部位的固态母材发生熔化，形成液态熔池；而后，随着焊接热源的远离，液态熔池凝固结晶，形成固态焊缝。因此，焊缝部位的母材经历了由固态到液态，再由液态到固态的状态演变过程。

3. 焊接化学冶金过程

焊接化学冶金过程主要发生在与焊缝相对应的焊接区中，是金属、熔渣和气相在较高温度下发生的冶金反应过程。在焊缝形成过程中，主要涉及氧化、还原、渗氢、除氢、脱硫、脱磷以及合金化等。由于这些冶金反应直接影响焊缝的成分、组织和性能，因而有必要深入研究焊接化学冶金过程，为提高焊接质量提供理论依据。

4. 固态相变过程

对于有同素异构转变的材料而言，焊接过程中会发生固态相变。相变过程既可发生在热影响区，也可出现在焊缝。由于焊缝成分是由被焊材料和填加材料共同组成，因而焊缝相变过程与热影响区有所不同。而且，在热影响区中，各点所经受的焊接热作用不同，因而所发生的组织转变也不同。

应当指出，以上所述的各个过程并不是孤立进行的，而是相互联系的，甚至是共同发生和发展的。在整个接头形成过程中，还会由于各种原因使接头产生偏析、夹杂、气孔、热裂纹、冷裂纹以及脆化等焊接缺陷。因此，控制焊接接头的形成过程是保证焊接质量的关键。

三、本教材论述的对象及内容

本教材主要论述与熔焊有关的基本理论及应用。对于金属材料的熔化焊来讲，一般都要经历以下几个过程：

加热→熔化→冶金反应→结晶→固态相变→形成接头

熔化焊时所经历的过程是很复杂的，可归纳为三个相互交错进行而彼此联系着的主要过程：焊接热过程、焊接化学冶金过程、焊接时金属的结晶和相变过程。金属熔焊原理就是围绕着上述焊接各过程的基本理论问题进行研究，而最终的目的就是提高焊接质量和生产率。

焊缝、热影响区和熔合区三个部分共同构成焊接接头，如图 0－4 所示，本教材以焊接接头为论述对象。

金属熔焊原理是焊接专业的一门主干课程，学习的主要任务是研究金属材料在熔焊条

件下的有关化学冶金和物理冶金方面普遍性规律，在这个基础上来分析各种条件下金属材料的焊接性，为制定合理的焊接工艺、探索提高焊接质量的新途径提供理论依据。因此，本课程在专业教学中占有重要的地位，其内容共分两大部分。

第一部分——金属熔焊原理（基本原理）

主要介绍熔焊过程涉及的基本理论与基本规律，根据高等职业学院的培养目标，主要有以下内容：

（1）焊接过程的物理本质；

（2）焊接热过程　焊接区温度变化的规律，焊接接头的形成；

（3）焊接化学冶金过程　熔焊过程中焊接区各相之间的物理、化学反应过程及其控制；

（4）焊接材料　焊丝、焊条与焊剂的组成、性能、型号与牌号，以及焊条配方和制造的基本知识；

（5）焊接时金属的结晶和相变过程　焊接接头的组织与性能，焊接接头（包括焊缝、热影响区和熔合区）在冷却过程中组织、性能的变化及其控制，焊缝中的偏析、夹杂和气孔的分析及其防止措施；

（6）焊接裂纹　热裂纹、冷裂纹、再热裂纹、层状撕裂的特征及危害，缺陷产生原因及防止措施。

第二部分——金属熔焊原理（金属焊接性）

这部分是讨论典型金属材料的焊接性和选择优化的焊接工艺。

四、学习本教材的目的、要求及方法

（一）通过学习本教材应达到以下目的及要求。

1. 了解焊接过程的本质，能从理论上说明焊接与其他连接方法的根本区别。

2. 了解熔焊时焊件上温度变化的规律；熟悉焊接条件下金属所经历的化学、物理变化过程；掌握焊接接头在其形成过程中成分、组织与性能变化的基本规律。

3. 掌握焊接冶金过程中常见缺陷的特征、产生条件及影响因素，并能根据生产实际条件分析缺陷产生的原因，提出防止措施。

4. 掌握常用焊接材料的性能特点及应用范围，了解焊条配方的原则及制造过程。

（二）对本教材学习方法的建议

1. 坚持理论与实践结合，在分析问题时要运用焊接的基本理论和规律结合具体的生产条件来进行。课堂讲授与试验教学相结合，并借助研讨、作业等互动式的教学模式，才能得到良好的教学效果。

2. 综合运用相关的知识。本课程是以“物理化学”、“金属学及热处理”及其他焊接专业课程为基础，结合焊接的特点来探讨各种金属焊接时的基本规律。本课程所涉及的内容十分广泛，有时必须综合运用各方面的知识和工程经验才能解决问题，如第二章“焊接化学冶金过程”，不仅需要物理、化学及金属冶炼的知识，还涉及到焊接方法、保护介质等有关内容。可见，不具备上述的基础知识，很难把焊接中有关问题搞清楚。

3. 善于在诸多的因素中抓主要矛盾

根据职业技术院校焊接专业的培养目标，本教材涉及的范围主要是与生产实际联系密切的基础部分。还有大量更深入、广泛的知识，有待同学们在今后的学习与工作中进一步探索。

思考题

0－1　焊接有许多特点，其中最能说明其物理实质的是什么？

0－2　试述焊接、钎焊和粘接在本质上有何区别？

0－3　实现焊接为什么必须加热或加压（或二者并用）？

0－4　什么叫做熔焊，熔焊过程中焊缝金属经历了哪些变化？

第一章　焊接区温度的变化

所有熔化焊都是在热源加热条件下实现的。通过对焊件进行加热，使焊接区的金属熔化、冷却后形成牢固的接头。加热就必然引起焊接区金属的成分、组织与性能的变化，是决定焊接过程、焊接质量和焊接生产率的重要方面。所以，应该掌握焊接区温度变化的规律，以便能主动控制焊接质量。

焊接过程中的传热问题很复杂，其特点主要表现在三个方面。首先是焊接热过程的局部性，即工件在焊接时不是整体加热，只是热源直接作用下的附近区域，加热极不均匀，要比热处理条件下工件整体均匀受热复杂得多，增加了分析、研究工作的难度；其次是焊接热过程的瞬时性，在能量高度集中热源的作用下，加热速度极快（焊条电弧焊时可达到1 500 ℃/s以上），也就是说在很短的时间内把大量的热由热源传递给了焊件；最后是焊接传热过程中的热源是相对运动的，由于焊接时工件受热的区域不断变化，就使这种传热过程是不稳定的。

本章着重讨论焊接热源、焊接温度场的概念、焊接传热的基本规律以及焊接热循环的有关问题。

第一节　焊接热源

焊接过程必须由外界提供相应的能量（热能、机械能）才能实现基本的焊接过程。对于熔化焊主要是热能，也就是说，热源是熔化焊接的关键。

熔化焊的发展过程在一定程度上也可以说是焊接热源的发展过程，为了提高焊接质量及生产率，焊接热源得到了不断的更新和发展。20 世纪相继出现了金属极电弧焊、电阻焊、气体保护焊、电渣焊、电子束焊、等离子弧焊与切割等；20 世纪 70 年代又把激光能源用于焊接及切割；20 世纪 80 年代一方面逐步完善电子束焊接和激光焊接的工程应用，另一方面又在寻求和探索新的焊接热源，如离子束、太阳能和微波等。几乎每隔 10 年就有一种新焊接热源得到利用。

从发展趋势来看，焊接技术向着高质量、高效率、低成本、低劳动强度和低能量消耗的方向发展。

熔化焊是焊件局部被加热，为了防止热量向金属内部散失，控制加热区过宽，要求焊接热源具有足够高的温度和热量高度集中，可快速实现焊接过程，并保证得到致密而强韧的焊缝和最小的热影响区。

一、焊接热源的种类及其特性

（一）焊接热源的种类

（1）气焊　利用助燃和可燃气体（氧、乙炔等）燃烧时所产生的热能作为焊接热源，又称为氧乙炔焊。

（2）电弧热　利用气体介质中放电过程所产生的电弧作为热源的焊接方法。它是焊接热源中应用最为广泛的一种，如焊条电弧焊、埋弧焊、惰性气体保护焊（TIG、MIG）、活性气体保护焊（MAG、CO_2）等。

（3）高能束流焊　高能束流焊是以电子束或激光束与被焊材料局部表面相互作用而产生的热能作为热源的焊接方法，因此分为电子束焊和激光束焊。

（4）电渣焊　电渣焊是以熔渣作为导电介质，利用电流通过液态熔渣产生的电阻热作为热源的焊接方法。

每种热源都有其本身的特点，在生产上均有不同程度的应用。其中以电弧、等离子弧应用最广。然而，随着科学技术的进步，原有的焊接热源还在不断完善，同时，还将开发出更新的热源，如微波、太阳能等。

（二）焊接热源的主要特征

热源的性能不仅影响焊接质量，而且对焊接生产率有着决定性的作用。先进的焊接技术要求热源能够进行高速焊接，并能获得致密的焊缝和最小的加热范围。通常从以下三个方面对焊接热源进行对比。

（1）最小加热面积　即在保证热源稳定的条件下加热的最小面积。

（2）最大功率密度　热源在单位面积上的最大功率。在功率相同时，热源加热面积越小，则功率密度越高，表明热源的集中性越好。

（3）在正常焊接参数下能达到的温度　温度越高，则加热速度越快，因而可用于高熔点金属的焊接、快速焊接，具有更宽的应用范围。

常用焊接方法热源的上述三个数据，列于表1－1。从中可以看出，不同焊接方法热源的特征数据差别是相当大的，因而所产生的影响也是不同的，如图1－1所示。理想的热源应该是具有加热面积小、功率密度大、加热温度高，对母材的热输入明显降低等特点。等离子弧焊、电子束焊、激光束焊等属于此类焊接热源。

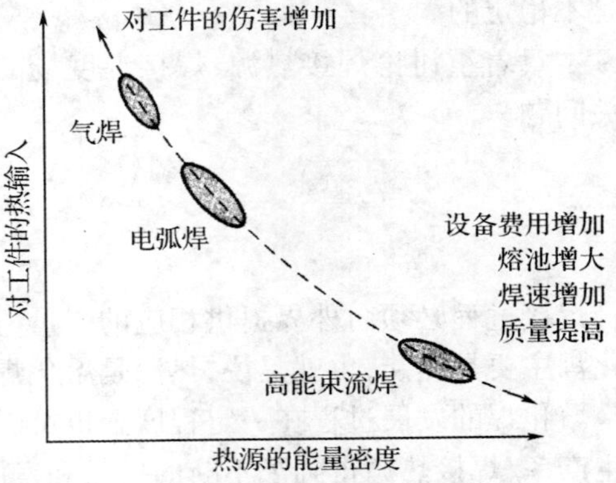

图1－1　不同焊接方法对工件的热输入及其影响

表1－1　常用焊接方法热源的数据

焊接方法		最小加热面积/cm^2	最大功率密度/W/cm^2	温度/K
气焊	氧乙炔焊	10^{-2}	2×10^3	3 400
电渣焊		10^{-2}	10^4	2 000
电弧焊	焊条电弧焊	10^{-3}	10^4	6 000
	埋弧焊	10^{-3}	2×10^4	6 400
	钨极氩弧焊	10^{-3}	1.5×10^4	8 000
	熔化极气体保护焊	10^{-4}	1.5×10^5	——
	等离子弧焊	10^{-5}	$10^4\sim10^5$	18 000～24 000
高能束流焊	电子束焊	10^{-7}	$10^7\times10^9$	——
	激光焊	10^{-8}	$10^7\times10^9$	——

(三)熔化焊方法的特点

不同的焊接方法由于具有不同的热源特性,因而具有不同的焊接特点。研究这些特点,可以为研究各种材料焊接性时选择合适的焊接方法提供依据。至于各种焊接方法本身的系统构成和工作原理等内容,会在其他焊接专业课程中详细阐述。

1. 气焊

气焊的优点是设备简单、便宜,一般适用于焊接小薄件等不重要的构件,也适用于修补。但其能量密度低,易造成过大的热影响区和严重的变形,焊速也低,而且由于保护性不好,不适于焊接活性材料。

2. 焊条电弧焊

焊条电弧焊的优点是设备较为简单、便携,操作灵活方便,适用于难以实现自动化焊接的构件,也常用于工件修补和野外作业。然而,由于形成的保护气体惰性不足而不适于焊接活性材料。由于受焊条长度和药皮过热及脱落的限制,降低了焊接生产率,而且焊缝质量在很大程度上依赖于焊工的操作技能及现场发挥,甚至于焊工的精神状态。

3. 埋弧焊

在埋弧焊中,由于焊剂或熔渣的保护作用,消除了飞溅,焊缝洁净,熔敷效率高,大厚度材料的焊接效率远大于气体保护焊。但这种方法一般仅限于平焊,其高的热输入也会增大焊接变形。

4. 熔化极气体保护焊

当采用惰性气体保护时,熔化极气体保护焊可用于焊接活性材料。与钨极气体保护焊相比,熔化极气体保护焊具有相当高的熔敷率,因而可采用较高的焊速焊接较厚的工件。其缺点是受焊枪尺寸的限制,难于到达狭小的区域或角落。

5. 钨极气体保护焊

钨极气体保护焊因其热输入低而适合于薄板的焊接,而且可实现不填丝的自熔焊接以及单面焊双面成形。作为一种很洁净的焊接方法,可用于焊接活性材料。但这种方法的缺点是熔敷效率低,过大的焊接电流也易造成焊缝夹钨。

6. 等离子弧焊

与钨极气体保护焊相比,等离子弧焊的显著特点是电弧挺直,对弧长变化不敏感,降低了对焊工操作技术的要求,而且由于等离子弧能量密度高可实现穿孔型焊接,故焊接速度快,可焊厚度也大。然而,这种焊接方法所用焊具的结构非常复杂,电控系统也复杂,因此设备费用高。

7. 电子束焊

电子束焊方法因其能量密度很高而能实现全熔透的穿孔型焊接,可焊厚度很大,焊接速度很快,焊接热影响区很窄,焊接变形很小。它可以焊接多种类型的材料,包括活性材料、耐热材料、异种材料以及尺寸不同的材料。这种焊接方法的缺点是设备造价很高,同时需要真空环境和 X 射线防护设施,对工件的装配有非常高的要求。

8. 激光束焊

与电子束焊相比,激光束焊也能实现高速焊接,形成深而窄的全熔透焊缝,焊接热影响区和焊接变形都很小,但它不需要真空环境和 X 射线防护设施。激光束焊的主要问题是金属表面对激光具有很强的反射作用,降低了激光的利用率,而且焊接设备造价高,需要对工件进行精确地装配和对中。

9. 电渣焊

电渣焊具有非常高的熔敷率，无论工件多厚，均单道焊完，而且没有角变形。其缺点是只适用于大厚度工件垂直位置焊接，而且热输入很高，易造成焊缝及热影响区晶粒的严重粗化，使接头韧性显著降低。

表1－2给出了与一些典型材料种类和厚度相对应的推荐焊接方法，以供参考选用。由表可以看出，熔化极气体保护焊和电子束焊适用于各种材料和各种厚度工件的焊接，钨极气体保护焊最适合于薄板的焊接，而电渣焊只适用于厚板的焊接。

表1－2　与典型材料种类和厚度相对应的推荐焊接方法

材料		焊接方法								
种类	厚度/mm	气焊	电渣焊	焊条电弧焊	埋弧焊	熔化极气体保护焊	钨机气体保护焊	等离子弧焊	电子束焊	激光束焊
碳钢	≤3	●		●	●	●	●		●	●
	3～6	●		●	●	●	●		●	●
	6～19	●		●	●	●			●	●
	≥19	●	●	●	●	●			●	
低合金钢	≤3	●		●	●	●	●		●	●
	3～6			●	●	●	●		●	●
	6～19			●	●	●			●	●
	≥19		●	●	●	●			●	
不锈钢	≤3	●		●	●	●	●	●	●	●
	3～6			●	●	●	●	●	●	●
	6～19			●	●	●		●	●	●
	≥19		●	●	●	●			●	
铝合金	≤3	●				●	●	●	●	●
	3～6					●	●		●	●
	6～19					●	●		●	
	≥19					●			●	
镍合金	≤3	●		●		●	●	●	●	●
	3～6			●	●	●	●	●	●	●
	6～19			●	●	●		●	●	●
	≥19		●	●		●			●	

二、焊接过程的热效率

在焊接过程中由热源所产生的热量并不是全部被熔池金属所吸收，而是一部分热量损失于周围介质和飞溅等，也就是说焊件吸收到的热量要少于热源所提供的热量。

热效率就是焊接热源的利用率。我们把母材和填充金属所吸收的热量(包括熔化及向内部传导的热量)叫做热源的有效热功率。

现以电弧为例，电弧输出的有效热功率 P_0 可以表示为

$$P_0 = UI \tag{1-1}$$

式中 U——电弧电压；

I——焊接电流；

P_0——电弧功率，即电弧在单位时间内所析出的能量。

显然，电弧的有效热功率 P 是电弧输出功率 P_0 的一部分，二者的比值为 η'，即

$$P = \eta' P_0 \tag{1-2}$$

式中 P——有效热功率；

η'——焊接加热过程的热效率，或称功率有效系数。

η' 值一般根据实验测定，不同焊接方法的 η' 值见表 1-3。可以看出，埋弧焊的热效率高于焊条电弧焊，见表 1-4。这是由于埋弧焊过程中飞溅与散失到周围介质中的热量均小于焊条电弧焊所致，因而热量利用更为充分。η' 值还与焊接参数、被焊材料等因素有关。

表 1-3 不同焊接方法的 η' 值

焊接方法	碳弧焊	焊条电弧焊	埋弧焊	钨极氩弧焊		熔化极氩弧焊	
				交流	直流	钢	铝
η'	0.5 ~ 0.65	0.74 ~ 0.87	0.77 ~ 0.90	0.65 ~ 0.85	0.78 ~ 0.87	0.65 ~ 0.69	0.70 ~ 0.85

表 1-4 焊条电弧焊和埋弧焊时热量分配情况和 η' 值

焊接方法	有效热功率			飞溅损失	损失于周围介质的热量
	基本金属吸收热量	随熔滴过渡热量	η'		
焊条电弧焊	50%	25%	75%	5%	20%
埋弧焊	54%	27%	81%	1%	18%

应该说明的是，η' 值虽然代表了热源能量的利用率，但并不意味着其包含的热量全部得到“有效”的应用。因为母材所吸收的热量并不全用于金属熔化，其中传导于母材内部的那部分使得近缝区母材的温度升高，以致组织发生变化而形成热影响区。

近年来，有些文献引用了熔化效率的概念。热源的熔化效率，是指焊接时用于熔化金属的热量占热源功率的百分比。它不仅能确切说明能量的利用率，并可作为描述焊接热源先进性的判断依据之一。熔化效率高的热源(如电子束和激光束的熔化效率可达 95% 左右)焊接生产率高，热影响区窄，焊接质量好，而且节约能源，对于焊接一些难熔或化学性质活泼的金属材料，有更广的应用范围。

三、焊接传热的基本形式

热量总是不断地由高温向低温方向传递，只要有温差存在，就会有热的传递。在焊接接头的形成过程中，工件局部受热存在着很大的温差，并且与周围介质也存在很大的温度

差。因此,在焊件内部和焊件与周围介质之间都涉及焊接传热问题。根据物理过程的不同,热量的传递有传导、对流、辐射三种基本方式。

在熔焊过程中,上述三种方式都存在。热传导发生于物体内部或相互接触的物体之间,在固体金属内部传导是热交换的唯一形式。金属内部主要依靠自由电子的运动来传递热量,即进行热传导。对流是指物体内部各部分发生相对位移而产生的热量传递,它是利用不同温度地区质点的密度不同来传热,对流只发生于流体内部。热辐射指物体表面直接向外界发射电磁波来传递热量。热辐射过程中能量的转化形式是:热能⟶辐射能⟶热能。由于物体的辐射能力与其热力学温度四次方成正比。因此,温度越高,辐射能力越强。

对于电弧焊来讲,热源大部分热量传递到焊件主要通过对流与辐射。母材与焊丝获得热量后,在内部的传递则以传导为主。本课程主要讨论焊件上温度分布和随时间的变化规律,因此以传导为主,适当考虑对流与辐射的作用。

第二节 焊接温度场

在焊接过程中,必然涉及到焊接传热问题。由于熔焊时热源对焊件进行局部加热,同时热源与焊件之间还有相对运动,因此焊件上的温度分布不均匀,而且各点的温度还随时间而变化。在实际生产中,这些变化还将受焊接方法、焊接参数及产品结构等诸多因素的影响,从而使得焊接区温度的分布与变化要比整体加热的工艺方法(如锻造、热处理)复杂得多。

一、焊接温度场的概念

焊接温度场研究的对象是焊件上一定范围内温度分布的情况。

(一)焊接温度场的概念

焊接时,焊件上各点的温度不同,随时间有规律地变化。焊接过程中某一瞬间焊接接头上各点的温度分布状态称为焊接温度场。应该说明的是:与磁场和电场的概念类似,温度场研究的对象是空间一定范围内的温度分布状态。由于焊件上各点的温度是随时间变化的,因此,温度场是某个瞬时的温度场。

温度场可以用数学的关系表示为:

$$T = f(x, y, z, t)$$

式中 T——焊件上某点某瞬时的温度;

x、y、z——焊件某点的空间坐标;

t——时间。

(二)焊接温度场的一般特征

焊接温度场的分布情况可以用等温线或等温面表示。所谓等温线或等温面,就是把焊件上瞬时温度相同的各点连接在一起,成为一条线或一个面。各个等温线或等温面彼此之间不能相交,而存在一定的温度差,这是等温线(面)的重要性质。

为了进一步说明等温线(面)的意义及应用,现以最简单的固定热源加热厚大工件时的情况进行分析,这就排除了热源运动和工件边界散热的影响,如图1-2所示。由于金属内部各个方向的散热条件相同,因此某一瞬时工件上某点的温度只与该点至热源的距离有关。显然，等温面就是以热源中心为圆心的若干个同心半球面，球面的半径随温度的降低而加大。而温度为金属熔点 T_M 的等温面所包围的容积部分就是熔池（图中阴影线部分）。从平面观察，在与 *xoy* 面平行的各个截面上的等温线是不同半径的同心圆；而平行于 *xoz* 和 *yoz* 的各个截面上的等温线，则是不同半径的同心半圆。

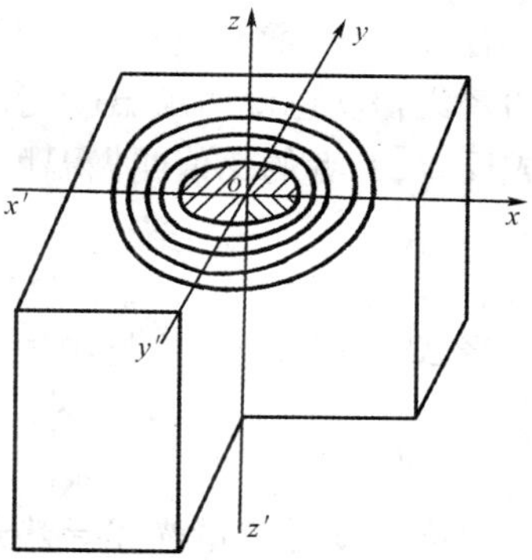

图 1－2　固定热源加热厚大工件时的等温面分布

焊接时，热源将沿一定的方向移动。热源的运动使焊件上沿运动方向的温度分布不再对称。这时，热源前面是加热的冷金属，温度很快降低，热源后面则是刚焊完的焊缝，温度下降很少。因此，在热源前面的等温线密集，后面的等温线稀疏。热源运动对焊缝两侧的影响相同，因而温度场对 *x* 轴的分布仍保持对称，但比之固定热源加热的范围要窄些。这样运动热源加热时的等温线在 *xoy* 面上是不规则的椭圆，如图 1－3(*a*)所示，而在 *yoz* 平面上仍是不同半径的同心半圆，如图 1－3(b)所示。利用等温线（面）描绘的温度场图样，可以了解焊件任一截面上温度分布的情况。图 1－3 中上部的曲线就是将等温线与 *x*(*y*)轴的交点的温度投到温度坐标上而绘出的。对照上下的图形可以看出，等温线越密集，温度曲线就越陡。

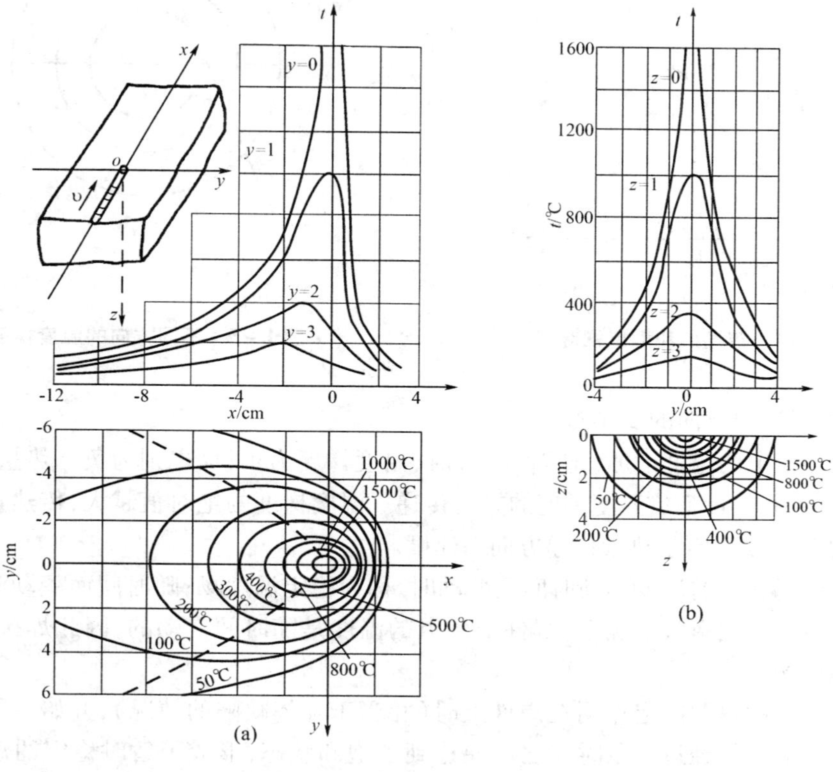

图 1－3　半无限大物体表面上运动热源的温度场

(a)在 *xoy* 平面上等温线及温度分布；(b)在 *yoz* 平面上等温线及温度分布

各等温线(面)间存在一定的温度差,这个温度差的大小可以用温度梯度来表示。等温线的密集程度也说明了温度变化率。变化率的大小与温度差成正比,而与等温线之间的距离成反比,二者的比值叫做温度梯度。图1-4中温度 t_1 与 t_2 之间的温度梯度可表示为

$$g = \frac{T_1 - T_2}{\Delta S} \tag{1-3}$$

当 ΔS 很小时,温度场中任一点的温度梯度可以表示为

$$\lim_{\Delta S \to 0} \left| \frac{T_1 - T_2}{\Delta S} \right| = \frac{\partial T}{\partial S} \tag{1-4}$$

温度梯度是定量描述导热过程中热量传递的一个重要的物理量,需要说明的是,方向不同时,温度梯度的数值不同。图1-5中,nn 线 ss 线方向成的夹角为 α。则二者温度梯度之间的关系应为

$$\frac{\partial T}{\partial n} = \frac{\partial T}{\partial S}\cos\alpha \tag{1-5}$$

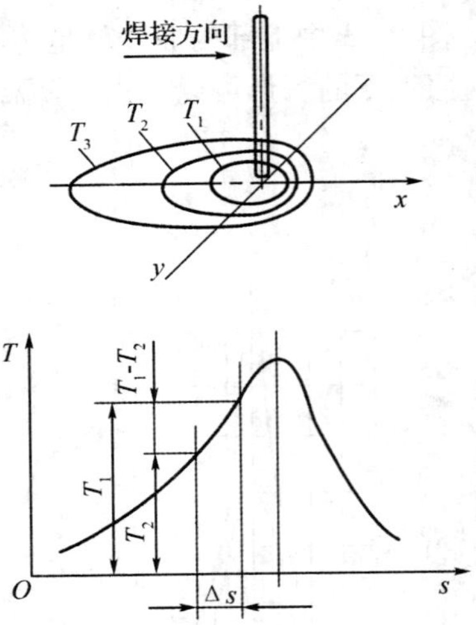

图1-4　等温线和温度梯度

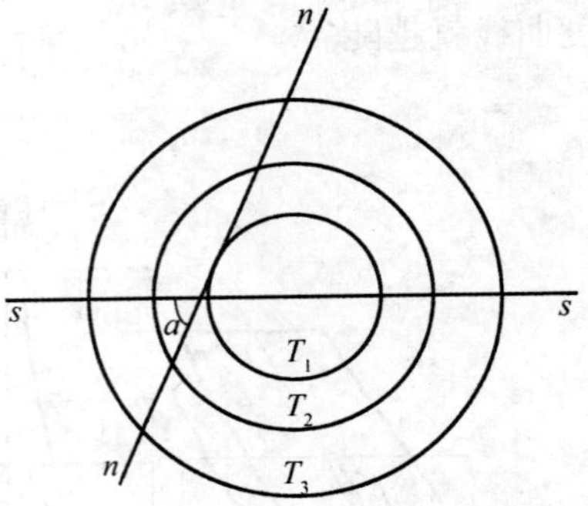

图1-5　不同方向的温度梯度

可见,沿等温线法线方向的 g 值最大。

当温度场给定的温度增加(即 $T_1 > T_2$)时,温度梯度为正;反之则为负。热量总是由高温传向低温,因此热量朝负温度梯度的方向传递。温度梯度的绝对值越大,传热量越多,即等温线(面)的分布决定了热量传递方向与速度。

焊接温度场各点的温度不随时间而变动时,称为稳定温度场;随时间而变动时,称为非稳定温度场。在绝大多数情况下,焊件上各点的温度是随时间变动的,因此焊接温度场应属非稳定温度场。

恒定热功率的热源固定作用在焊件上时(相当于补焊缺陷的情况),开始一段时间内,温度是非稳定的。但经过一段时间之后便达到了饱和状态,形成了暂时稳定的温度场(即各点的温度不随时间而变),这种情况称为准稳定温度场。

对于正常焊接条件下,功率恒定的热源在一定尺寸的工件上移动,经过一定时间之后,

焊件上同样会形成准稳定温度场，这时焊件上各点温度虽然随时间而变化，但与热源方位、距离不变的任何一点将以固定的温度跟随热源一起移动。也就是说，这个温度场与热源以同样的速度跟踪。如果采用移动坐标系，令坐标原点与热源中心重合，则焊件上各点的温度只取决于这个系统的空间坐标，而与热源的移动距离和速度无关。根据这种移动坐标，建立了许多不同焊接情况下的温度场数学模型。这样，采用移动坐标系就可以把不稳定的温度场转化为稳定的温度场，从而可用瞬时的温度场描述整个焊接区的温度变化的规律。研究焊接区温度分布时，都是采用这种坐标系。

二、影响焊接温度场的因素

（一）热源的性质

焊接热源的性质不同，温度场的分布也不同。热源的能量越集中，则加热面积越小，温度场中等温线（面）的分布越密集。如电弧、氧乙炔焰、电渣、电子束、激光束等，由于热源的性质不同，焊接温度场的分布也不同。一般电弧焊的条件下，25 mm 以上的钢板就可以认为是点状热源，而 100 mm 以上的厚钢板电渣焊时却是线状热源。电子束和激光束焊接时，热能极其集中，所以温度场的范围很小；而气焊时，热源作用的面积较大，因此温度场的范围也大。

（二）焊接参数

焊接参数是焊接时为了保证焊接质量而选定的各项参数的总称，包括焊接电源、电弧电压、焊接速度、线能量等。同样的焊接热源，焊接工艺参数不同，温度场的分布也不一样。以电弧焊为例，采用的焊接线能量不同（即热源功率 p 与焊接速度 v 之比），温度场的分布也不同（见图 1－6）。

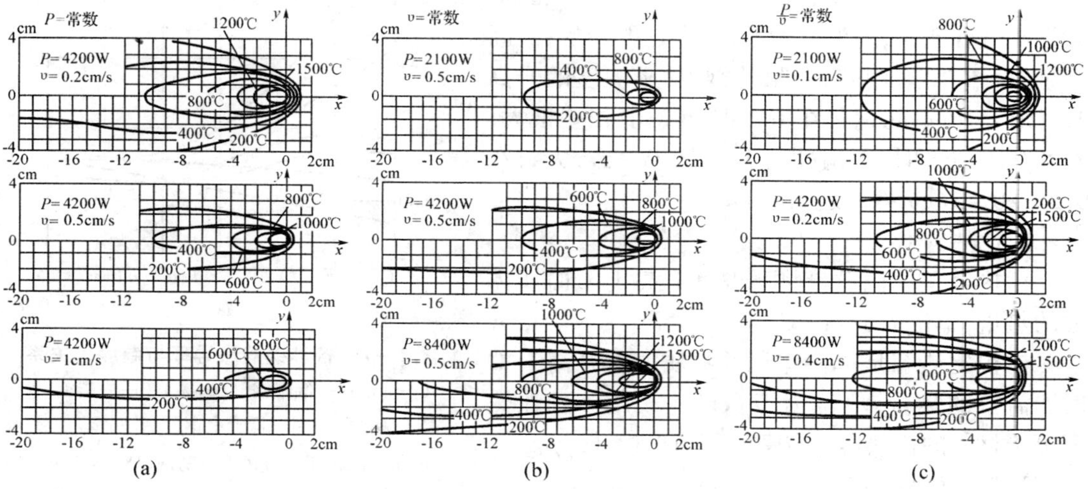

图 1－6 焊接线能量及焊接参数对温度场分布的影响

（a）p＝常数，焊速 v 的影响；（b）v＝常数，p 的影响；（c）p/v＝常数，p 及 v 同时变化对温度场分布的影响

（低碳钢：$\lambda=0.42\text{W}/(\text{cm}\cdot℃)$，$c\rho=4.83\text{J}/(\text{cm}^3℃)$，$a=0.08\text{cm}^2/\text{s}$，$\delta=1\text{cm}$）

当 p＝常数时，随焊接速度的增加，等温线的范围变小，即温度场的宽度和长度都变小，但宽度的减小更大些，所以温度场的形状变得细长，如图 1－6（a）所示。

当 v = 常数时，随热源功率 p_o 的增加，温度场的范围也随之增大，如图 1－6(b)所示。

如 p/v 保持定值，等比例改变 p 及 v 时，则此时会使等温线有所拉长，因而温度场的范围也随之拉长，如图 1－6(c)所示。

(三)被焊金属的热物理性质

金属材料的热物理性质能说明物质的传热与散热能力。在其他条件相同时，不同的金属材料其焊接温度场不同。下面仅对焊接时影响较大的热物理参数进行讨论。

1. 热导率 λ

λ 表示金属内部的导热能力。它的物理意义是在单位时间内，沿法线方向单位距离相差 1 ℃时经过单位面积所传递的热能，即

$$\lambda = \frac{dQ}{dAdt\left(-\frac{\partial T}{\partial S}\right)} \tag{1-6}$$

式中 λ——热导率(W/(cm·℃))；

Q——热能(J)；

A——传热面积(cm^2)；

t——传热时间(s)；

T——温度(℃)；

S——距离(cm)；

$\frac{\partial T}{\partial S}$——温度梯度(负号表示温度降低，即单位距离降低 1 ℃时的温度梯度)。

λ 是材料的固有性质，取决于金属的化学组成与结晶结构。但 λ 值随温度而变化。常用金属的热导率与温度的关系见图 1－7。可以看出纯铁、碳钢和低合金钢，随温度的升高，λ 是下降的；而高合金钢(不锈钢、耐热钢、耐酸钢等)随温度的升高 λ 值则上升；不同钢种在室温时的 λ 值相差很大，在 800 ℃以上时，各钢种的 λ 值趋于一致，大致在 0.25～0.45(cm·℃)之间。

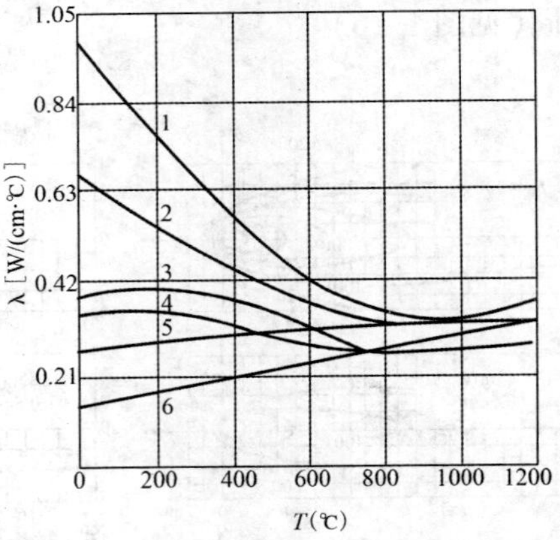

图 1－7 各种钢的热导率与温度的关系

1—纯铁；2—低碳钢(C0.1%)；3—中碳钢(C0.45%)；4—低合金钢(C_r4.98%)

5—高铬钢(1C_r13)；6—不锈钢(18—8 型)

2. 比热容 C

比热容是单位质量物质温度升高 1 ℃时所需要的热量，单位为 J/(g·℃)。

体积比热容是单位体积的物质温度升高 1 ℃时所需要的热量，单位为 J/(cm^3·℃)。体积比热容等于材料的比热容 c 与密度 ρ 的乘积，即 $c\rho$。

3. 热扩散率(a)

热扩散率表示温度传播的速度，它与 λ、$c\rho$ 的关系为 $a = \frac{\lambda}{c\rho}$，单位为 cm^2/s 。a 也随温度而变化，低碳钢在焊接条件下 a 的平均值为 0.07～0.10 cm^2/s。

4. 热焓(H)

单位物质所具有的全部热能，它与温度有关。低碳钢从 0 ℃加热到 1 500 ℃时的热焓(H)为 1 331.4J/ g。

5. 表面散热系数(α)

表示金属通过表面向外界介质传热的能力，物理意义是散热体表面与周围介质每相差 1 ℃时，在单位时间内通过单位面积所散失的热量，单位为 W/(cm^2·℃)。根据实验，在焊接过程中所散失的热能，在静止的空气中主要是通过辐射，而对流的作用很小。

由以上的讨论可以看出，各种热物理常数对焊接温度场有很大的影响，而且都是随温度而变化的。焊接时温度的变化范围很大，给研究焊接传热问题带来很大的困难。

一般作为粗略计算，热物理常数均采用温度变化范围内的平均值。不同金属材料的热物理常数参见表 1－5 所示。

表 1－5　不同金属材料热物理常数的平均值

热物理常数	单位	焊接条件下选取的平均值			
		低碳钢低合金钢	不锈钢	铝	纯铜
λ	w/(cm·℃)	0.288～0.504	0.168～0.336	2.65	3.78
C	J/(g·℃)	0.67～0.76	0.42～0.50	1.0	1.32
a	cm^2/s	0.07～0.10	0.05～0.07	1.00	0.95
H	J/g	(0～1 530 ℃) 1 331.4	——	——	——
α	J/(cm·S·℃)	(0～1 500 ℃) (0.63～37.8)×10－3	——	——	——

金属的热物理性能对焊接温度场的影响如图 1－8 所示。在线能量与工件尺寸相同时，热导率小的不锈钢，在 600 ℃以上的高温范围(图中阴影部分)比低碳钢大得多；而热导率高的铝及纯铜，其相应的高温区范围小得多。这说明在 λ 值较大时热量很快向金属内部散

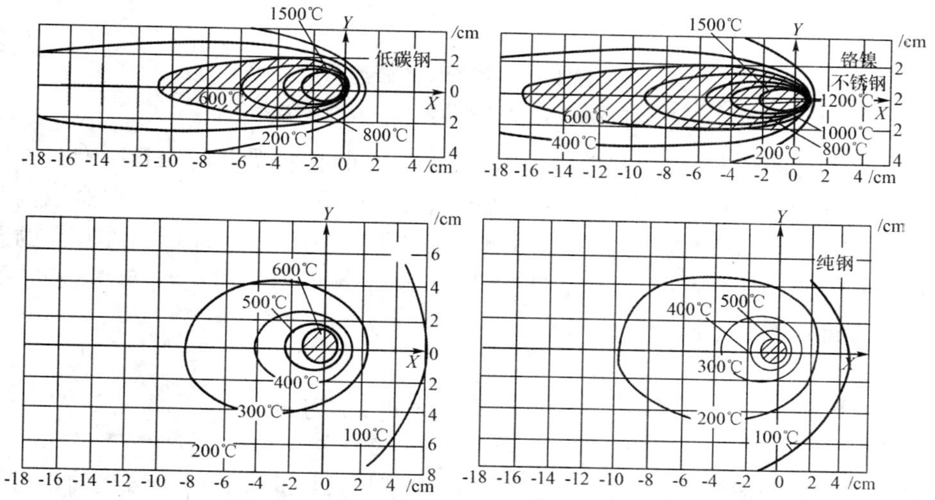

图 1－8　金属热物理性能对焊接温度场分布的影响

$P=4\ 200$ J/s；$v=0.2$ cm/s；$\delta=10$ mm

失，使热源附近的金属温度迅速降低，热作用范围扩大，但高温的区域缩小了。因此，焊接不同的材料时，应选用合适的热源和焊接参数。

(四)被焊金属的几何尺寸

焊件的板厚、几何形状和所处的状态(如预热温度，环境温度)对传热过程有很大的影响，因此也影响温度场的分布。

被焊金属的几何尺寸直接影响导热的面积和导热方向。由于金属的导热能力一般都明显高于周围的介质，因此来自热源的热量大部分在金属内部传播，工件的尺寸越大，传到金属内部的热量越多，传播的速度越快，热源附近的冷却速度也越高，其效果与热导率升高相似。

对于厚板焊接结构，如图1-9(a)所示，热源作用在$Z=0$表面的O点上，热量可沿x，y，z三个方向传导，属于三维导热，相当于点状热源，热的传递为半球形。根据经验认为：25 mm厚度以上的低碳钢焊件(或20 mm厚以上的不锈钢焊件)，在手工电弧焊的条件下可视为厚大工件。热源相对于工件尺寸很小，可看作点状热源。

对于薄板焊接结构，如图1-9(b)所示，可以认为在工件厚度方向不存在温度差，热量只在x，y两个方向传导，是平面导热，可将热源看作线状热源。手弧焊8 mm厚以下的低碳钢或5 mm厚以下的不锈钢可视为薄板。

如果工件是细长杆件，只在轴向(x向)存在温度差，这时就是单向导热，热源则可视为面状热源，如图1-9(c)所示。至于几何形状相同但尺寸不同工件，如厚度不同的板件，其温度的具体分布也有差别。

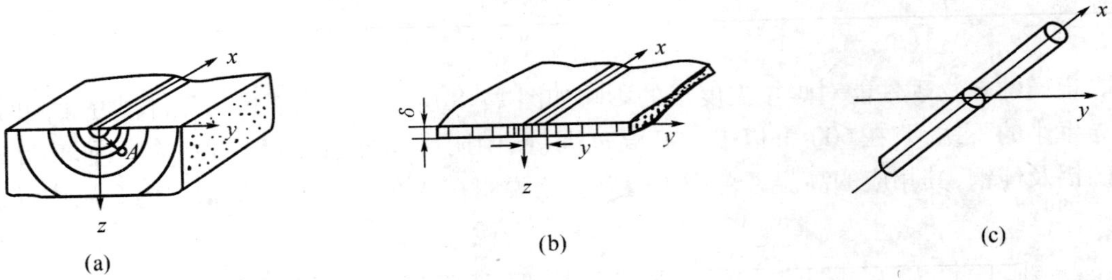

图1-9 温度场的分类

(a)三维温度场；(b)二维温度场；(c)一维温度场

被焊金属所处的状态(如预热温度，环境温度)不同时，对温度场也有影响。工件经过预热，使原始温度升高，热源中心与周围金属的温度差减小了，从而使传导向金属内部的热量减少，工件上温度分布更为均匀，等温线比不预热时更为稀疏。环境温度升高的影响与预热相同。在实际焊接生产中，产品的结构、接头形式、坡口形式与尺寸、间隙大小、焊接顺序等因素对温度场都有不同程度的影响。

第三节 焊缝金属的构成

焊件经焊接后所形成的结合部分就是焊缝。熔焊时，焊缝金属是由熔化的母材与填充金属组合而成，其中组成的比例取决于具体的焊接工艺条件。所以，有必要了解焊条金属与母材在焊接中加热和熔化的特点以及影响其组成比例的因素。

一、焊条熔化及熔池形成

焊条在焊条电弧焊中作为电弧放电的一个电极，加热熔化进入熔池，与熔化的母材混合而构成为焊缝。焊条的加热与熔化，对焊接工艺的稳定性、化学冶金反应、焊缝质量以及焊接生产率都有直接影响。

（一）焊条的加热及熔化

1. 焊条的加热

电弧焊时，加热与熔化焊条（或焊丝）的热能来自三方面：焊接电弧传给焊条的热能；焊接电流通过焊芯时产生的电阻热；化学冶金反应产生的反应热。在一般情况下化学反应热仅占1% ~3%，可忽略不计。

电弧对焊条加热的热量占焊接电弧总功率的20% ~27%，这部分热量与电弧的总功率成正比。焊条端部得到的电弧热是熔化焊条并使液态金属过热和蒸发的主要能源，其中只有一小部分传导到焊芯的深处使它和药皮温度升高。焊条端部药皮表面的温度可达600 ℃左右，因此在此处就开始发生冶金反应。电弧对焊条加热的特点是热量集中，沿焊条轴向和径向的温度场都非常窄。据对焊条轴向药皮表面温度测量的结果表明，电弧热主要集中在焊条端部10 mm 以内（图1－10）。焊条径向温度下降也很快，药皮表面的温度比焊芯温度要低得多，如图1－11所示。

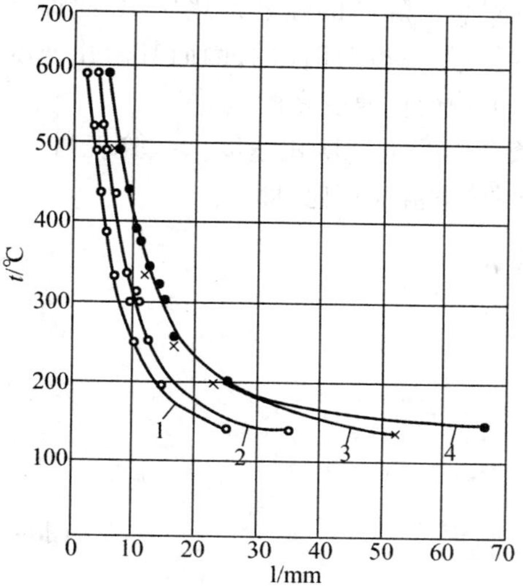

图1－10　焊接时沿焊条轴向（药皮表面）上的温度分布

不锈钢焊条，$\Phi=5$ mm，$I=190$ A，$U=25$ V

电弧通过时间：1—10s；2—20s；3—30s；4—40s

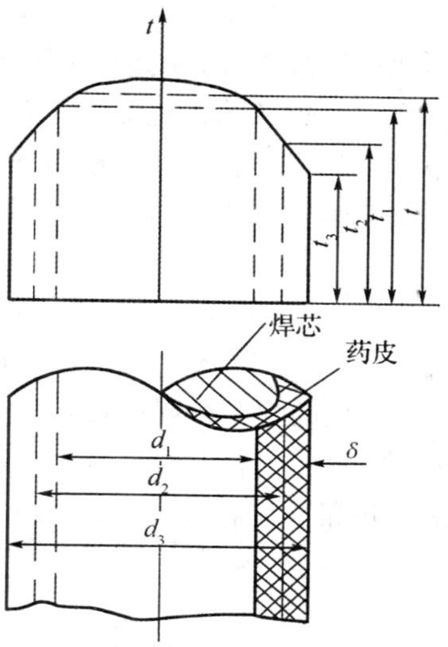

图1－11　在焊条横截面上的温度分布

t—焊芯平均温度；t_1—药皮内表面温度；

t_2—药皮平均温度；t_3—药皮外表面温度

δ—药皮厚度

焊接电流通过焊芯所产生的电阻热 Q_R（单位为 J）为

$$Q_R = I^2Rt \tag{1-7}$$

式中　I—焊接电流，（A）；

R—焊芯的电阻，（Ω）；

t—电弧燃烧时间，（S）。

电阻加热的特点是从焊钳夹持点到焊条端部之间的焊芯上热量均匀分布，电阻热与焊接电流密度、焊芯的电阻及焊接时间有关。当电流过大和加热时间过长时，导致电阻热过大，会使焊芯和药皮升温过高引起以下不良后果：(1)熔化激烈产生飞溅；(2)药皮开裂与过早脱落，导致电弧燃烧不稳；(3)焊缝成形变坏，甚至引起气孔等缺陷；(4)药皮过早进行冶金反应，丧失冶金反应和保护能力；(5)焊条发红变软，操作困难。为保证焊接正常进行，焊条电弧焊时，对焊接电流与焊条长度需加以限制。

由实验可得出如下结论：

(1)在其他条件相同时，电流密度越大，焊芯的温升越高。因此，调节焊接电流密度是控制焊条加热温度的有效措施；

(2)在电流密度相同的条件下，焊芯电阻越大，其温升越高。故电阻较大的不锈钢芯焊条应比碳钢焊条短，相同直径的焊条选用的电流也要低些；

(3)在相同的条件下，焊条的熔化速度越高，由于被加热的时间缩短，则其温升越低；

(4)随药皮厚度的增加，药皮表面与焊芯的温差增大，加大了药皮开裂的倾向；

(5)调整药皮成分，使焊条金属由短路过渡变为喷射过渡，可以提高焊条的熔化速度而降低焊接终了时的药皮温度。

2. 焊条的熔化速度

在电弧热的作用下，焊条端部的焊芯熔化后进入熔池。焊条的熔化速度是焊接生产率高低的主要表征。焊条的熔化速度是不均匀的。电阻热对焊芯的强烈预热作用，使焊条后半段的熔化速度高于焊条的前半段。焊条金属的熔化过程是周期性的，因而其熔化速度也作周期性变化。焊条的熔化速度一般用焊条金属的平均熔化速度来衡量。

在单位时间内熔化的焊芯质量或长度称为焊条金属的平均熔化速度。试验表明，在正常的焊接工艺参数范围内，焊条的平均熔化速度与焊接电流成正比，即

$$v_m = \frac{m}{t} = \alpha_p I \tag{1-8}$$

式中 v_m—焊条的平均熔化速度，g/h；

m—熔化的焊芯金属质量，g；

t—电弧燃烧时间，h；

α_p—焊条的熔化系数，g/(A·h)。

$$\alpha_p = \frac{m}{It} \tag{1-9}$$

α_p 的物理意义是熔焊过程中单位电流、单位时间内焊芯(或焊丝)的熔化量。

在焊接过程中并非所有熔化的焊条金属都进入了熔池形成焊缝，而是有一部分损失。通常把单位电流、单位时间内焊芯(或焊丝)熔敷在焊件上的金属量称为熔敷系数，可用下式表示

$$\alpha_H = \frac{m_H}{It} \tag{1-10}$$

式中 m_H—熔敷到焊缝中的金属质量(g)；

α_H—熔敷系数，g/(h·A)。

由于飞溅、氧化和蒸发损失的那一部分金属质量与熔化的焊芯(或焊丝)质量之比，称为损失系数(飞溅率)，可表示为

$$\psi = \frac{m - m_H}{m} = \frac{v_m - v_H}{v_m} = 1 - \frac{a_H}{a_p} \quad (1-11)$$

或

$$a_H = (1-\psi)a_p \quad (1-12)$$

式中 v_H——焊条的平均熔敷速度。

由此可知，熔化系数并不能确切地反映焊条金属的利用率和焊接生产率高低，熔敷系数是真正反映焊条金属的利用率及焊接生产率的指标。

3. 焊条金属熔滴及其过渡特性

在电弧热的作用下，焊条端部熔化形成的滴状液态金属称为熔滴。当熔滴长大到一定的尺寸时，便在重力、表面张力、电磁压缩力及电弧吹力等的作用下脱离焊条，以滴状的形式过渡到熔池中去，然后周而复始。虽然加热温度超过金属的沸点，但其中只有一小部分(10%以下)的蒸发损失，而90% ~95%是以滴状过度到熔池中。

焊条金属的熔滴过渡特性对焊接过程的稳定性、焊接冶金和焊缝成形都有很大的影响。随着选用焊接参数的不同，溶滴过度的形式、熔滴的质量、过渡频率等过渡特性将随之变化，对焊接过程产生以下的影响：

①熔滴过渡的速度和熔滴过渡的尺寸影响焊接过程的稳定性、飞溅程度及焊缝成形的好坏；

②熔滴的尺寸大小和长大的情况决定了熔滴反应的作用时间和比表面积，从而决定了熔滴反应速度和完全程度；

③熔滴过渡的形式与频率直接影响焊接生产率；

④熔滴过渡的特征对焊接热输入有一定的影响，改变熔滴过渡的特征可以在一定程度上调节焊接热输入，从而改变焊缝的结晶过程和热影响区的尺寸及性能。

(1)熔滴过渡的主要参数 过渡的熔滴质量、熔滴过渡的频率、熔滴过渡的周期(即连续两次过渡之间的时间、或熔滴长大的时间)以及熔滴的比表面等，这些参数对熔滴与其周围介质相互作用时间和冶金反应完全程度都有很大的影响。熔滴过渡的参数首先与其过渡形式有关，而过渡形式又是由作用在熔滴上的各种力所决定的。

(2)熔滴过渡的形式 根据焊条电弧焊的熔滴过渡的特点可分为短路过渡、颗粒过渡、附壁过渡、射流过渡、旋转射流过渡等几种过渡形式。

①短路过渡的过程 在短弧焊时焊条端部的熔滴长大到一定的尺寸就与熔池发生接触，形成短路，如图1-12所示，于是电弧熄灭。同时在各种力的作用下熔滴过渡到熔池中，电弧重新引燃。如此重复这一过程，形成稳定的短路过渡过程。由于交替进行燃弧与短路过程，这种过渡形式会影响电弧的稳定性，由此可能造成焊缝成形不好，焊条电弧焊时通常不用。

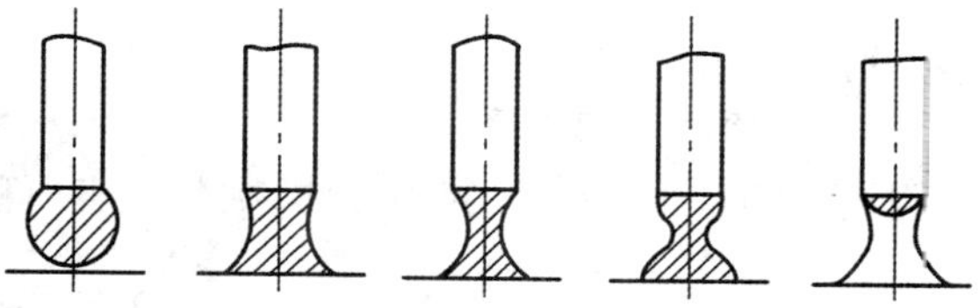

图1-12 短路过渡过程示意图

短路过渡的熔滴质量和过渡周期主要取决于电弧长度(电弧电压)，随电弧长度的增加，熔滴质量与过渡周期增大。当电弧长度到达一定值时，熔滴质量与过渡周期突然增大，这说明熔滴的过渡形式发生了变化，如果电弧长度不变增大电流，则过渡频率增高，熔滴变细。

②颗粒状过渡　当电弧的长度足够长时，焊条端部的熔滴长大到较大的尺寸，然后在各种力的作用下，以颗粒状落人熔池，此时不发生短路，接着进行下一个过渡周期。这种过渡形式又可分为粗颗粒过渡和细颗粒过渡，粗颗粒过渡就是熔滴呈粗大颗粒状向熔池自由过渡。由于飞溅大，电弧不稳定，所以不是人们所希望的过渡形式。熔滴的尺寸和其他过渡参数主要取决于焊接电流，与电压、焊丝等因素也有关系；减小焊丝直径，增大焊接电流可以使熔滴细化、过渡频率提高。此外，熔滴的过渡参数还受电流极性、保护气体、焊剂和药皮成分的影响。

③附壁过渡　是指熔滴沿着焊条端部的药皮套筒壁向熔池过渡的形式。其明显的特点是熔滴尺寸较小，焊芯端部可同时存在2~3个熔滴，它是属于一种细熔滴过渡形式，也是我们所希望的一种过渡形式。

④射流过渡　在弧长一定时，当电流增加到一定数值时，则熔滴以细小颗粒、高速度和高过渡频率从焊条套筒内喷出向熔池过渡。具有过渡稳定、飞溅小、熔深大，焊缝成形美观，生产率高等优点。但是，这只有在一定的电弧长度和很大的电流密度条件下才会出现的过渡形式。

⑤旋转射流过渡　获得射流过渡以后继续增加焊接电流到一定数值时，则出现旋转射流过渡。其特点是熔滴作高速螺旋运动，过度频率很高，可达到每秒3 000多滴，熔滴极细，熔敷速度很高。

熔滴在形成或过渡过程中，由于激烈的冶金反应，其内部产生气体，气体急剧膨胀导致大颗粒熔滴爆炸粉粹，增大飞溅，恶化焊接过程。这是我们不希望出现的，应尽量避免。

总之，熔滴的过渡形式、尺寸和过渡频率取决于药皮的成分与厚度、焊芯直径、焊接电流和极性等因素。一般讲，碱性焊条在较大的焊接电流范围内主要是短路过渡和大颗粒状过渡。用酸性焊条焊接时为细颗粒状过渡和附壁过渡。

(3) 熔滴的比表面积和相互作用时间　焊接时金属与熔渣和气体的相互作用属于高温多相反应，因此熔滴的比表面积和它与周围介质相互作用的时间，对熔滴阶段的冶金反应有很大的影响。

熔滴的表面积A_g与其质量ρV_g之比称为熔滴的比表面积S，即

$$S=\frac{A_g}{\rho V_g} \tag{1-13}$$

式中　V_g——熔滴的体积；

ρ——熔滴金属的密度。

假设熔滴是半径为R的半球体，则其比表面积为

$$S=\frac{3}{\rho R} \tag{1-14}$$

可见，熔滴越细其比表面积越大。因此，凡是能使熔滴变细的因素，如增大焊接电流或在药皮中加入表面活性物质等，都能使熔滴的比表面积增大，从而有利于加强冶金反应。由表1-6可以看出，熔滴的比表面积是相当大的，可达$10^3\sim10^4\ \mathrm{cm^2/kg}$。

从理论上讲，熔滴存在的时间不等于熔滴与周围介质相互作用的时间。但是在一般情况下可用熔滴的存在时间近似地表示平均相互作用时间。熔滴的过渡质量、频率、周期和比表面积对熔滴与周围介质相互作用的时间和冶金反应的完全程度有着很大的影响。根据焊接方法、规范、电流极性和焊接材料的不同，平均相互作用时间在0.01~1.0 s内变化

见表 1－6。

表 1－6　熔滴数目对熔滴存在时间及熔滴比表面积的影响(低碳钢焊丝,Φ5 mm)

每秒钟熔滴数目	熔滴存在时间/s	熔滴质量/g	熔滴直径/mm	熔滴体积/mm^3	熔滴表面积/mm^2	熔滴比表面积/mm^2/g
1	1.0	0.70	5.60	100	98.2	1 400
5	0.2	0.14	3.35	20	35.2	2 510
10	0.1	0.07	2.66	10	22.3	3 200
20	0.05	0.035	2.12	5	14.2	4 050
40	0.025	0.017 5	1.66	2.5	8.7	4 980
50	0.020	0.014 0	1.56	2.0	7.6	5 430

(4)熔滴的温度

直到今天,还不能从理论上精确计算熔滴的温度。实际测量表明,对手工电弧焊焊接低碳钢而言,熔滴的平均温度为 2 100－2 700 K。

试验表明,熔滴的平均温度随焊接电流的增加而升高,随焊丝直径的增加而降低,如图 1－13 所示。

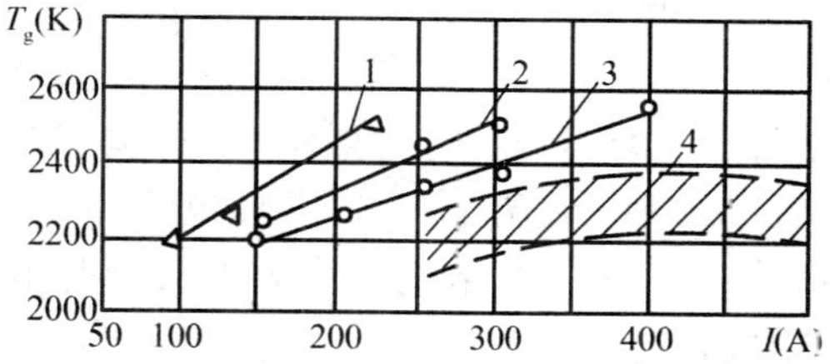

图 1－13　熔滴温度与电流的关系

光焊丝:1—Φ3 mm 正极性;2—Φ5 mm 反极性;3—Φ5 mm 正极性金红石型焊条;4—7.4 mm,交流

4. 药皮的熔化与过渡

药皮的温度、熔化及过渡特点对焊接化学冶金反应有极其重要的影响。上面已介绍了药皮表面的温度及其沿焊条长度的分布,这里仅就药皮的熔化及过渡加以讨论。

在一般情况下药皮的导热性比焊芯小得多,再加上药皮表面的散热作用,造成焊条端部横断面上的温度分布很不均匀,由焊芯内至药皮外表面逐渐降温(见图 1－11),这就是说,在焊条端面药皮的熔化是不均匀的,因而形成了所谓套筒(见图 1－13)。药皮的熔点越高,厚度越大,套筒越长。

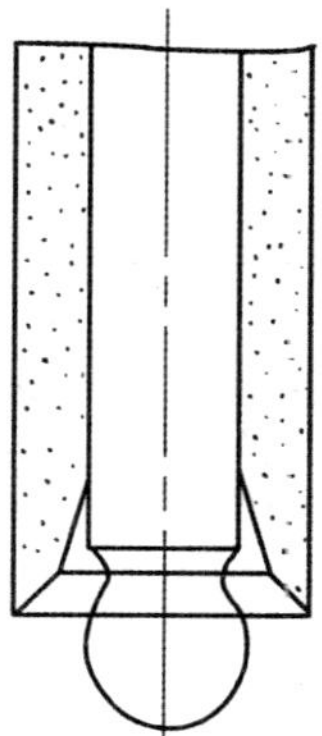

图 1－14　药皮形成的套筒

药皮套筒的长度对焊接工艺性能、熔滴过渡形态和化学冶金反应等都有影响。增大套筒长度,可以增加电弧吹力,使熔深增大,熔滴变细,气流对熔滴的保护作用也得到加强。但套筒过长,将使电弧电压过高,药皮成块脱落,焊接过程的稳定性遭到破坏。

药皮熔化后也向熔池过渡,由 X 射线高速摄影证明,药皮熔化后形成的熔渣以两种形式向熔池过渡:一是以薄膜的形式包在金属熔滴的外面或被夹在熔滴内,同熔滴一起落入熔池;二是熔渣直接从焊条端部以滴状落入熔池。在第一种情况下,熔滴与熔渣能很好地接触,二者之间冶金反应可得到充分进行。第二种过渡形式只有药皮厚度大时才会出现。在这种情况下，直接流入熔池的那一部分熔渣没有与熔滴接触，因而二者之间不可能进行冶金反应，它只能与熔池金属发生冶金反应，熔渣的平均温度不超过1 600 ℃。

二、母材的熔化与熔池

熔焊时，在热源的作用下，在焊条金属熔化的同时被焊金属——母材也发生局部熔化。母材上由熔化的焊条金属和局部熔化的母材组成具有一定几何形状的液体金属部分叫做熔池。若焊接时不加填充金属，例如不填丝的非熔化极气体保护焊，则熔池仅由熔化的母材组成。

液态熔池的形状、尺寸、体积、存在的时间以及其中液体金属的运动状态等，对熔池中冶金反应进行的方向和程度、熔池结晶方向、晶体结构和焊缝中夹杂物的数量及其分布、焊接缺陷（如气孔，结晶裂纹等）的产生和焊缝的形状都有极其重要的形响。

（一）熔池的形状与尺寸

焊接开始后经过一段过渡时间熔池形成，焊件传热进入一个准稳定状态。此时熔池的形状、尺寸与质量不再变化，只取决于母材的种类和焊接工艺条件，母材的熔化速度与结晶速度相等，熔池与热源作同步移动。熔池的外形示意图如图1－15所示。其轮廓应刚好是母材熔点的等温面，形状接近于不太规则的半个椭球。熔池的宽度和深度沿 x 轴连续变化。熔池主要尺寸为熔池长度 L，最大宽度 B_{max}，最大熔深 H_{max}。一般情况下，增加焊接电流，B_{max} 减小，H_{max} 增加；增加电弧电压，B_{max} 增大，H_{max} 减少。熔池长度 L 的大小与电弧能量成正比。

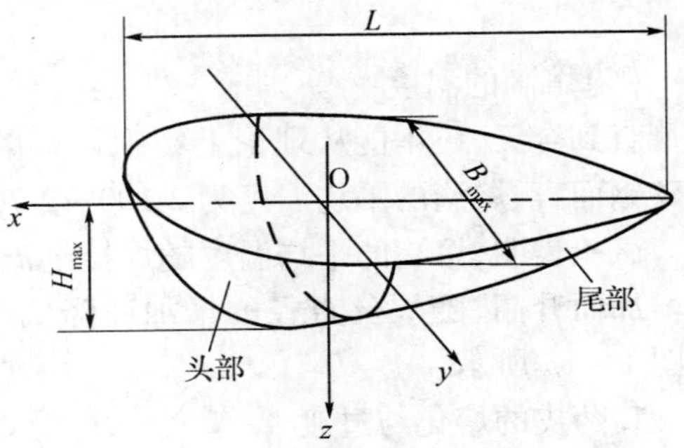

图1－15　焊接熔池外形示意图

熔池的长度 L 可用下式作近似计算

$$L = P_2 UI$$

式中　P_2——比例系数。

试验证明，P_2 取决于焊接方法和焊接电流，见表1－7。熔池长度的大小与电弧能量成正比。

表1－7　P_2 与焊接方法及电流的关系

焊接方法	焊接电流/A	P_2/(mm/kW)	焊接方法	焊接电流/A	P_2/(mm/kW)
药皮焊条	100～300	3.2～5.5	埋弧焊	550～3000	2.4～3.2
MIG	200～3000	3.8～4.8	TIG	600	2.85
埋弧焊	150～370	3.5～4.8			

熔池的表面积，即熔池中液体金属与熔渣的接触面积。由于熔池表面形状不规则，且受焊接方法与焊接热功率的影响，因而通过理论计算其表面积很困难的。实验测定，在电弧焊的条件下，熔池的表面积 A_H 为1～3 cm^2。熔池的比表面积根据焊接参数不同，在(0.3

~13 ×10^{-3})m^2/kg 范围内变化，可见比熔滴的比表面积小。熔池的有关参数的实测值列于表 1-8。

表 1-8 熔池的几何形状及物理参数

焊接方法	焊接条件					池长度 L/cm	焊缝横截面积 A_W/cm^2	熔池重量 m_p /g	熔池表面积 A_P/ cm^2	熔池平均存在时间 t_{cp}/s	比表面积 S×10^{-3} /m^2/kg
	I /A	U /V	V/ (cm/s)	焊丝直径 /mm	极性						
光焊丝	140~230	17~19	0.25	5	正	1.09~1.88	0.106~0.274	0.71~2.5	0.7~1.7	1.02~.1	0.68~1.13
氧化铁型焊条	140~230	26	0.25	5	正	1.51~3.07	0.118~0.335	1.28~7.2	1.05~3.65	2.1~4.7	0.71~0.82
埋弧焊不锈钢焊丝 H18CrMoA，焊剂 HJ431	200~370	27~28	0.59	3	反	2.0~3.98	0.085~0.36	1.9~11.5	1.25~3.65	1.9~3.5	0.32~0.66
氩弧焊不锈钢焊丝 1Cr13Ni9Ti	200~300	23~24.5	0.74	2	正	1.8~2.8	0.099~0.173	1.4~4.35	0.87~1.9	1~1.63	0.44~0.6

(二)、熔池的质量和存在时间

熔池的质量与焊接参数有关。实验证明，焊条电弧焊时熔池的质量 m_p 与 p_0^2/v成线性关系(如图 1-16)，即 m_p 随 p_0的增加而急剧上升，随焊接速度增大而较小。手弧焊时 m_p 通常在 0.6~16 g 范围之内，多数情况下小于 5 g。埋弧焊焊接低碳钢时，即使焊接电流很大，m_p 也不超过 100 g。

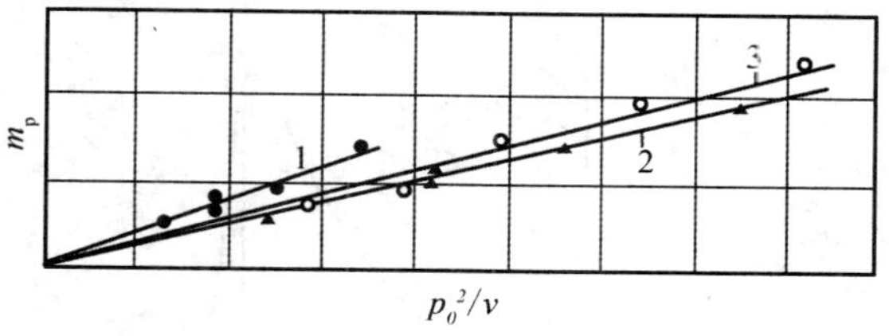

图 1-16 熔池质量 m_p 与 p_0^2/v 的关系

1—光焊丝；2—纤维素焊条；3—氧化铁型焊条

P_0—电弧功率；v—焊接速度

熔池在液态存在的最长时间 t_{max} 取决于熔池的长度 L 和焊速 v，可表示为

$$t_{max} = \frac{L}{v}$$

式中 L——熔池长度(mm)；

v——焊接速度(mm/s)。

从表 1-9 的数据可以看出，电弧焊时熔池存在的时间 t_{max} 变化在几秒到几十秒之间，这说明熔池中各种反应的时间是短暂的，然而比熔滴阶段长。焊缝轴线上各点在液态停留的时间最长，离轴线越远，停留时间越短。

表 1-9　碳钢电弧焊时熔池最大存在时间

δ /mm	焊接方法	焊接规范			池最大存在时间 /s
		I/A	U/V	v/(m/h)	
5	埋弧焊	575	36	50	4.43
11		840	37	41	8.20
16				20	16.50
23		1100	38	18	25.10
30		1560	40	16	41.80
—	手弧焊	150～200	—	3	24.0
—			—	7	10.0
—			—	11	6.5

(三)熔池的温度

实际测量表明,在熔池内的温度分布是不均匀的,如图 1-17 所示。根据温度分布的情况,可以把熔池分为前部和后部。在熔池的前部,输入的热量大于散失的热量,所以随热源的移动,母材不断熔化。同时前部的温度比较高,温度梯度也比较大。处于电弧下面的熔池表面(熔池中部)温度最高。熔池后部的温度逐渐下降,因为此处输入的热量小于散失的热量,所以不断发生金属的凝固。

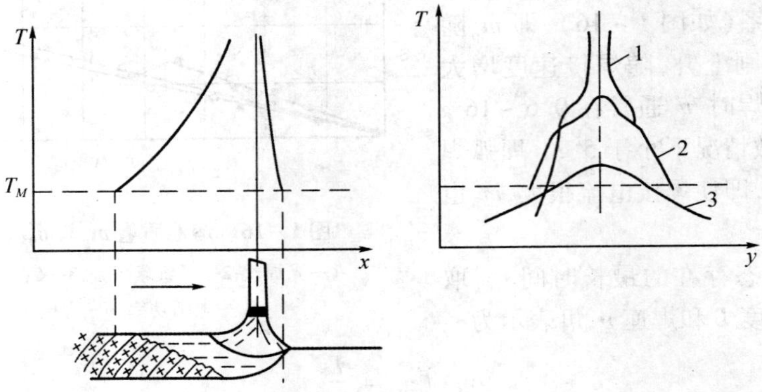

图 1-17　熔池的温度分布

1—熔池中部;2—前部;3—后部

人们采用各种方法测量了熔池的平均温度,表 1-10 列举出一些测量的结果,经研究发现,熔池的平均温度主要取决于母材的性质、形状和尺寸。

表1-10 熔池的平均温度

被焊金属	焊接方法	平均温度/℃	过热度*/℃
低碳钢 T_m=1 535 ℃	埋弧焊	1 706~1 860 / 1 768	185~325 / 243
	熔化极氩弧焊	1 625~1 800	100~275
	非熔化极氩弧焊	1 665~1 790	140~265
铝 T_m=660 ℃	熔化极氩弧焊	1 000~1 245	340~585
	非熔化极氩弧焊	1 075~1 215	415~550
Cr12V1 钢 T_m=1 310 ℃	药芯焊丝	1 500~1 610 / 1 570	190~300 / 260

*过热速度为平均温度与被焊金属熔点之差。

(二)熔池中液体的运动状态

焊接熔池中的液体金属不是静止不动的,而是强烈地运动着。正是这种运动使得熔池中的热量和质量的传输过程得以进行。而热量与质量的传输过程,又对熔池的形状、结晶、气体和夹杂物的吸收、聚集和逸出,化学成分的均匀性以及化学反应的平衡都有很大的影响。使熔池中液体金属发生运动的主要原因如下。

(1)液态金属的密度差所产生的自由对流运动　熔池温度分布不均匀,必然使熔池中各处的金属产生差别。温度高的地方金属密度小,温度低的地方金属密度大。这种密度差将促使液态金属从低温区向高温区流动。显然,在熔池体积比较大,温度分布不均匀,温差大的情况下,这种自然对流运动比较明显;反之,在熔池体积比较小,温度分布相对比较均匀的情况下,这种运动不明显。

(2)表面张力所引起的强迫对流运动　熔池金属温度不均匀程度越大,这种对流运动越剧烈。

(3)焊接热源的各种机械力所产生的搅拌运动　在电弧焊时,作用在熔池上的力主要有产生的电磁力、电弧气体吹力、熔滴撞击力、熔池金属蒸发产生的反作用力、离子的冲力等。在这些力的作用下熔池金属处于不断运动状态,熔池金属的运动如图1-18所示。

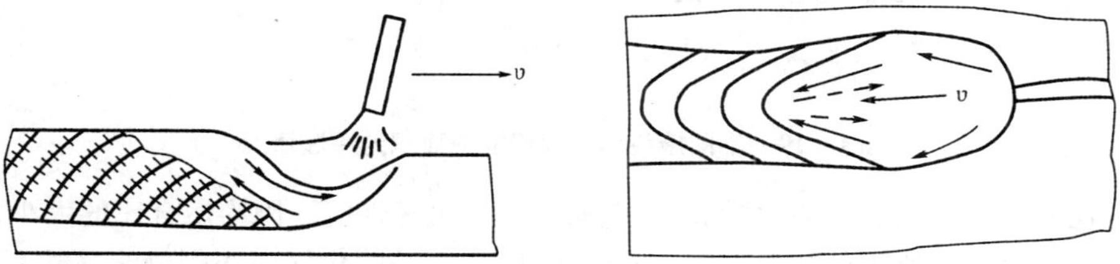

(a)纵剖面　(b)横剖面

图1-18 熔池中液态金属的运动

研究表明,焊接工艺参数、焊接材料的成分、电极直径及其倾斜角度、馈电位置等都对熔池中的运动状态有很大的影响。

熔池中液态金属的强烈运动，使熔化的母材和焊条金属能够很好的混合，形成成分均匀的焊缝金属。其次，熔池中的运动有利于气体和非金属夹杂物的外逸，加速冶金反应，消除焊接缺陷（如气孔），提高焊接质量。

最后应指出，在液态金属与母材交界处，液态金属的运动受到限制，因此在该处常出现化学成分的不均匀性。

三、焊缝金属的熔合比

焊条电弧焊时，焊缝金属是由填充金属和熔化的母材金属组成的，二者在焊缝中的比例决定了焊缝的成分。熔化焊时，被熔化的母材在焊缝金属中所占的百分比叫做熔合比，即焊缝中基本金属熔化的横截面积 A_m 与焊缝横截面积（$A_m + A_t$）的比值（见图1－19）。

$$\theta = \frac{A_m}{A_H + A_m}$$

式中　θ——熔合比；

A_m——焊缝横截面中母材所占的面积（即熔透面积），mm^2；

A_H——焊缝横截面中填充金属所占的面积，mm^2。

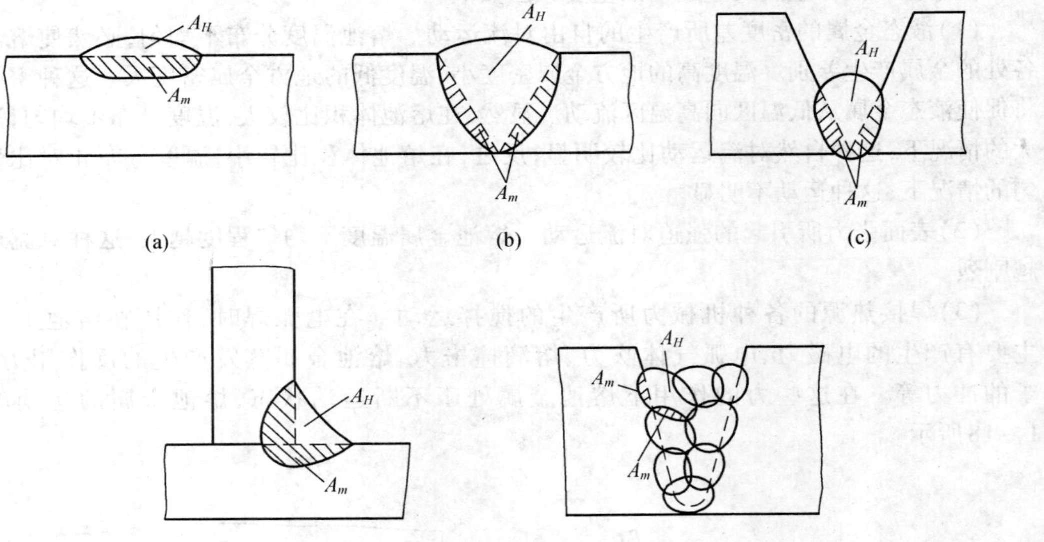

图1－19　不同接头形式焊缝横截面积的焊透情况

熔合比 θ 主要影响焊缝的化学成分、金属组织与机械性能。因为熔合比的大小，表示在整个焊缝中母材金属所占的比例，所以，熔合比具有焊透的含义。当焊缝金属中的合金元素主要来自于焊芯（如堆焊）时，局部熔化的母材将对焊缝的成分起到稀释作用。因此，熔合比又称为稀释率。当填充金属与基本金属的化学成份基本相近且熔池保护良好时，熔合比对焊缝和熔合区的性能影响不大；当填充金属与基本金属的化学成份不同时（如碳、合金元素或硫、磷等差别较大），在焊缝中紧邻熔合区的部位，化学成分的变化则比较大。变化的幅度与两种金属化学成分之差及熔合比的大小有关。

显然，熔合比取决于母材的熔透情况，而二者又都与焊接方法、焊接参数、接头尺寸形状、坡口形状、焊道数目以及母材热物理性质都有关系。图 1－20 为接头形式及焊道层数对熔合比的影响。三种情况下的第一道焊缝的熔合比都很大，随着所焊层数 n 的增加，熔合比逐渐下降。但坡口形式不同，熔合比下降的趋势不同，其中以表面推焊时下降最快。焊层比较多时，母材在焊缝金属中所占比例十分小，θ 趋近于零。

焊接低碳钢时，焊接方法和接头形式对熔合比的影响见表1－10。

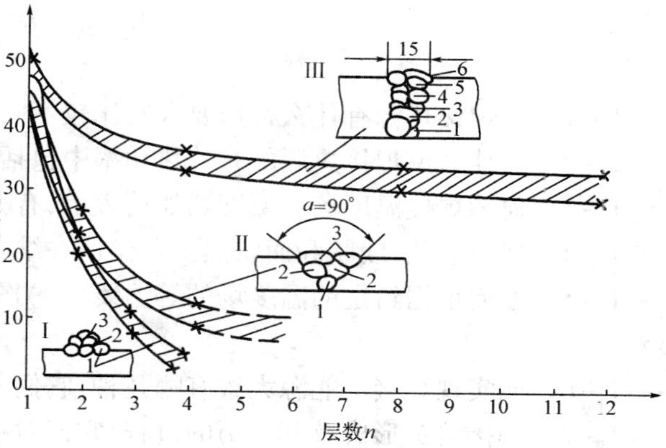

图 1－20　接头形式与焊道层数对熔合比的影响

Ⅰ—表面堆焊；Ⅱ—V 形坡口对接；Ⅲ—U 型坡口对接

（奥氏体钢、焊条电弧焊）

表 1－10　焊接方法与接头形式对熔合比的影响（低碳钢）

焊接方法	焊条电弧焊								埋弧焊
接头形式	开 I 形坡口对接		V 形坡口对接			角接或搭接		堆焊	对接
板厚/mm	2～14	10	4	6	10～20	2～4	5～20	——	10～30
熔合比 θ	0.4～0.5	0.5～0.6	0.25～0.5	0.2～0.4	0.2～0.3	0.3～0.4	0.2～0.3	0.1～0.4	0.45～0.75

焊件金属的热物理性能对熔合比影响也很大。热导率小的材料，在同样的焊接条件下比热导率大的材料的熔合比要大些。例如，奥氏体钢的熔合比比铁素体－珠光体钢大 20%～30%。

焊条药皮类型对熔合比的影响如图 1－21 所示。从焊缝的截面可以看出，钛图型焊条的熔合比也小，其原因可能是因为不同类型药皮所产生的电弧吹力不同所致。熔合比 θ 的数值变化范围比较大，可在 10%～85% 内变化，应根据具体情况与要求，对熔合比进行适当选择控制。对一般的自动焊来说，熔合比 θ 在 60%～70% 之间。

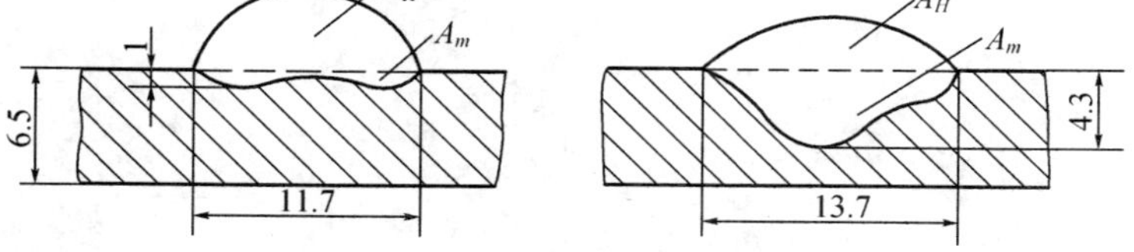

(a)　　(b)

图 1－21　药皮类型对焊缝截面及熔合比的影响

（焊芯为 H0Cr19Ni9Ti，Φ5 mm 直流反接）

（a）含 TiO_2 药皮；（b）含 CaF_2 药皮

思考题

1－1 对焊接热源有什么特殊要求？比较不同的热源性能的判别依据是什么？

1－2 为什么说焊接热源的有效热功率中包括的能量并非全部是“有效”的？

1－3 何谓焊接温度场？温度场如何表示，有哪些影响因素？

1－4 何谓点状、线状和面状热源？何谓一维、二维和三维传热？

1－5 如何根据给定的温度场的等温线（面）图像判断焊缝的深度、宽度和热影响区宽度？

1－6 能实现焊接的能源大致有哪几种，它们各自的特点是什么？

1－7 焊接接头形成及其经历的过程，它们对接头质量有何影响？

1－8 焊条加热与熔化的热量来自于哪些方面？电阻热过大对焊接质量有何影响？

1－9 分别阐述焊接方法、焊接线能量和被焊金属的热物理常数对焊接温度场的影响。

1－10 熔滴过渡的作用力有哪些，其对熔滴过渡的影响如何？

第二章 焊接化学冶金

在熔焊过程中，焊接区内各种物质之间在高温下相互作用的过程，称为焊接化学冶金过程。其中不仅包括化学过程变化，而且包括物质在各个参加反应物（如气体、熔渣、液体金属）间的迁移和扩散，这是一个极为复杂的物理化学变化过程。

由于焊接化学冶金直接影响焊缝金属的成分、组织和力学性能，同时也影响焊接工艺性能以及某些焊接缺陷（如气孔、结晶裂纹等）的形成，因此，引起人们广泛深入的研究，现已发展成为焊接理论的一个重要分支——焊接化学冶金学。它主要研究在各种焊接工艺条件下，冶金反应与焊缝金属成分、性能之间的关系及其变化规律。从热力学的角度来阐明焊接化学冶金的一般规律，主要涉及气体的溶解、金属的氧化和焊缝的脱氧、脱硫、脱磷、除氢以及焊缝金属的合金化等内容。研究的目的在于运用这些规律合理地选择焊接材料，控制焊缝金属的成分和性能使之符合使用要求，设计创造新的焊接材料。

本章以焊条电弧焊焊接低碳钢和低合金钢时的冶金问题为重点，它可以作为分析其他熔焊方法及材料冶金问题的基础。

第一节 焊接化学冶金过程的特点

普通化学冶金过程是对金属的熔炼加工过程，金属放在特定的炉中进行，焊接化学冶金过程实质是金属在焊接条件下再熔炼的过程，焊接时焊缝相当于高炉。焊接冶金和普通化学冶金有共同之处，他们都是对金属冶炼加工的过程如下，二者不同点如下。

(1) 原材料不同　普通冶金材料是矿石、焦炭、废钢铁等，而焊接材料有焊条、焊丝、焊剂等；

(2) 目的不同　普通冶金的目的是提炼金属；焊接冶金目的是对金属再熔炼，以满足构件使用性能。

此外，冶金条件方面都有很大区别，因此普通冶金学中的规律不能完全适用于焊接化学冶金。只有研究焊接化学冶金的特点，找出它的本身固有的规律，才能使冶金反应向有利于获得优质焊缝的方向发展。

一、焊接过程中对金属的保护

（一）保护的必要性

熔焊过程中由于熔化金属和周围介质的相互作用，使焊缝金属的成分和性能与母材和焊接材料有较大不同，因此，对焊接区域的金属进行保护是焊接化学冶金的首要任务。为了防止空气的有害作用，保证焊缝质量，焊接过程中必须对焊接区金属采取保护措施。不同的保护方式，所取得的效果也不同。

1. 无保护的危害

焊条电弧焊时，如果用低碳钢光焊丝在空气中无保护焊接时，由于熔化金属与其周围的空气发生激烈的相互作用，使焊缝金属的成分和性能将会不同于母材和焊丝，而且焊接工艺性能也很差。

(1)焊缝成分显著变化　采用低碳钢光焊丝在空气中无保护焊接时,焊缝金属的成分和性能与母材比较,发生了很大的变化。由于熔化的高温金属与周围空气发生强烈的作用,可使焊缝金属中氧和氮的含量明显增加。含氮质量分数分别达到0.105%～0.218%,比焊丝中含氮量高20～45倍;含氧量为0.14%～0.22%,比焊丝中含氧量高7～35倍。同时焊缝中锰和碳等有益元素因强烈烧损和蒸发而减少,见表2－1。

表2－1　不同焊条焊接时焊缝金属化学成分的变化

分析对象		化学成分/%					
		C	Si	Mn	N	O	H
焊芯		0.13	0.07	0.66	0.005	0.021	0.0001
低碳钢母材		0.20	0.18	0.44	0.004	0.003	0.0005
焊缝金属	用光焊丝	0.03	0.02	0.20	0.14	0.21	0.0002
	用酸性焊条	0.06	0.07	0.36	0.013	0.099	0.0009
	用碱性焊条	0.07	0.23	0.43	0.026	0.051	0.00005

(2)焊缝的力学性能下降　由于焊缝中氧和氮等有害杂质显著增加,以及锰和碳等有益合金元素的减少,焊缝金属的塑性和韧性显著下降,而因氮引起的强化作用的弥补使得焊缝金属的强度变化不大,见表2－2。

表2－2　用光焊丝无保护焊接低碳钢时的力学性能

性　能	金　属	
	母　材	焊　缝
抗拉强度 σ_b/MPa	390～440	324～390
伸长率 δ/%	25～30	5～10
冷弯角 α/°	180	20～40
冲击韧性 ak/J·cm^{-2}	>147	4.9～24.5

(3)焊接工艺性能差　由于焊接过程中没有任何保护,电弧空间电离度低,电弧不稳定,焊条易粘钢板,焊接飞溅也大,焊道表面成形差,焊缝中也易产生各类型的气孔。

(二)保护的方式和效果

综上所述,为了提高焊缝质量,焊接过程中就必须对焊接区的金属进行保护。尽量减少焊缝金属中有害杂质的含量和有益合金元素的损失,使焊缝金属得到合适的化学成分,满足构件的使用性能,确保熔焊方法能用于制造重要结构。

所谓保护就是利用某种介质将焊接区与空气隔离开来。从保护介质来看,保护可分为气体保护、熔渣保护、气－渣联合保护、真空保护以及自保护等。实际上,大多数熔焊方法都是基于加强保护的思路发展和完善起来的,见表2－3。由于常用的保护介质中基本不含氮,因而可用焊缝中的含氮量来评价各种保护方式的保护效果。

表 2-3 熔焊方法的保护方式

熔焊方法	焊条电弧焊	埋弧焊	电渣焊	氩弧焊	CO_2焊	等离子弧焊	激光束焊	电子束焊	自保护焊
保护方式	气—渣联合保护	熔渣保护	熔渣保护	气体保护	气体保护	气体保护	气体保护	真空保护	自保护

1. 气体保护

气体保护是利用外加气体对焊接区进行保护的方法。保护的效果主要取决于气体的性质和纯度，并按气体性质分为惰性气体保护和活性气体保护。

气体保护的保护效果取决于保护气的性质与纯度、焊炬的结构、气流的特性等因素。一般来说，惰性气体主要是氩，其次是氦。惰性气体保护的效果很好，因此适用于焊接合金钢和化学活性（化学性能活泼的）金属及其合金。熔化极氩弧焊焊缝中氮的质量分数只有0.006 8%左右。常用的活性气体主要是 CO_2，保护的效果也比较好，焊缝中氮的质量分数介于0.008% ~0.015%之间。

2. 熔渣保护

熔渣保护是利用焊剂、药皮中的造渣剂熔化以后形成的熔渣起保护作用的。对于埋弧焊来讲，焊剂及熔渣的保护效果是很好的，焊缝中氮的质量分数介于0.002% ~0.007%之间，比手工电弧焊的保护效果好。

埋弧焊时，焊剂的保护效果取决于焊剂的粒度和结构。多孔性的浮石状焊剂比玻璃状的焊剂具有更大的表面积，吸附的空气更多，因此保护效果较差。试验表明，焊剂的颗粒越大，其松装密度（单位体积内焊剂的质量）越小，透气性越大，焊缝金属中含氮量越多，说明保护效果越差（表2-4）。但是不应当认为焊剂的松装密度越大越好。因为当熔池有大量气体析出时，如果松装密度过大，则透气性过小，将阻碍气体外逸，促使焊缝中形成气孔，使焊缝表面出现压坑等缺陷，所以焊剂应当有适当的透气性。

表 2-4 高硅中锰低氟焊剂的松装密度与焊缝含氮量的关系

松装密度（kg/m^3）	透气性	焊缝金属的含氮量（%）
550	3800	0.0094
800	3000	0.0043
1000	2500	0.0022
1200	2000	0.0022

3. 气-渣联合保护

气-渣联合保护是通过焊条药皮和焊丝药芯中的造气剂、造渣剂在焊接过程中形成熔渣和气体共同起到保护作用的。采用这种保护，焊缝中氮的质量分数可控制在0.010% ~0.014%的范围内，达到了一般钢材焊接所要求的保护效果。

造渣剂熔化后形成的熔渣覆盖在熔滴和熔池的表面上将空气隔开。而熔渣冷却凝固后在焊缝表面上形成的渣壳，可进一步防止处于高温状态的焊缝金属与空气的接触。同时造气剂（主要是有机物和碳酸盐等）受热以后分解，析出大量气体。据计算，熔化100 g焊芯，焊条可以析出2 500～5 080 cm^3的气体。这些气体在药皮套筒中被电弧加热膨胀，从而形成定向气流吹向熔池，将焊接区与空气隔离开，起到较好的保护作用。

用焊条和药芯焊丝焊接时的保护效果，取决于其中保护材料的含量、熔渣的性质和焊接工艺参数等。从图2－1可以看出，随着药芯焊丝中保护材料含量的增加，熔敷金属中的含氮量减少。过分增加其含量，将使药芯的熔化落后于金属外皮，从而使保护效果变坏。图2－2表示出焊条熔化时析出的气体数量越多，熔敷金属中的含氮量越少。目前，工业生产用的焊条和药芯焊丝，焊缝含氮量约为0.010%～0.014%（低碳钢为0.004%），证明保护基本上是可靠的。

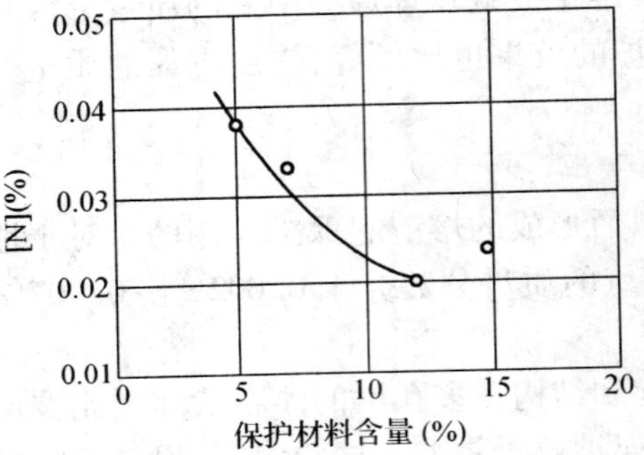

图2－1　熔敷金属含氮量与药芯焊丝中保护材料含量的关系

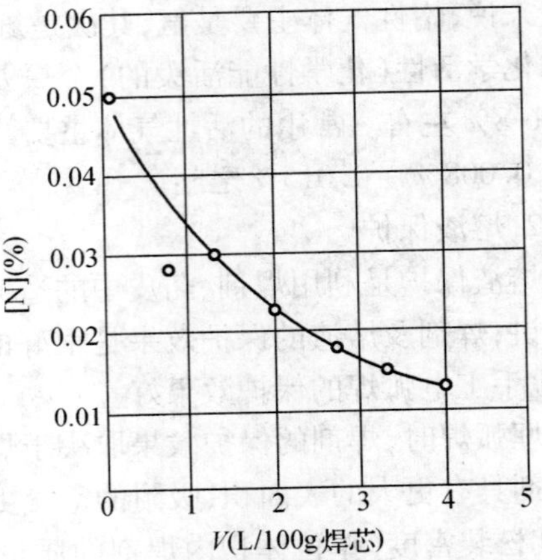

图2－2　熔敷金属含氮量与焊条熔化时析出气体的数量关系

4. 真空保护

真空保护是指利用真空环境使焊接区的空气含量显著降低的保护方法。在真空度高于0.013 3 Pa的真空室内进行电子束焊接，保护效果是最理想的。这时虽然不能把空气完全排除掉，但随着真空度的提高，可以把氧和氮的有害作用减至最小。

5. 自保护

上述的四种保护方法均属于将空气排除焊接区的机械保护方法。自保护不是利用这种机械隔离空气来保护焊接区金属的方法，而是通过化学反应防止氧和氮进入焊缝的冶金保护方法。

实际上，自保护焊是利用特制的实心或药芯光焊丝在空气中焊接的一种方法。它不是利用机械隔离空气的办法来保护金属，而是在焊丝或药芯中加入脱氧和脱氮剂，使由空气进入熔化金属中的氧和氮进入熔渣中，故称自保护。因实心自保护焊丝的保护效果欠佳，焊缝金属的塑性和韧性偏低，所以目前生产上很少应用。

应指出，目前关于隔离空气的问题已基本解决。但是仅仅机械地保护熔化金属，在有些情况下仍然不能得到合格的焊缝成分。例如，在多数情况下，药皮、焊剂对金属具有程度不同的氧化性，从而使焊缝金属增氧。因此焊接冶金的另一个任务是对熔化金属进行冶金处理，也就是说，通过调整焊接材料的成分和性能，控制冶金反应的发展，来获得预期要求的焊缝成分，这是本章要讨论的主要内容。

二、焊接化学冶金反应区及其反应条件

焊接化学冶金过程是分区域（或阶段）连续进行的，这与普通化学冶金过程不同，且各区的反应条件（反应物的性质和浓度、温度、反应时间、相互接触面积、对流和搅拌运动等）也有较大的差异，因而也就影响到各区反应进行的可能性、方向、速度和限度。

不同的焊接方法有不同的反应区。手工电弧焊时有药皮反应区、熔滴反应区和熔池反应区三个反应区，如图 2－3 所示。熔化极气体保焊时，只有熔滴和熔池二个反应区。不填充金属的气焊、钨极氩弧焊和电子束焊接，只有一个熔池反应区。现以焊条电弧焊为例，讨论各个反应区的特点和相互联系。

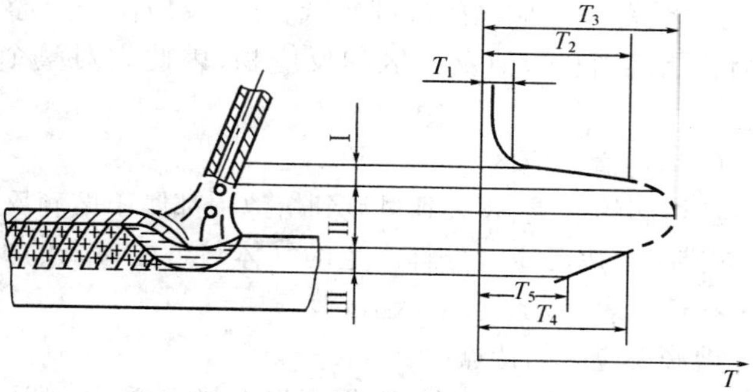

图 2－3 焊接化学冶金反应区

Ⅰ—药皮反应区；Ⅱ—熔滴反应区；Ⅲ—熔池反应区

T_1—药皮开始反应温度；T_2—焊条端熔滴温度

T_3—弧柱间熔滴温度；T_4—熔池最高温度

T_5—熔池凝固温度

（一）药皮反应区

药皮反应区主要在焊条端部的套筒附近，温度范围从 100 ℃至药皮的熔点（对钢焊条约为 1 200 ℃）。在该区内的主要物理化学作用有水分蒸发、某些物质的分解和铁合金的氧化。反应的结果是产生气体和熔渣，反应的种类如下。

1. 脱水反应

药皮被加热时，其吸附水开始蒸发，直到温度超过 100 ℃，药皮中的吸附水全部蒸发；当药皮温度超过 200～400 ℃，药皮内一些组成物（如白泥、白云母、滑石等）中的结晶水和化合水开始蒸发，蒸发和分解的水分一部分进入电弧区。

2. 物质的分解反应

当药皮加热温度超过 200～250 ℃时，其中的有机物，如木粉、纤维素和淀粉等则开始分解和燃烧，形成 CO_2、CO、H_2 等气体。

药皮加热超过 400 ℃，药皮中的碳酸盐（如大理石——$CaCO_3$、菱苦土——$MgCO_3$）和高价氧化物（如赤铁矿——Fe_2O_3、锰矿——MnO_2 等）也发生分解，形成 CO_2、O_2 等气体。其反应式为

$$MgCO_3 \rightarrow MgO + CO_2\uparrow$$

$$CaCO_3 \rightarrow CaO + CO_2\uparrow$$

$$2MnO_2 \rightarrow 2MnO + O_2\uparrow$$

$$2Fe_2O_3 \rightarrow 4FeO + O_2\uparrow$$

3. 铁合金的氧化

上述物化反应产生的大量气体，一方面对熔化金属有机械保护作用；另一方面对金属

和药皮中的合金元素(如锰铁、硅铁和钛铁等)有很大的氧化作用。例如:

$$2Mn + O_2 = 2MnO$$

$$Mn + CO_2 = MnO + CO$$

$$Mn + H_2O = MnO + H_2$$

试验表明,温度高于600 ℃就会发生铁合金的明显氧化,结果使气相的氧化性大大下降,这个过程即所谓的"先期脱氧"。

总之,药皮反应区的温度较低,这一反应阶段是整个冶金过程的准备阶段,其反应的产物就是熔滴和熔池反应区的反应物,因此它对整个冶金过程和焊接质量有一定的影响。

(二)熔滴反应区

从熔滴的形成、长大到过渡到熔池中都属于熔滴反应区。熔滴反应区除了液体金属以外,充满了药皮反应区分解产生的气体与可能掺入的少量空气。同时,一部分熔化的药皮包围在熔滴表面,随熔滴一起过渡。

熔滴反应区的特点:

(1)温度最高　对于电弧焊焊接钢材来说,熔滴活性斑点处的温度接近焊芯材料的沸点,约为2 800 ℃;熔滴的平均温度根据焊接参数不同,在1 800 ~2 400 ℃的范围内变动,熔滴金属的过热度很大,可达300 ~900 ℃;

(2)熔滴的比表面积大　在正常情况下,熔滴的比表面积为$10^3 \sim 10^4 cm^2/kg$,约为炼钢时的1 000倍,因而与气相和熔渣的接触面积大;

(3)各相之间作用时间短　熔滴在焊条末端停留的时间只有0.01 ~0.1s,熔滴向熔池过渡的速度高达2.5 ~10 m/s,而通过弧柱区的时间更短,只有0.000 1 ~0.001 s,熔滴区的反应主要在焊条端部进行;

(4)液体金属与熔渣发生强烈的混合　熔滴从形成、长大至过渡过程中,尺寸与形状均在不断改变,其局部表面被拉长或压缩,这时总有可能拉断覆盖在熔滴表面上的渣层,使熔渣进入熔滴内部,增加了反应物的接触面,有助于物质的扩散迁移,从而加快反应速度。

由上述特点可知,在该区的反应时间虽短,但因温度高,相接触面积大,并有强烈的混合作用,所以冶金反应最激烈,许多反应可达到接近终了的程度,因而对焊缝成分影响最大。在熔滴反应区进行的主要化学反应如下。

(1)气体的高度分解　进入和生成的气体在电弧区被加热分解。这些气体有空气、水蒸气、二氧化碳、一氧化碳、氢气、氮气等,最后两种气体发生部分分解。

(2)氢气和氮气的溶解　分解的氢气和氮气将溶解到熔融金属中。

(3)熔融金属的氧化反应　电弧气氛中的氧化性气体和熔滴金属产生氧化反应,熔渣中的MnO、SiO_2与熔滴产生置换氧化,熔渣中的FeO向熔滴扩散氧化。

(4)金属的蒸发　由于熔滴的温度接近钢的沸点,一些低沸点的元素,如锰、锌等将发生蒸发,产生金属蒸气。

(5)熔滴合金化　药皮、药芯中的合金剂使熔滴强烈地合金化。

(三)熔池反应区

熔池反应区是指由熔滴和熔渣落入熔池后,同熔化的母材混合或接触,与此同时,各相间进一步发生物理化学反应,直到金属凝固形成焊缝金属。熔池反应区与熔滴反应区相比，物理条件和化学条件是有区别的。

1. 熔池反应区的物理条件与熔滴反应区不同

熔池的平均温度较低，约为1 600～1 900 ℃；比表面积较小，约为3～130 cm^2/kg；反应时间稍长些，但也不超过几十秒，例如手工电弧焊时通常为3～8 s，埋弧焊时为6～25 s。熔池的突出特点之一是温度分布极不均匀，因此在熔池的前部和后部反应可以同时向相反的方向进行。例如在熔池的前部发生金属的熔化、气体的吸收及硅锰的还原，并有利于吸热反应进行，而在熔池的后部却发生金属的凝固、气体的逸出、脱氧、脱硫及脱磷，并有利于放热反应进行。此外，熔池中的强烈运动，有助于加快反应速度，并为气体和非金属夹杂物的外逸创造了有利条件。

2. 熔池反应区的化学条件与熔滴反应区也有所不同

首先，熔池阶段系统中反应物的浓度与平衡浓度之差比熔滴阶段小，所以在其他条件相同的情况下，熔池中的反应速度比熔滴中要小。其次，当药皮重量系数 K_b（单位长度药皮与焊芯的质量比）较大时，参与和熔池金属作用的熔渣数量比与熔滴金属作用的熔渣数量多。因为 K_b 大时，必有一部分熔渣直接流入熔池而不与熔滴发生作用，这必然给冶金反应带来影响。例如，用氧化型药皮焊条焊接，当 K_b 较小时，随着 K_b 的增加硅在熔滴和熔敷金属中的含量都迅速减小，这说明两者中硅的氧化损失都在增加。而当 $K_b \geq 0.18$（相当药皮厚度为1 mm）时，增加 K_b，熔滴中硅的氧化损失趋于稳定，但熔池中的硅在继续减少，说明熔池被直接进入的熔渣继续氧化，如图2-4所示。

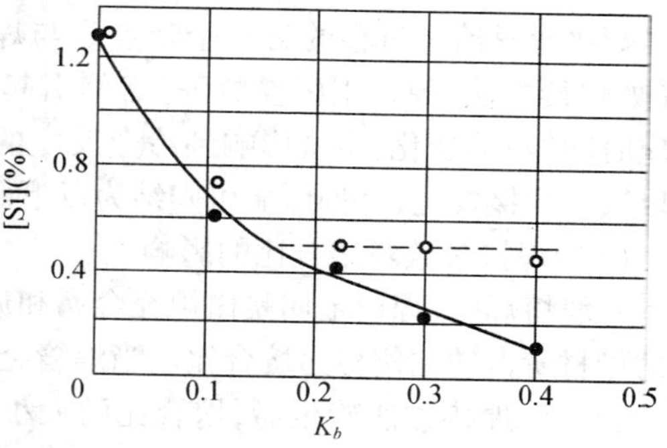

图2-4 硅在熔滴和熔敷金属中的含量与 K_b 的关系

焊芯为35MnSi钢（Si1.24%）药皮含赤铁矿40%，萤石60%

○—熔滴 ●——熔敷金属

也就是说，在 K_b 较大时，参与熔池反应的熔渣量随 K_b 的增加而增加，而此时参与熔滴反应的熔渣量则保持稳定。因此可以认为存在一个临界药皮厚度 h_0，在 h_0 以外的药皮所形成的熔渣不与熔滴接触，只与熔池发生作用。可见，增加药皮厚度能够加强熔池阶段的反应。h_0 取决于药皮的成分和焊接工艺参数。再次，熔池反应区的物质是不断更新的，新熔化的母材、焊芯和药皮不断进入熔池的头部，凝固的金属和熔渣不断从熔池尾部退出反应区。在焊接参数一定的条件下，这种物质的更替过程可以达到稳定状态，从而得到成分均匀的焊缝。

由上述熔池反应区的物理、化学条件可以得出结论：熔池阶段的反应速度比熔滴阶段小，并且在整个化学冶金反应过程中的贡献也较小。合金元素在熔池阶段被氧化的程度比熔滴阶段小就证明了这一点（表2-5）。但是在某些情况下（如大厚度药皮），熔池反应也有相当大的贡献。

总之，焊接化学冶金过程是分区域连续进行的。在熔滴阶段进行的反应多数在熔池阶段继续进行，但也有某些反应会停止甚至改变反应方向。各阶段冶金反应的综合结果，决定了焊缝金属的最终化学成分。

表2-5　合金元素在不同阶段的损失

药皮	元素	元素的损失占原始含量的百分比/%		
		总损失损失量	熔滴中损失量	熔池中损失量
赤铁矿 $K_b = 0.5$	C Mn Si	87.5 97 98.3	80 97 98.3	7.5 0 0
大理石80%，萤石20% $K_b = 0.27$	C Mn Si	40 47.2 75	30 29.2 47.5	10.0 18.0 27.5

三、焊接工艺条件与化学冶金反应的关系

焊接化学冶金过程的另一个特点是与焊接工艺条件有密切的联系。改变焊接工艺条件（如焊接方法、焊接工艺参数等）必然引起冶金反应条件（反应物种类、数量、浓度、温度、反应时间等）的变化，也就影响到冶金反应的过程，因此，焊缝金属的化学成分在一定程度上取决于焊接规范，这种影响可归结为以下两个方面。

（一）焊接参数对熔合比的影响

一般熔焊时，焊缝金属是由填充金属和局部熔化的母材组成的。在焊缝金属中局部熔化的母材所占的比例称为熔合比。当焊缝金属的熔合比变化时，其焊缝金属的成分必然随之改变。而焊接方法确定后，熔合比的大小与焊接方法、规范、接头形式和板厚、坡口角度及形式、母材性质、焊接材料种类以及焊条（焊丝）倾斜角度等因素有关（表2-6）。通常，熔合比随焊接电流增加而增加，随电弧电压、焊接速度的增加而减小。假设焊接时合金元素没有任何损失，则这时焊缝金属中合金元素B的含量与熔合比的关系为

$$\omega_B = \theta\omega_B' + (1-\theta)\omega_B'' \qquad (2-1)$$

式中　ω_B——元素B在焊缝中的质量分数；

ω_B'——元素B在母材中的质量分数；

ω_B''——元素B在焊条中的质量分数；

θ——熔合比。

表2-6　焊接工艺条件对低碳钢熔合比的影响

焊接方法	接头形式	被焊金属厚度/mm	熔合比θ
焊条电弧焊	I形坡口对接	2~4	0.4~0.5
		11	0.5~0.6
	V形坡口对接	4	0.25~0.5
		6	0.2~0.4
		11~20	0.2~0.3
	角接及搭接	2~4	0.3~0.4
		5~20	0.2~0.3
	堆焊	—	0.1~0.4
埋弧焊	对接	11~30	0.45~0.75

由式(2-1)可以看出,通过改变熔合比可以改变焊缝金属的化学成分。这个结论在焊接生产中具有重要的实用价值。例如,要保证焊缝金属成分和性能的稳定性,必须严格控制焊接工艺条件,使熔合比合理、稳定。在堆焊时,总是调整焊接规范使熔合比尽可能的小,以减少熔化的母材对堆焊层成分的稀释作用,避免由此带来的对堆焊层性能的影响。在焊接异种钢时,熔合比同样对焊缝金属成分和性能的影响较大,因此要根据熔合比选择焊接材料。

(二)焊接参数影响冶金反应的条件

焊接参数与熔滴的过渡特性有很大关系,因而对冶金反应进行的完全程度也会产生影响。试验表明,熔滴阶段的反应时间(熔滴存在的时间)随焊接电流的增加而变短,随电弧电压的增加而变长。因此,可以断定反应进行的完全程度将随电流的增加而减小,随电弧电压的增加而增大。例如,采用下列配方:萤石30%,大理石6%,硅砂42%,铁锰15%,铝粉7%,分别制成焊条和药芯焊丝,来研究焊接工艺参数与硅还原反应的关系,发现熔敷金属中的含硅量随着电弧电压的增加而增加(硅的还原反应时间增长),随焊接电流的增加而减小(图2-5)。

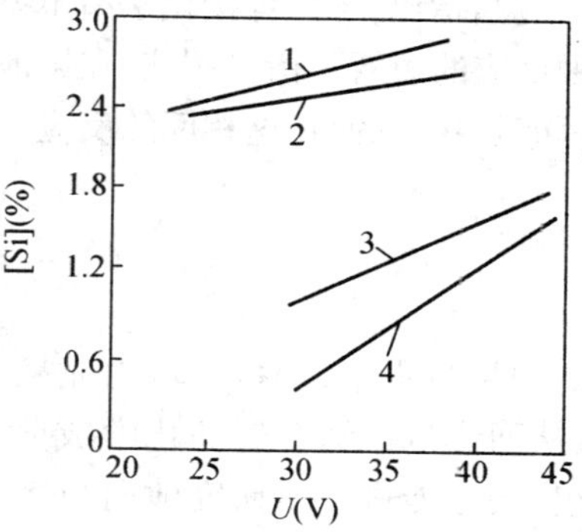

图2-5 熔敷金属中硅含量与电弧电压和电流的关系

焊条(Φ2.5 mm, K_b = 0.7):

1—I = 150A;2—I = 220A

药芯焊丝(Φ4 mm, K_b = 0.66):

3—I = 240A;4—I = 410A

(三)焊接参数影响参加冶金反应的熔渣量

埋弧焊时,焊接参数的变化范围很宽,使焊剂的熔化量变化较大。焊接电流增加,熔深加大,电弧深入熔池内部,焊剂熔化量减少;电弧电压增加,焊剂熔化量增加。焊剂熔化量的改变,意味着与液态金属作用的熔渣数量的变化,反应物的含量必然影响产物的含量,最终影响焊缝的化学成分。

焊条电弧焊时,焊接参数变化范围很窄,又因为焊条药皮质量是一定的。所以,焊接参数的变化对焊缝成分变化影响不大。

由以上讨论可知,影响焊缝金属成分的主要因素除焊接材料(包括焊条、焊丝、焊剂、气体等)外,就是焊接参数。焊接材料是焊缝金属的物质基础,它不仅影响冶金过程,而且决定焊缝的合金系统。而焊接参数则只能影响冶金过程,不能改变焊缝的合金系统,而且焊接参数的调节还要受诸多因素的限制。因此,调整焊接材料是控制焊缝成分的主要手段,调节焊接参数只是辅助手段。

四、焊接化学冶金系统及其不平衡性

(一)焊接化学冶金是多相的反应系统

焊接化学冶金系统的反应温度高,参与反应的相数多,根据焊接方法不同,组成系统的相也不同。例如,焊条电弧焊和埋弧焊时,系统内有三个相互作用的相,即液态金属、熔渣和电弧气氛;气体保护焊时,主要是气相与金属相之间的相互作用;而电渣焊时,主要是熔渣与金属之间的作用。多相反应的重要特点就是反应是在相界面上进行的。因此,反应的可能性、方向、速度及限度等,都将与热量的传递和物质的迁移有密切的关系,影响因素十分复杂,这些都给焊接化学冶金过程的研究工作增加了困难。

(二)焊接化学冶金系统是不平衡的反应系统

焊接区温度高且分布不均匀,排除了整个焊接化学冶金系统平衡的可能性。焊接区的高温和各相之间巨大的反应界面以及强烈的搅动,均可使冶金反应进行得很激烈。但由于各反应区的反应条件变化极大,多相界面增加了物质传输的困难,焊接连续冷却过程使温度变化范围很大,停留时间很短,各种反应离平衡的远近程度相差甚远,从而造成了焊接化学冶金系统的不平衡性。因此,直接应用化学平衡的有关公式对焊接化学冶金问题进行定量分析是不可能的,但可以利用化学知识对冶金反应的方向、限度及其影响因素等进行定性分析。

应当指出,尽管焊接化学冶金系统从整体上说是不平衡的,但并不排除系统个别部分出现某种反应的短暂平衡。例如,在熔池反应区中所进行的同一反应在熔池前部和后部的反应方向可能是相反的,在这相反的反应方向之间必然存在一个反应方向改变的平衡状态。

第二节 气相对金属的作用

焊接过程中,焊接区域内充满了大量的气体,这些气体不断地与熔化金属发生冶金反应,从而影响焊缝金属的化学成分与力学性能。所以,必须首先了解焊接区内气体的来源与组成,才能进一步研究他们与熔化金属的作用问题。

一、焊接区内的气体

弄清焊接区内气体的来源、产生、成分及其分布,对于研究气相与熔化金属的相互作用具有重要意义。

(一)气体的种类和来源

焊接区内的气体是与液态金属进行冶金反应的重要物质,了解焊接区内气体的种类、来源及气相的组成成分是研究气相与液态金属相互作用的前提。

1. 气体的种类

总的来看,除了外加的惰性保护气体之外,电弧区内的气体是由 CO、CO_2、H_2O、O_2、H_2、N_2、金属和熔渣的蒸气以及它们分解和电离的产物所组成的混合物。其中对焊接质量影响最大的是 N_2、H_2、O_2、CO_2、H_2O,焊接区金属与气体的作用可归结为与氢、氮、氧的作用。

2. 气体的物质来源

焊接区内的气体主要来源于焊接材料。例如,焊条药皮、焊剂和药芯中的造气剂、高价氧化物和水分都是气体的重要来源。气体保护焊时,焊接区内的气体主要来自所采用的保护气体及其所含的杂质(如氧、氮、水气等)。热源周围的空气也是一种难以避免的气源。据估算,焊条电弧焊时侵入电弧中的空气约占3%左右。焊丝表面上和母材坡口附近的氧化皮、铁锈、油污、油漆和吸附水等,在焊接时也会析出气体。在一般情况下,焊丝和母材中因冶炼而残留的气体是很少的,对气相的成分影响不大。

3. 气体的供给途径

从本质上看,焊接区内的气体一部分是直接输入或侵入的原始气体,而另一部分是通过物化反应所生成的气体,具体情况如下。

(1)有机物的分解和燃烧　制造焊条时常用淀粉、纤维素和糊精等有机物作为造气剂和涂料增塑剂,这些物质受热后将从220~250 ℃开始发生复杂的分解和燃烧反应,统称为热氧化分解反应。生成 CO_2、CO、H_2 及 H_2O 等气态产物。例如，纤维素的热氧化分解反应可表示为

$$2(C_6H_{10}O_5)_m + 7mO_2 = 12mCO_2 + 10mH_2$$

用热称重法研究证明，在 220 ~ 320 ℃的范围内，焊条所用的有机物可发生最大程度的分解，质量损失可达 50%，大约在 800 ℃左右完全分解。当有机物与钾 - 钠水玻璃混合使用时，其分解温度将会降低。因此，对含有有机物的焊条进行烘干时，烘干温度应控制在 150 ℃左右，一般不应超过 200 ℃。

(2)碳酸盐和高价氧化物的分解　焊接材料中常用 $CaCO_3$、$MgCO_3$ 和 $CaMg(CO_3)_2$（白云石）等碳酸盐，它们受热超过一定温度时会发生分解反应，生成 CO_2 气体，起到气体保护作用。$CaCO_3$ 和 $MgCO_3$ 的分解反应和分解压分别为

$$CaCO_3 = CaO + CO_2$$

$$\lg p(CO_2/CaCO_3) = -8920/T + 7.54$$

$$MgCO_3 = MgO + CO_2$$

$$\lg p(CO_2/MgCO_3) = -5785/T + 6.27$$

式中 $p(CO_2/CaCO_3)$ 和 $p(CO_2/MgCO_3)$ 分别表示 $CaCO_3$ 和 $MgCO_3$ 分解生成的 CO_2 平衡分压。

利用上式，可以计算出 $CaCO_3$ 和 $MgCO_3$ 在空气中开始分解和剧烈分解的温度。

计算结果表明，$CaCO_3$ 和 $MgCO_3$，在空气中开始分解的温度分别为 545 ℃和 325 ℃，而剧烈分解的温度分别为 910 ℃和 650 ℃。因此，它们在焊接过程中能够完全分解。同时，对含有 $CaCO_3$ 和 $MgCO_3$ 的焊条进行烘干时，烘干温度应超过 450 ℃和 300 ℃。

应当指出，加热速度、碳酸盐粒度和其他物质对碳酸盐的分解过程是有影响的。加热速度越高，碳酸盐的分解温度越高。碳酸盐的粒度越小，在同样温度下的分解压越大。CaF_2，SiO_2，TiO_2 和 Na_2CO_3 等物质可使 $CaCO_3$ 的分解温度区间向低温推移，如图 2 - 6 所示。尤其是 Na_2CO_3 的加入（比较曲线 6 和 7）还可扩大 $CaCO_3$ 的分解温度区间，对改善熔化金属的保护效果起到特殊的作用。此外，电弧气氛中的水蒸气具有催化作用，可加速碳酸盐的分解。

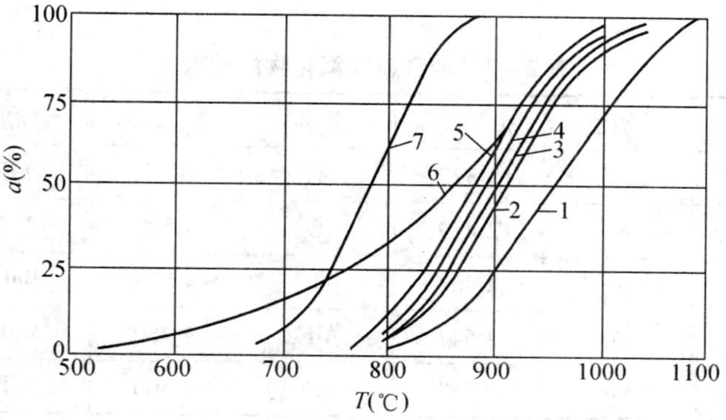

图 2 - 6　不同物质对碳酸钙分解度 α 的影响

1—$CaCO_3$；2—$CaCO_3 + CaF_2$；3—$CaCO_3 + TiO_2$；4—$CaCO_3 + SiO_2$

5—$CaCO_3 + NaCO_3$（比例 1∶1）；6—$CaCO_3 + CaF_2 + TiO_2 + NaCO_3$（比例 1∶2∶2∶1）

7—$CaCO_3 + CaF_2 + TiO_2$（比例 1∶2∶2）

焊接材料中的高价氧化物主要有 Fe_2O_3 和 MnO_2，它们在焊接过程中将发生逐级分解，反应结果生成大量 O_2 和低价氧化物，增强了气氛的氧化性。所发生的分解反应为

$$6Fe_2O_3 = 4Fe_3O_4 + O_2$$
$$2Fe_3O_4 = 6FeO + O_2$$
$$4MnO_2 = 2Mn_2O_3 + O_2$$
$$6Mn_2O_3 = 4Mn_3O_4 + O_2$$
$$2Mn_3O_4 = 6MnO + O_2$$

(3)物质的蒸发及冶金反应　焊接过程中，母材表面所吸附的水分和焊接材料中的吸附水和结晶水受热到一定温度后将会蒸发，形成水蒸气。在焊接电弧的高温作用下，金属元素和熔渣的各种成分也会发生蒸发，形成相当多的金属蒸气和熔渣蒸气。

物质的蒸发主要取决于其本身的沸点或饱和蒸气压。在一定的温度下，沸点越低或饱和蒸气压越高的物质越容易蒸发。由表2－7可以看出，在金属元素中，Zn、Mg、Pb和Mn的沸点较低，故在熔滴阶段很容易蒸发。从焊接黄铜、Al－Mg合金和铅的实践，以及焊接烟尘中的MnO_2含量随焊条药皮中的锰铁含量直线增加的事实(图2－7)，都证明了这一点。在氟化物中，KF、LiF和NaF的沸点较低，它们易于蒸发。若物质处于溶液中，则物质的浓度越高其饱和蒸气压越大，越易蒸发。例如焊接铁合金时，虽然其沸点较高，但其浓度很大，所以气相中铁的蒸汽量较多。此外，焊接规范对物质的蒸发也有显著影响，增大焊接电流和电弧电压都会加剧物质的蒸发。

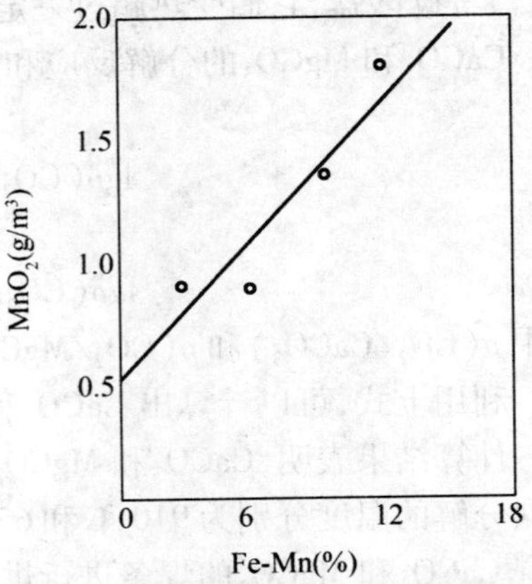

图2－7　焊接烟尘中MnO_2含量与药皮中的锰铁含量的关系

焊接时的蒸发现象不仅使气相的成分复杂，而且造成合金元素的损失，甚至产生焊接缺陷，增加焊接烟尘，污染环境，影响焊工身体健康。

除上述提到的物化反应产生气体之外，还有一些冶金反应也能生成气态产物。例如，SiF_4、HF、H_2和CO等气体，其中有的为中间产物，有的为最终产物。

表2－7　纯金属和氟化物的沸点

物质	沸点/℃	物质	沸点/℃	物质	沸点/℃	物质	沸点/℃
Zn	907	Ai	2 327	Ti	3127	LiF	1 670
Mg	1 126	Ni	2 459	C	4 502	NaF	1 700
Pb	1 740	Si	2 467	Mo	4 804	BaF_2	2 137
Mn	2 097	Cu	2 547	AlF_3	1 260	MgF_2	2 239
Cr	2 222	Fe	2 753	KF	1 500	CaF_2	2 500

(4)直接输入或侵入　直接输入焊接区的气体主要是指对焊接区起保护作用的原始气体。例如，钨极气体保护焊所用的氩气或氦气，熔化极气体保护焊所用的氩气或二氧化碳气体等。

直接侵入焊接区的气体是指对焊接区有危害作用的原始气体。例如周围空气中的N_2、O_2及水蒸气，保护气体中的O_2、N_2和水蒸气等。

（二）气体的分解和气相的组分

1. 气体的分解

无论是直接输入或侵入的原始气体，还是通过物化反应所生成的气体，在焊接电弧的高温作用下将进一步分解，从而对气体与金属的相互作用产生显著的影响。

焊接区气相中常见的有 CO_2 与水蒸气等多原子复杂气体和 N_2、H_2、O_2 与 F_2 等双原子简单气体，当受热获得足够高的能量后，将分解为简单气体、单个原子或离子与电子。这些分解反应均为吸热反应，其在标准状态下的热效应如表 2－8 所示，由此可以比较不同气体或同一气体按不同方式进行分解的难易程度。

表 2－8　几种气体的分解反应及其热效应 ΔH^0_{298}

编号	反应式	ΔH^0_{298}/（kJ/mol）	编号	反应式	ΔH^0_{298}/（kJ/mol）
1	$F_2 = F + F$	—270	1	$CO_2 = CO + 1/2O_2$	－282.8
2	$H_2 = H + H$	－433.9	2	$H_2O = H_2 + 1/2O_2$	－483.2
3	$H_2 = H + H$	－1 745	3	$H_2O = OH + 1/2H_2$	－532.8
4	$O_2 = O + O$	－489.9	4	$H_2O = H_2 + O$	－977.3
5	$N_2 = N + N$	－711.41	5	$H_2O = 2H + O$	－1 808.3

气体分解的程度常用分解度来表示。分解度是指已分解的分子数与原有分子的总数之比，其大小与气体的种类和温度有关。双原子气体 N_2、H_2 和 O_2 的分解度随温度的变化关系如图 2－8 所示。可以看出，当焊接温度为 5 000 K 时，H_2 和 O_2 的分解度很大，其中绝大部分以原子状态存在，而 N_2 的分解度很小，基本上以分子状态存在。

多原子气体 CO_2 与 H_2O 的分解度随温度的变化关系如图 2－9 所示。由图可见，在 4 000 K时，CO_2 的分解度很大，分解生成了 CO 和 O_2，增强了气相的氧化性。由表 2－8 可

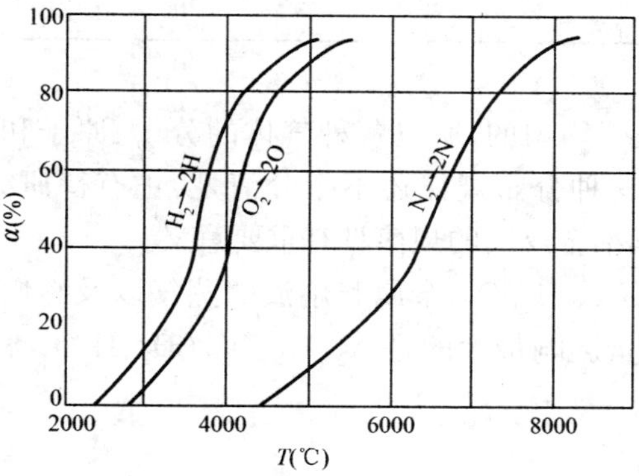

图 2－8　双原子气体的分解度 α 与温度的关系（P_0 = 101 kPa）

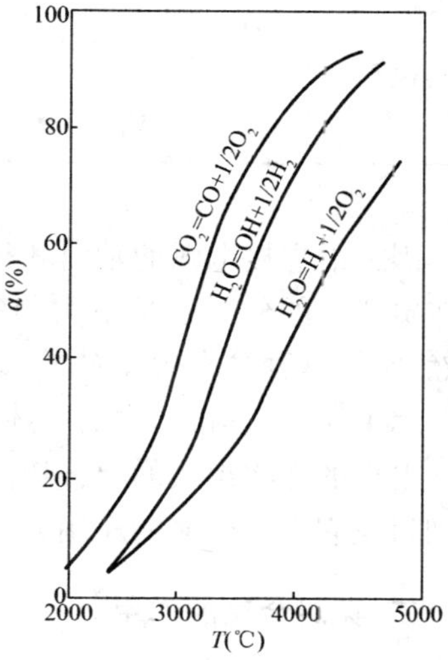

图 2－9　多原子气体的分解度 α 与温度的关系

知，H_2O 的分解途径较多，但在不同的温度区域以不同的分解方式为主，分解的产物有 H_2、O_2、H 和 O 等，从而增强了气相的氧化性和氢分压。值得说明的是，多原子气体分解的产物在高温下或有其他合金元素存在的条件下还可进一步分解和电离。

2. 气相的组分

焊接区内经常同时存在多种气体，所以焊接区内的气相是由多种气体组成的。气相的组分随焊接方法、焊接材料和焊接规范、焊条或焊剂种类不同而变化的，表 2－9 给出了焊接区实际气体冷却至室温后的成分分析结果。尽管室温成分与高温成分存在差别，但对于定性分析冶金反应进行的条件和可能的结果还是有参考价值的。

由表 2－9 可以看出，用低氢型焊条焊接时，气相中含 H_2 和 H_2O 都很少，因而焊缝含氢量很低，故称“低氢型”。埋弧焊时气相中含 CO_2 和 H_2O 都很少，所以气相的氧化性很小。与此相反，焊条电弧焊时因含 CO_2 和 H_2O 的总量较多而使气相的氧化性相对增大。

表 2－9　焊接碳钢时冷至室温时气相的成分

焊接方法	焊条和焊剂类型	气相成分/% 体积					备注
		CO	CO_2	H_2	H_2O	N_2	
	钛钙型	50.7	5.9	37.7	5.7	—	
手弧焊	纤维素型	84.1	4.8	36.6	10.5	—	焊条在 110 ℃烘干 2h
	钛型	42.3	2.9	41.2	12.6	—	
	低氢型	46.7	5.3	35.5	13.5	—	
	氧化铁型	79.8	16.9	1.8	1.5	—	
		55.6	7.3	24.0	13.1	—	
埋弧焊	HJ330	86.2	—	9.3	—	4.5	焊剂为玻璃状
	HJ431	89～93	—	7～9	—	< 1.5	
气焊	$\frac{O_2}{C_2H_2}=1.1\sim1.2$（中性焰）	60～66	有	34～40	有	—	

因为沿焊接电弧的轴向和径向温度分布是不均匀的，所以各种气体的分子、原子和离子在电弧中的分布也是不均匀的。迄今为止，这种分布规律还不十分清楚，正有待研究。显然，掌握这种分布规律对于深入研究焊接化学冶金反应的规律具有重要意义。

综上所述，焊接区内的气体是由 CO_2、H_2O、N_2、H_2、O_2、金属和熔渣的蒸气以及它们分解和电离的产物组成的混合物。其中对焊接质量影响最大的是 N_2、H_2、O_2、CO_2、H_2O，下面分别讨论它们对金属的作用。

二、氮对金属的作用

焊接区周围的空气是气相中氮的主要来源。尽管焊接时采取了各种保护措施，但总有或多或少的氮侵入焊接区，与熔化金属发生作用。

根据氮与金属作用的特点，大致可分为两种情况。一种是不与氮发生作用的金属，如铜和镍等，它们既不溶解氮，又不形成氮化物，因此焊接这一类金属可用氮作为保护气体；另一种是与氮发生作用的金属，如铁、钛等既能溶解氮，又能与氮形成稳定的氮化物，焊接这一类金属及合金时，必须设法防止氮的有害作用。

（一）氮在金属中的溶解

焊接时，氮分子在5 000 K的高温下分解形成氮原子，分解度很小。氮比氢难分解，大部分以分子状态存在。此外，由于碰撞电离的作用，在电弧气氛中还有氮离子存在。既然气相中存在着单分子、原子和离子，那么究竟氮以什么形式溶解到金属中去的呢？目前研究认为有以下三种形式。

1. 氮以原子形式溶入

一般来讲，双原子气体在金属中的溶解过程可分为两个阶段：首先是气体分子向气体与金属界面上运动，气体被金属表面吸附并在金属表面上分解为原子；然后气体原子穿过金属表面层并向金属深处扩散。这个过程不受电场影响，属于纯化学溶解。

对于双原子氮气在金属中的溶解反应可表示为

$$N_2 = 2[N] — 711.4\ kJ/mol \qquad (2—2)$$

在这种情况下，氮在纯铁中的溶解度 S_N（平衡时的含量）符合平方根定律

$$S_N = K_{N_2}\sqrt{P_{N_2}} \qquad (2-3)$$

式中 K_{N_2}——氮溶解反应的平衡常数，取决于温度、气体种类和金属的种类；

P_{N_2}——气相中分子氮的分压。

由式(2-3)可以看出，降低气相中氮的分压可以减少金属中的含氮量。

考虑到焊接时金属的蒸气将使气相中氮的分压减小，经计算得到氮在铁中的溶解度与温度的关系如图2-10所示，可以看出氮在液态铁中的溶解度随温度的升高而增大；当温度为2 200 ℃时，氮的溶解度达到最大值47 cm^3/100 g(0.059%)继续升高温度，溶解度急剧下降，直至铁的沸点(2 750 ℃)溶解度变为零，这是金属蒸气压急剧增加的结果。

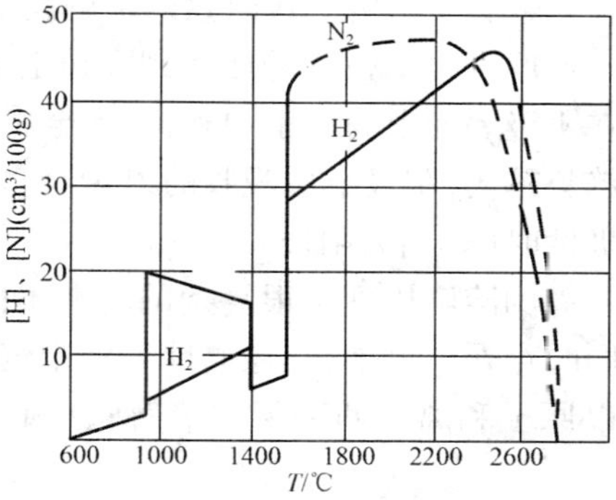

图2-10 氮和氢在铁中的溶解度与温度的关系

$P_{N_2} + P_{金} = 100$ kPa(lom)

此外，由图2-10还可以看出，当液态金属凝固时，氮的溶解度突然下降至1/4左右。这意味着焊接熔池结晶时会有大量的氮需要逸出，若氮的逸出速度小于熔池的结晶速度，则氮就将残留在焊缝中，并以过饱和的固溶氮、分子氮和氮化物等形式存在，从而对焊缝性能产生影响。

试验表明，在电弧焊的条件下，固溶于熔池中的含氮量，只有在 P_{N_2} 比较小的情况下，才与(2-3)式符合，当 P_{N_2} 大于某个值时，熔池含氮量为一常数，如图2-11所示，对此的解释为，当 P_{N_2} 值比较大时，氮的溶解受到熔池沸腾的限制，使其含量不再增加。

实际上，电弧焊熔池的溶氮量要比用平方根定律计算出的标准溶解度高几倍之多，如图2-11所示。这是因为电弧焊时的气体溶解过程比普通的气体溶解过程要复杂得多。除了双原子气体氮的溶解机理之外，氮的溶解还存在其他形式。

2. 氮通过NO形式溶入

试验证明，在含氮的的氧化性介质中焊接，比在中性或还原性介质中焊接时焊缝中的含量显著增加。例如，用低碳钢光焊丝在空气中焊接时焊缝中含氮量为0.128%，而在同样条件下的纯氮中焊接，焊缝中含氮量为0.041%。在含氧的混合气体中焊接或在电弧中加入少量的SiO_2等氧化物时，也得到类似的结果，这种现象可作如下解释。

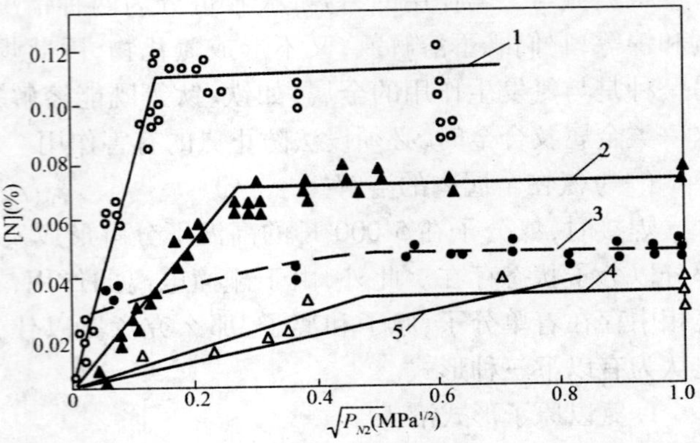

图2-11 金属中含氮量与混合气体（氩和氮）中$\sqrt{P_{N_2}}$的关系

[P(Ar) + P(N_2) = 101 kPa，温度 = 1 600 ℃]

1—等离子熔炼过程；2～4—电弧焊过程；5—普通热过程

当气相中同时存在氮和氧时，在电弧高温作用下，将发生如下反应

$$O + N_2 \rightleftharpoons NO + N$$
$$N + O_2 \rightleftharpoons NO + O$$

当温度达到3 000 K时，NO浓度达到最大值。在NO与温度较低的熔滴和熔池金属相遇时，将分解出原子氮与氧，很快溶解于金属中。

3. 氮通过离子形式溶入

在电弧焊的条件下，氮除了通过上述化学过程向金属中溶解以外，还可以通过电化学过程向金属中溶解。这时它的溶解度不服从式(2-3)。

氮原子在阴极压降区受到高速电子的碰撞而离解为N^+，在电场的作用下向阴极运动，并在阴极表面上与电子中和，溶入金属中。显然，阴极电压降越大，促使氮离子向阴极运动的趋势越大，阴极金属吸收的氮量越多。所以，正极性时（熔滴为阴极）熔滴的含氮量应比反极性时（熔滴为阳极）多。

氮的溶解机理是很复杂的。在不同的条件下，有时以一种溶解形式为主，有时几种形式同时存在。例如，在还原性气氛中气焊，氮主要以原子形式溶解；在惰性气体保护焊时，则以原子和离子两种形式溶解；在氧化性保护气体中焊接，则上述三种溶解形式同时存在。

（二）氮对焊接质量的影响

1. 形成气孔

氮是促使焊缝产生气孔的主要原因之一。液态金属在高温时可以溶解大量的氮，而在其凝固时氮的溶解度突然下降，这时过饱和的氮以气泡的形式向外逸出。当焊缝金属的结晶速度大于气泡逸出速度时，就形成了气孔。因保护不良产生的气孔，如焊条电弧焊的引弧端和弧坑处的气孔，一般都与氮有关。

2. 降低焊缝金属的力学性能

氮是提高强度、降低塑性和韧性的元素。在室温下氮在$\alpha-Fe$中的溶解度很小，仅为0.001%。如果熔池中含有较多的氮，则由于焊接时的冷却速度很大，一部分氮将以过饱和的形式存在于固溶体中；另一部分氮则以针状氮化物(Fe_4N)的形式析出，分布在晶界或晶内，因而使焊缝金属的强度、硬度升高，而塑性和韧性，特别是低温韧性急剧下降，如图 2－12、图 2－13 所示。若焊缝中含氮量低于 0.001%，则可不考虑其对焊缝金属的力学性能的影响。

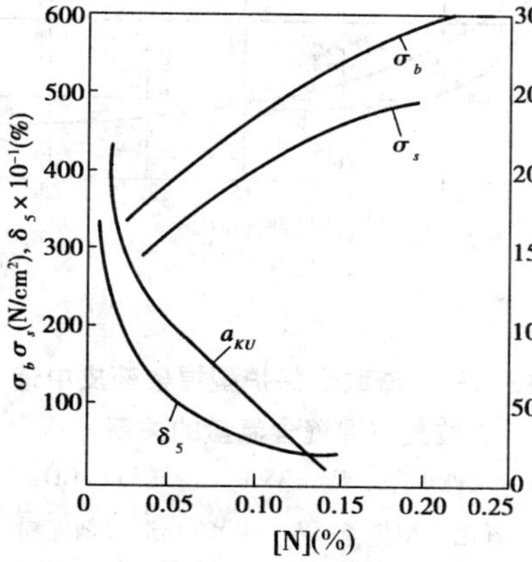

图 2－12 氮对焊缝金属常温力学性能的影响图

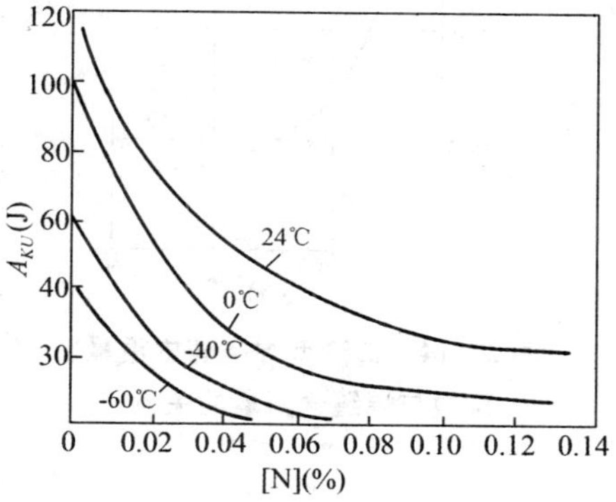

图 2－13 氮对低碳钢焊缝低温力学性能的影响

3. 时效脆化

所谓的“时效”是指金属和合金（如低合金钢）从高温快冷或经过一定程度冷加工变形后，其性能随时间改变的现象。一般而言，经过时效，金属的强度有所增加，而塑性、韧性有所下降。

氮是促使焊缝金属时效脆化的元素。焊缝金属中过饱和的氮处于不稳定状态，随着时间的延长，过饱和的氮将逐渐析出，形成稳定的针状 Fe_4N。这样就会使焊缝金属的强度上升，塑性和韧性明显下降，即时效脆化。在焊缝金属中加入能形成稳定氮化物的元素，如钛、铝、锆等，可以抑制或消除时效现象。

应当指出，氮不总是有害的。有时它可以作为合金元素加入钢中，如 15 MnVN 钢。因为钢中的钒与氮形成稳定的 VN，可抑制时效不良的现象，同时经过正火或调质处理以后，VN 以小颗粒弥散分布，可以提高钢的强度，而不降低塑性与韧性。在铬镍钢或铬镍锰钢中，氮是能够提高奥氏体稳定性的合金元素，加入氮可达到节镍的目的。

（三）影响焊缝含氮量的因素及控制措施

为消除氮对焊缝金属的有害作用，必须弄清影响焊缝含氮量的因素，从而达到控制氮的目的，一般采用如下措施。

1. 加强机械保护

氮不同于氧，一旦进入液态金属，脱氮就比较困难。氮主要来自于电弧周围的空气，所以，控制氮的主要措施是加强机械保护，防止空气与液态金属发生作用。

现代熔焊方法采用了气体保护、熔渣保护、气渣联合保护以及抽真空等措施。各种焊接方法的保护效果是不同的，这大体可以从焊缝中的含氮量（表 2－10）看出来。

焊条药皮的保护作用，在很大程度上取决于药皮的成分和数量，图 2－14 是造渣型焊条药皮重量系数 K_b 与焊缝含氮量的关系。可见，随着 K_b 的增加，焊缝含氮量将下降，当 $K_b > 40\%$ 时，焊缝含氮量保持在 0.04% ~0.05% 的水平，不再下降。此外，若 K_b 过大，则工艺性能变坏。因此，单纯用增加 K_b 的办法来加强保护是有限的。在药皮中加入造气剂（如碳酸盐、有机物等），形成气渣联合保护，可使焊缝含氮量下降到 0.02% 以下，如图 2 －15 所示。

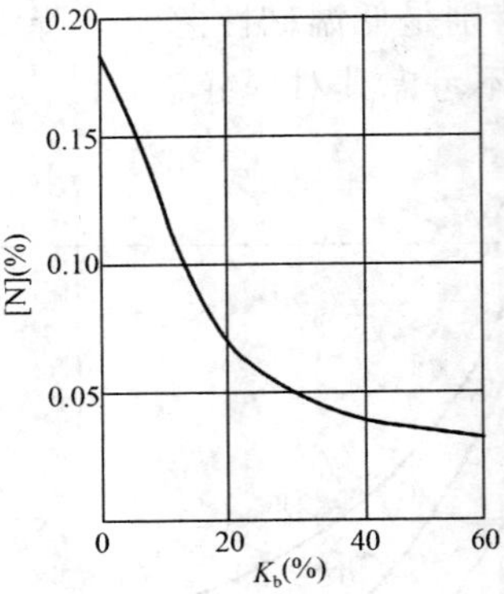

图 2－14　造渣型焊条药皮重量系数与焊缝含氮量的关系

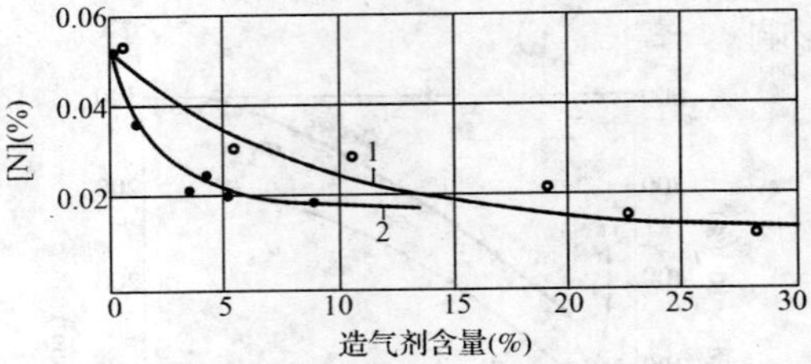

图 2－15　气－渣联合保护型焊条药皮中造气剂数量与焊缝含氮量的关系

1－碱性焊条　K_b = 35%　造气剂 $CaCO_3$

2－氧化铁型焊条　K_b = 40%　造气剂淀粉

表 2－10　焊接材料和焊接方法对焊缝的含氮量影响

焊接方法		[N]/%	焊接方法	[N]/%
焊条电弧焊	光焊丝电弧焊	0.08～0.228	埋弧焊	0.002～0.007
	纤维素焊条	0.013	CO_2气体保护焊	0.008～0.015
	钛型焊条	0.015	气焊	0.015～0.020
	钛铁矿型焊条	0.014	熔化极氩弧焊	0.0068
	低氢型焊条	0.010	药芯焊丝明弧焊	0.015～0.04
			实心合金焊丝自保护焊	<0.12

药芯焊丝的保护效果，主要取决于其中保护成分的含量（图 2－1）和形状系数（单位长度药芯焊丝腔体内金属带的质量与外壳金属带质量的比值）。随着形状系数的增加，保护效果得到改善。例如，形状系数为 1.3 的双层结构比形状系数为 0 的管状结构保护效果好。

2. 选择合理的焊接参数

焊接工艺参数对焊缝含氮量有明显的影响。增加电弧电压（即增加电弧长度），导致保护变坏，氮与熔滴的作用时间增长，故使焊缝金属含氮量增加（图 2－16）。在熔渣保护不良的情况下，电弧长度对焊缝含氮量的影响尤其显著。为减少焊缝中的气体含量，应尽量采用短弧焊。

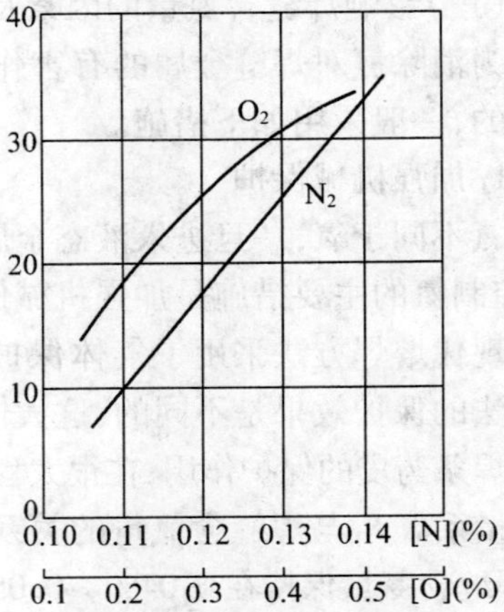

图 2－16　焊条弧焊时电弧电压对焊缝含氧量和氮量的影响

增加焊接电流使熔滴的温度升高，由于氮在 18－8型不锈钢中的溶解过程是放热过程，所以增加焊接电流使 18－8 型不锈钢焊缝的含氮量减少；相反，在焊接低碳钢时，氮的溶解是吸热过程，因此增加焊接电流初期会使焊缝含氮量增加，随后由于金属的强烈蒸发，使氮的分压下降，焊缝中的含氮量又逐渐下降。直流正极性焊接时焊缝含氮量比反极性时高，这与氮离子的溶解有关。

试验表明，焊接速度对焊缝含氮量影响不大。在同样条件下，增加焊丝直径可使焊缝含氮量下降，这是由于熔滴变粗，比表面积变小，熔滴与气相接处面积减小所致。多层焊时焊缝含氮量比单层焊时高，这与氮的逐层积累有关。

3. 控制焊丝金属的化学成分

增加焊丝或药皮中的含碳量可降低焊缝中的含氮量（图 2－17），这是因为碳能降低氮在铁中的溶解度，碳氧化生成 CO、CO_2 加强了保护，降低了气相中氮的分压；碳氧化引起的熔池沸腾有利于氮的逸出。在某些堆焊工作中，可用这种办法消除氮气孔。钛、铝、锆和稀土元素对氮有较大的亲和力，能形成稳定的氮化物，且它们不溶于液态钢而进入熔渣；这些元素对氧的亲和力也很大，可减少气相中 NO 的含量，所以可在一定程度上减少焊缝含氮量。

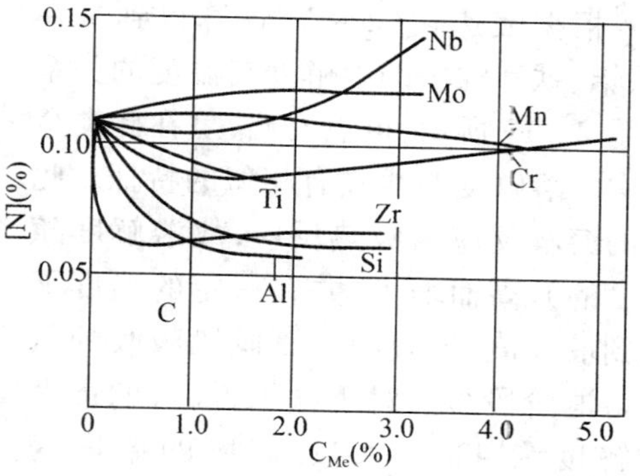

图 2－17 焊丝中合金元素浓度 C_{Me} 对焊缝含氮量的影响

在 101 kPa 空气中焊接、25V、250 A

焊速 20 cm/min，直流反极性

自保护焊时，就是根据这个道理在焊丝中加入这类元素进行脱氮的。

总之，从目前的经验看，加强保护是控制氮的最有效措施，其他办法都有很大局限性。

三、氢对金属的作用

焊接时，氢主要来源于焊接材料及母材中的水分、含氢物质及焊接区周围空气中的水蒸气等。各种焊接方法气相中的含氢量和含水气的量见表 2－9。实际上，一般熔焊时氢总会或多或少地与焊接区内的金属发生作用，从而对接头造成不同程度的危害。正因为这样，焊接中氢与金属的作用一直是国际上的重点研究内容。

（一）氢在金属中的溶解

在不同的焊接方法中，氢向焊缝溶解的途径不同，溶解的途径有两种。在气体保护焊时，氢通过气相与液态金属的界面以原子或质子的形式溶入金属；在具有良好的熔渣保护的焊接时，氢向金属中溶解是通过熔渣层实现的；而焊条电弧焊时，上述两种途径兼而有之。氢以分子状态存在时，氢在金属中的溶解度符合平方根定律。

（1）氢通过熔渣向金属中溶解　氢或者水蒸气首先溶于熔渣。溶解在渣中的氢主要以 OH^- 离子的形式进入熔渣，经与 Fe^{2+} 离子交换电子后形成 H 原子，通过熔池中的对流与搅拌作用到达金属表面，最后溶入熔池。熔渣溶解氢和水蒸气的能力取决于熔渣的成分，熔渣的碱度越大，水在渣中的溶解度越大，如图 2－18所示。

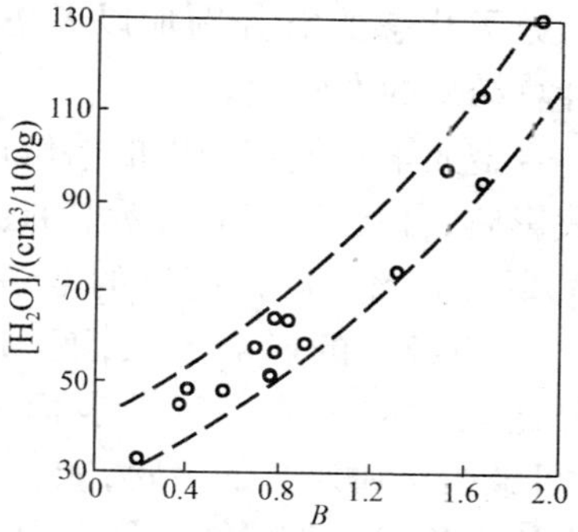

图 2－18 熔渣中水的溶解度与其碱度的关系

$CaO-Al_2O_3-SiO_2$ 系 1 600 ℃

P_{H_2} = 101 kPa

当氢通过熔渣向金属中过渡时，其溶解度取决于气相中氢和水蒸气的分压、熔渣的碱度、氟化物的含量和金属中的含氧量等因素。

(2)氢通过气相向金属中过渡　氢通过气相向金属中过渡时，其溶解度取决于氢的状态。如果氢在气相中以分子状态存在，则在金属中的溶解度符合平方根定律。

根据表达式(2－3)计算得到氢在铜、铝、铁和镍中的溶解度与温度的关系如图2－19所示，可以看出，氢在此类金属中的溶解度曲线具有相似的特征。此时的溶解反应为吸热反应，故溶解度随温度的升高而增大，并在一定的温度下达到最大值，这表明熔滴阶段吸收的氢比熔池阶段多。对于铁来说，氢的最大溶解度为43cm³/100g，对应的温度为2 400 ℃。继续升温后，由于金属蒸气压剧增，氢的溶解度迅速降低，在接近金属沸点时溶解度已降至为零。此外，由图2－19还可以看出，氢的溶解度在相变点处发生突变，这是导致某些焊接缺陷产生或接头性能降低的主要原因之一。

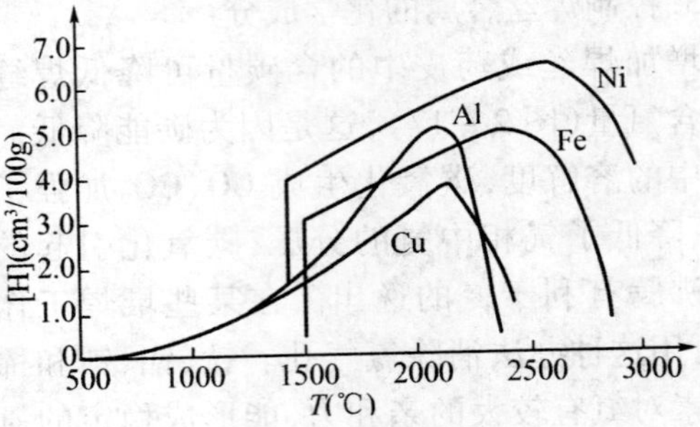

图2－19　氢在金属中的溶解度与温度的关系

$P_{H_2}+P_{金}=1.01$ kPa，其余为Ar

实际上，弧焊时氢在金属中的溶解度要比用平方根定律计算出的标准溶解度高得多，如图2－20所示。这是因为气相中的氢在电弧高温下并非完全以分子状态存在，相当多的氢已分解为原子，甚至电离成质子。这部分氢的溶解度应该用线性表达式计算，当用平方根定律计算氢的溶解度时，其计算结果就会降低。因此，实际计算中，应对分子状态的氢和原子状态的氢分别加以考虑，以提高计算结果的准确性。

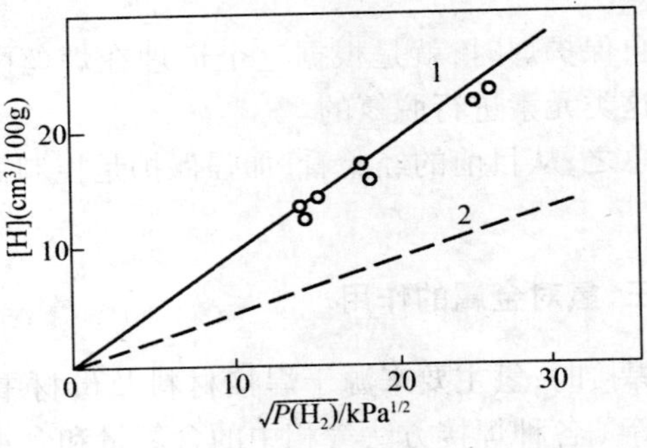

图2－20　氢在液态镍中的溶解度与氢分压的关系

[$p(H_2)+p(Ar)=101$ kPa，温度＝1 600 ℃]

1—电弧焊过程；2—普通加热过程

合金元素对氢在铁中的溶解度也有很大影响，如图2－21所示。Ti、Zr、Nb及某些稀土元素可提高氢的溶解度，但Mn、Ni、Cr、Mo的影响不大，而Si、C、Al可降低氢的溶解度。氧是表面活性元素，可减少金属对氢的吸附，能有效降低氢在液态铁、低碳钢和低合金钢中的溶解度。此外，氢在固态钢中的溶解度与其晶体结构有关，面心立方晶格的奥氏体钢的溶氢能力高于体心立方晶格的铁

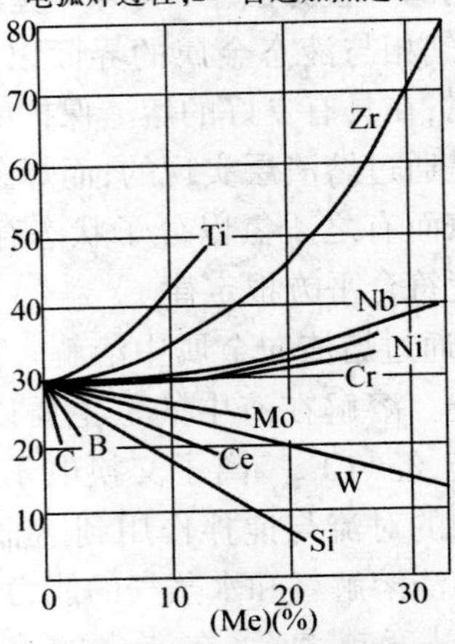

图2－21　合金元素对氢在液态铁中的溶解度的影响加

素体－珠光体钢。

应当指出，对于 Nb、Ti、Ta、V、Zr 等能与氢生成稳定氢化物的金属来讲，它们吸氢的反应属于放热反应，在较低温度下吸氢量多，而在较高温度下吸氢量少。焊接这类金属及其合金时，必须防止它们在固态下吸收大量的氢，否则将严重影响接头的质量。

根据氢与金属相互作用的特点，可以把金属分解为两大类：

第一类是不形成稳定氢化物的金属，如 Fe、Ni、Cu、Cr、Mo 等，但氢能够溶于这类金属及其合金中，氢的溶解度与这类金属的结构及其温度有关；

第二类是形成稳定的氢化物的金属，如 Zr、Ti、V、Ta、Nb 等，这些金属在吸收氢不多时，与氢形成固溶体；在吸收氢相当多时，则形成氢化物（ZrH_2，TiH_2，VH，TaH，NbH_2）在温度为 300～7 000 ℃的范围内，这类金属在固态下可吸收大量的氢，温度升高，则氢化物分解，由金属中析出氢气，因此，焊接这类金属及其合金时，必须防止在固态下吸收大量的氢，否则将严重影响金属的力学性能。

（二）氢的扩散

在焊接过程中，液态金属吸收了大量氢，由于焊接冷却速度很快，这些被吸收的氢只有一部分能在熔池凝固过程中逸出，还有相当多的氢来不及逸出而被留在固态焊缝金属中。在钢焊缝中，大部分氢以 H^+ 或 H^- 形式存在，并与焊缝金属形成间隙固溶体，而且由于氢原子或离子半径很小而能在焊缝金属的晶格中自由扩散，故称之为扩散氢；小部分氢扩散聚集到金属的晶格缺陷、显微裂纹和非金属夹杂物边缘的空隙中，结合为氢分子，因其半径增大而不能再自由扩散，故称之为残余氢。残余氢只能用真空加热的方法提取出来。一般认为，钢焊缝中的扩散氢约占总含氢量的 80%～90%，是造成氢危害的主要部分，显著影响接头的性能。但残余氢对接头性能的影响也不能忽视，因为残余氢只要获得足够高的激活能也可重新转变为扩散氢。而钛、锆、铭等金属及其合金的焊缝中，氢是以化合物的形式存在的。

焊缝金属的含氢量因扩散而随时间变化，如图 2－22 所示。经焊后放置，一部分扩散氢会转变为残余氢或者从焊缝表面逸出，故扩散氢减少，残余氢增加，总氢量降低。这说明一部分扩散氢从焊缝中逸出，一部分变为残余氢。而通常所说的焊缝含氢量，即熔敷金属的扩散氢含量，是指焊后立即按标准方法测定并换算成标准状态下的含氢量，而残余氢含量是指在真空室内将试样加热到 650 ℃测定的含氢量。用各种焊接方法焊接碳钢时，熔敷金属中的含氢量见表 2－11，从中可以看出，用各种焊接方法和不同焊接材料焊接低碳钢时，焊缝中的含氢量都高于母材和焊丝。因为低碳钢母材与焊丝的含氢量都很低，一般为（0.2～0.5）mL/100 g。所有焊接方法都使焊缝金属增氢，但 CO_2 焊的含氢量最少，尤其是扩散氢含量极少，是一种超低氢的焊接方法。在焊条电弧焊中，只有采用低氢型焊条时，焊缝的含氢量才明显降低。

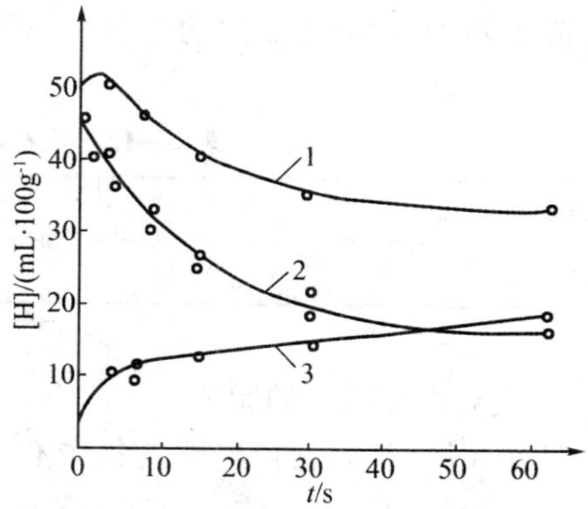

图 2－22 焊缝中的含氢量与焊后放置时间的关系

1—总含氢量；2—扩散氢；3—残余氢

表 2－11　焊接低碳钢时焊缝中的含氢量

焊接方法		扩散氢 mL·(100 g)$^{-1}$	残余氢 mL·(100 g)$^{-1}$	总氢量 mL·(100 g)$^{-1}$	备　注
焊条电弧焊	纤维素型	35.8	6.3	42.1	低碳钢板和焊丝的含量为 0.2～0.5 cm^3/100 g
	钛　型	39.1	7.1	46.2	
	钛铁矿型	30.1	6.7	36.8	
	氧化铁型	32.3	6.5	38.8	
	低氢型	4.2	2.6	6.8	
埋弧焊		4.40	1～1.5	5.9	40～50 ℃停留 48～72 h 测定扩散氢；真空加热测定残余氢
CO_2 保护焊		0.04	1～1.5	1.54	
氧乙炔气焊		5.00	1～1.5	6.5	

氢在不同的组织中的扩散系数是不同的，见表 2－12，由表可知，氢在铁素体等体心立方晶格组织中的扩散速度远远大于其在奥氏体组织中的扩散速度。正因为这样，当母材和焊缝的组织类型匹配不同时，熔合区附近氢的扩散动力学曲线会有明显不同的特征，如图 2－23 所示。可以看出，由于氢在奥氏体中扩散较慢且溶解度较高，无论母材是淬火钢还是非淬火钢，体焊缝均采用奥氏体，可显著降低熔合区附近部位的含氢量。

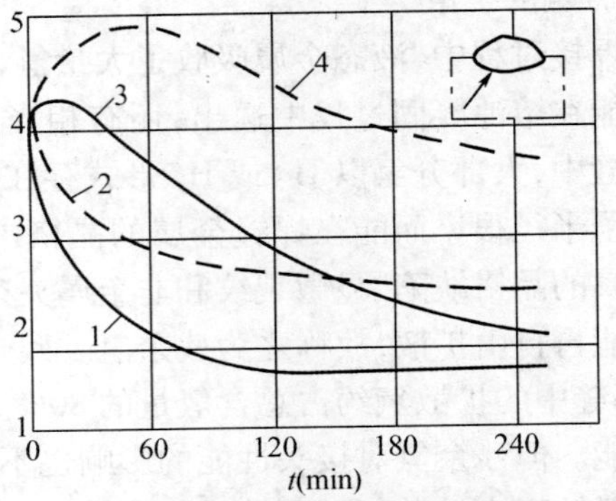

图 2－23　熔合区附近部位的含氢浓度随时间的变化

1—Q235＋奥氏体焊缝；2—45 钢＋奥氏体焊缝
3—Q235＋铁素体焊缝；4—45 钢＋铁素体焊缝

表 2－12　氢在不同组织中的扩散系数

铁素体/珠光体	索氏体	托氏体	马氏体	奥氏体
4.0×10^{-7}	3.5×10^{-7}	3.2×10^{-7}	2.5×10^{-7}	2.1×10^{-12}

（三）氢对焊接质量的影响

氢是还原性气体，它在电弧气氛中有助于减少金属的氧化。在氩弧焊焊高合金钢时，氩气中加入少量的氢可以改善焊接工艺性能。但在大多数情况下，氢的这种有利的作用不仅完全被抵消，而且还产生许多有害的作用。这种有害作用大体可分为两种类型：一种是暂态现象，包括脆性、白点、硬度升高等，这类现象的特点是经过时效或热处理之后便可消除（由于氢自焊缝中外逸）；另一种是永久现象，包括由氢形成的气孔、裂纹等，这类现象一旦出现是不可消除的。

1. 氢脆性

金属中因吸收氢而导致塑性严重降低的现象叫做氢脆性（或叫氢脆）。它对钢的力学性能影响是特殊的。实验表明，钢的塑性，特别是断面收缩率随含氢量增加而显著下降，而对钢的屈服点与抗拉强度影响不明显，经过低温退火后，基本上可以恢复到渗氢前的性能。氢脆性往往是钢提前发生脆断的主要原因。

脆性的另一个重要特点是它与试验温度、变形速度（或加载速度）及焊缝金属的组织结构等有关。在温度比较高或很低的情况下进行试验，都不会出现氢脆，而在室温下脆性表现得最明显。氢脆性随试验时的应变速度提高而减小，所以用冲击试验的方法是难于发现氢脆现象的。氢脆的程度随钢的强度提高而增大。氢脆性还与组织有关，在马氏体中氢脆性最严重，而在奥氏体中则不明显。

关于氢脆性产生的机理，至今无比较满意的统一解释。通常认为是在拉伸和弯曲过程中金属的位错发生运动和堆积，溶解在晶格中的原子氢沿位错方向扩散和聚集，在显微空腔中产生很高的压力而导致金属变脆。

2. 白点

对碳钢或低合金钢焊缝，如含氢量较多，则常常在其拉伸试件的断面上出现光亮圆形的局部脆性断裂点，称之为白点。白点的直径一般为 0.5 ~ 3 mm，其周围为韧性断口，用肉眼即可辨认。在多数情况下，白点的中心有气孔或小的夹杂物。

如果焊缝金属产生白点，其塑性将大大下降。焊缝金属对产生白点的敏感性与焊缝金属的含氢量、组织、变形速度等因素有关。纯铁素体和铬镍奥氏体焊缝不会出现白点。前者是因为氢在其中扩散快，易于逸出；后者是因为氢在其中的溶解度大且扩散很慢。碳钢和用铬、镍、钼合金化的焊缝，尤其是这些元素含量较大时，对产生白点很敏感。试件的含氢量越高，出现白点的可能性就越大。

白点是在塑性变形阶段产生的，这一点被超声波和 X 射线检查所证实。如果焊件预先进行消氢处理，则不会出现白点。

最后应当指出，溶解在焊缝中的氢还会使其硬度提高。X 射线分析表明，这是由于氢在金属中形成间隙固溶体而导致晶格歪扭所致。

3. 气孔

如果熔池中吸收了大量的氢，在冷却凝固过程中，由于氢的溶解度突然下降，必然发生氢由固态向液体中聚集，而在液体中形成过饱和状态。这时，部分原子氢将结合为分子进而形成气泡，当气泡外逸速度小于结晶速度时，便形成气孔。

4. 产生冷裂纹

冷裂纹是在冷却到比较低的温度（一般在 300 ℃以下）或在室温放置一定时间后，在焊接接头中产生的裂纹，其危害性很大，氢是促使冷裂纹形成的主要原因之一。

（四）控制氢的措施

为了将氢的危害降到不影响焊接接头质量的程度，应采取必要措施减少焊缝中的含氢量。

1. 限制焊接材料中氢的来源

在焊条、焊剂和药芯焊丝这些焊接材料中，有机物、天然云母、白泥、长石、水玻璃、铁合金等，都不同程度地含有各种形式存在的水（结晶水、化合水和吸附水）或溶解的氢，这是焊缝中氢的主要来源。据估算，各种焊条熔化 100 g 焊芯时，可从药皮中析出 1 300 ~ 3 200 mL 的氢气。

为了控制氢的来源，在焊条药皮与焊剂制造中应控制含氢的原材料用量，特别是在制造低氢或超低氢型（$[H] < 1\text{cm}^3/100\ \text{g}$）焊条或焊剂时，应尽量选用不含或少含氢的原材料。

由于焊条、焊剂在空气中长期放置会吸潮，这不仅会使焊缝增加了氧与氢，而且使焊接工艺性能变坏，抗裂性下降。因此防潮是一个重要问题。药皮的吸水量取决于它本身的成分、黏结剂的种类和大气中的水蒸气分压等因素(见图2-24)。烧结焊剂的吸潮性取决于烧结温度(见图2-25),经700~800 ℃烧结,可以大大降低吸潮性。玻璃状焊剂的吸水量,根据粒度不同,变化在0.1%~0.5%的范围内。

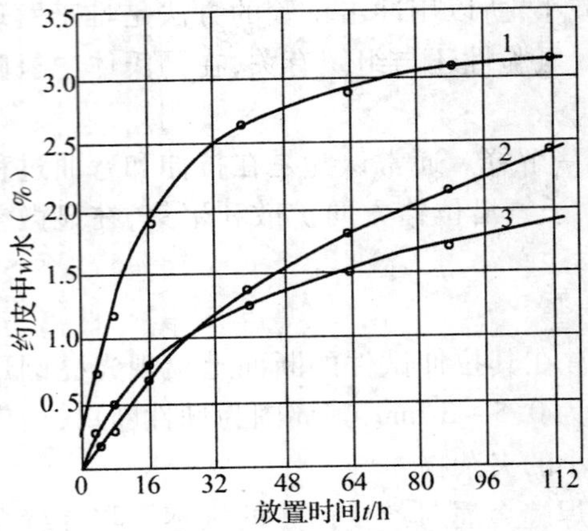

图2-24　药皮的吸水量与放置时间的关系图

1—E5 015;2—D-6 低尘焊条;3—E4 303

试验前按说明书烘干、环境温度32 ℃,相对湿度80%

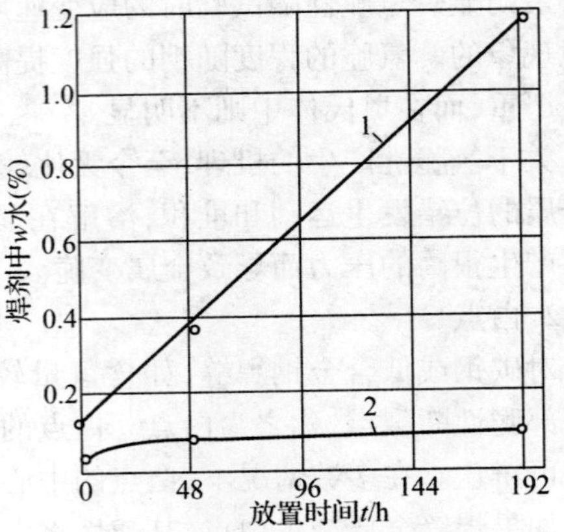

2-25　烧结焊剂吸水量与放置时间的关系

1—500 ℃烧结;2—800 ℃烧结

环境温度23 ℃,相对湿度90%

为了减少焊接材料中的水分,在生产中经常采用两方面的措施。其一是焊条、焊剂在使用前必须烘干,这也是最有效的措施。不同型号的焊条,其烘干温度和时间都有明确的规定,如低氢型焊条为350~450 ℃,钛钙型焊条为150~200 ℃。焊条、焊剂在烘干后应立即使用,或放在烘箱内保温(100 ℃)待用,以免重新吸潮。烘干温度不宜过高,否则药皮中的造气剂会在烘干过程中分解而失去作用,有些铁合金亦将提前氧化而烧损。气体保护焊时,保护气体中的水分超过标准,也应采取脱水或干燥措施。应该说明的是,烘干只能除去吸附水和部分结晶水,而化合水是化合物晶体组成的一部分,除去化合水是十分困难的,有些水化物可以将水分保持到很高温度(接近1 000 ℃),因此,需要焊条厂对原材料进行预处理。其二是在存放焊接材料时,加强防潮措施,生产厂家和使用单位对焊接材料的防潮措施都有明确的规定,要求严格执行。

2. 清除焊件和焊丝表面上杂质

焊件坡口和焊丝表面上的铁锈、油污、吸附水分以及其他含氢物质是增加焊缝含氢量的原因之一,甚至可能引起气孔的产生,故焊前应仔细进行清理。为了防止焊丝生锈,许多国家都采用了表面镀铜处理。

焊接铜、铝、铝镁合金、钛及其合金时,因其表层结构不致密常形成含水的氧化物膜如$Al(OH)_3$、$Mg(OH)_2$等,所以必须采用机械或化学方法进行清理,否则,由于氢的作用可能产生气孔、裂纹等缺陷。

3. 冶金处理

调整焊接材料的成分,通过焊条药皮和焊剂的冶金作用,改变电弧气氛的性质,抑制原子氢的产生,从而使气相中氢的分压下降,最终达到降低氢在液态金属中溶解度的目的。

降低氢分压最有效的方法是设法使氢在焊接过程中生成比较稳定的不溶于液态金属

的氢化物。在高温下 OH 与 HF 都很稳定,要到4 000 K才开始分解(图 2-27),而且两者都不溶于铁。具体措施如下。

为了形成 OH,电弧气势中必须存在自由氧或 CO_2。在药皮中加入适量的活性氧化剂(Fe_2O_3,MnO_2),是降低熔敷金属扩散氢的有效措施之一。这些氧化物分解后产生的氧,可与 H 形成 OH,未化合的氧还可降低焊接区气体中氢的分压,使氢的溶解度下降。氧化物含量适当时,则可获得最佳的脱氢效果。图 2-26 的Ⅱ区即为焊接接头综合性能好的区域;Ⅰ区则因[H]过高而容易形成冷裂纹;Ⅲ区则因[O]过高而使焊缝韧性下降。

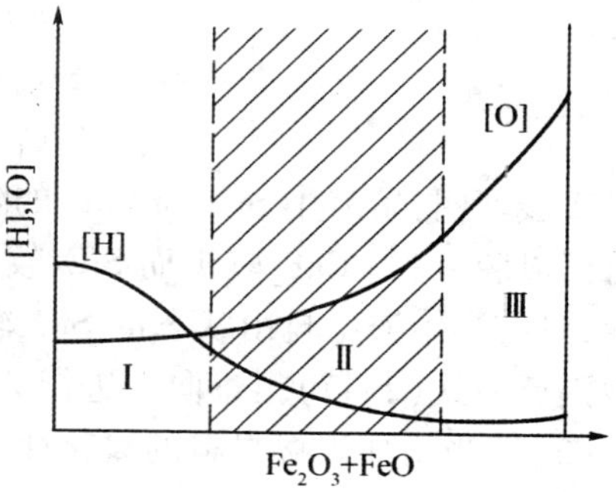

图 2-26 熔敷金属中氢及氧的含量与药皮中氧化物数量的关系

Ⅰ—易形成冷裂纹的区域

Ⅱ—接头综合性能好的区域

Ⅲ—焊缝韧性化的区域

CO_2在高温分解后也可形成 OH。碱性焊条药皮中的碳酸盐分解后可产生较多的 CO_2,用 CO_2作保护气体或在氩气中加入少量的 CO_2或 O_2,都可以获得好的脱氢效果。

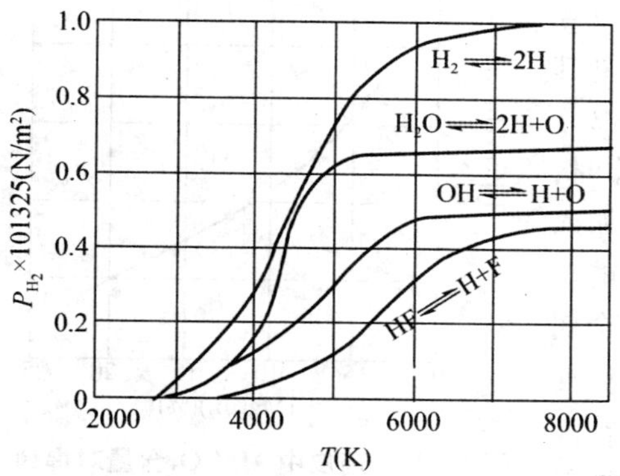

图 2-27 H_2、H_2O、OH、HF 分解时原子氢平均分压与温度的关系

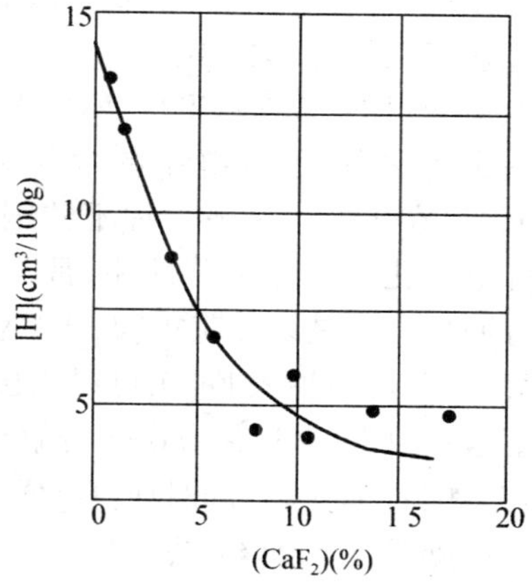

图 2-28 药皮中 CaF_2含量与焊缝中含氢量的关系(直流反极性)

(1)焊条药皮或焊剂中加入氟化物　试验证明,在高硅高锰焊剂中加入适当比例的 CaF_2和 SiO_2可显著降低焊缝的含氢量;在焊条药皮中加入氟化物,如 CaF_2、MgF_2、BaF_2、$NaAlF_3$等都可以不同程度地降低焊缝含氢量。其中 CaF_2在药皮中加入 7% ~8% 即可急剧减少焊缝中含氢量,而再增加其含量,则去氢的作用相对减小,如图 2-28 所示。对其脱氢机理,目前尚无一致的看法。对于碱性焊条药皮中 CaF_2的脱氢反应,当前主要的观点认为是 CaF_2与 H 或水蒸气进行下列反应的结果。

$$CaF_2 + H_2O = CaO(气) + 2HF \tag{2-4}$$

$$CaF_2 + 2H = Ca + 2HF \tag{2-5}$$

$$CaF_2 + H = CaF + HF \tag{2-6}$$

在高硅焊剂中加入一定的 CaF_2的脱氢反应,当前比较公认的看法是 SiO_2与 CaF_2将进行如下反应

$$2CaF_2 + 3SiO_2 = SiF_4 + 2CaSiO_3 \tag{2-7}$$

生成的 SiF_4 与 H 或水蒸气作用

$$SiF_4 + 3H = SiF + 3HF$$

$$SiF_4 + 2H_2O = SiO_2 + 4HF$$

$$SiF_4 + 4H + O = 4HF + SiO$$

实践证明，熔渣中 SiO_2 与 CaF_2 的除氢效果有互补作用，即当熔渣中 CaF_2 较多而 SiO_2 较少时可以脱氢；当 CaF_2 较少而 SiO_2 较多时也可以脱氢。应该指出，CaF_2 与 SiO_2 共同的脱氢作用，只有当熔渣中自由状态的 SiO_2 较多时才可顺利进行，取得较好的效果。而在碱性熔渣中则反应式(2－7)很难向右进行。其脱氢过程按式(2－4、2－6)进行。

(2)适当增加焊接材料的氧化性　从限制氢的角度考虑，希望气相具有一定的氧化性，以夺取氢生成稳定的 OH，如

$$CO_2 + H = CO + OH \qquad (2-8)$$

$$\left.\begin{aligned} O + H &= OH \\ O_2 + H_2 &= 2OH \end{aligned}\right\} \qquad (2-9)$$

反应的结果是生成了较为稳定的 OH，使气相中氢分压减小，从而降低了焊缝金属的含氢量。

低氢型碱性焊条中含有较多的碳酸盐 $CaCO_3$（或 $MgCO_3$），它们受热分解析出 CO_2，并通过反应式(2－8)达到去氢的目的(图 2－29)。CO_2 保护焊时，尽管其中含有一定的水分，但焊缝中的含氢量很低(表 2－8)，其原因也在于此。氩弧焊焊不锈钢、铝、铜、镍时，为了消除氢气孔和改进工艺性能，常常在氩气中加入 5% 左右的氧气，也是以反应式(2－9)为理论基础的。

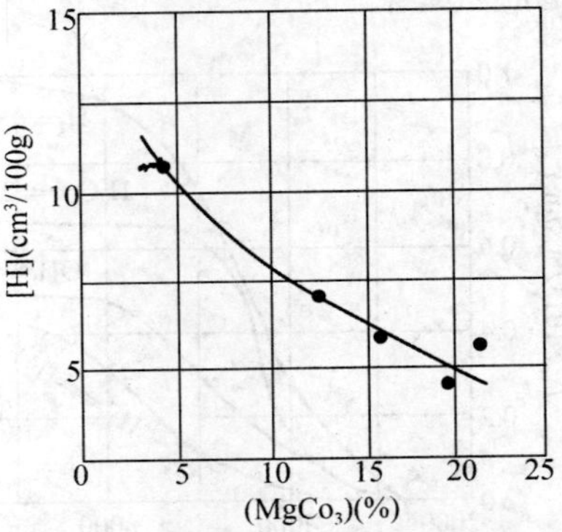

图 2－29　药皮中 $MgCO_3$ 含量对焊缝中扩散氢含量的影响
$MgCO_3 - TiO_2 - SiO_2$

同样，在药皮中加入 Fe_2O_3 可以明显降低熔敷金属中扩散氢含量(图 2－30)。Fe_2O_3 分解出氧气，可促使反应式(2－9)向右进行，同时使[O]增大。相反，在药皮中加入脱氧剂，如钛铁，则增加扩散氢含量(图 2－31)，可见，为了得到含氧和氢都低的焊缝金属，必须采取其他去氢措施。因为焊缝含氧量过高，将会使其性能变坏。

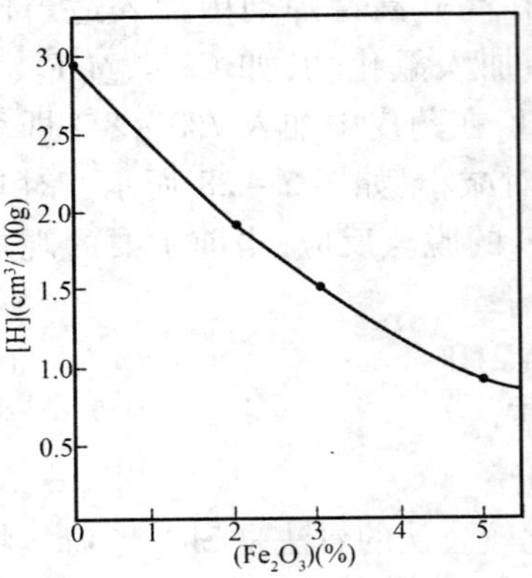

图 2－30　药皮中 Fe_2O_3 含量对焊缝中扩散氢含量的影响

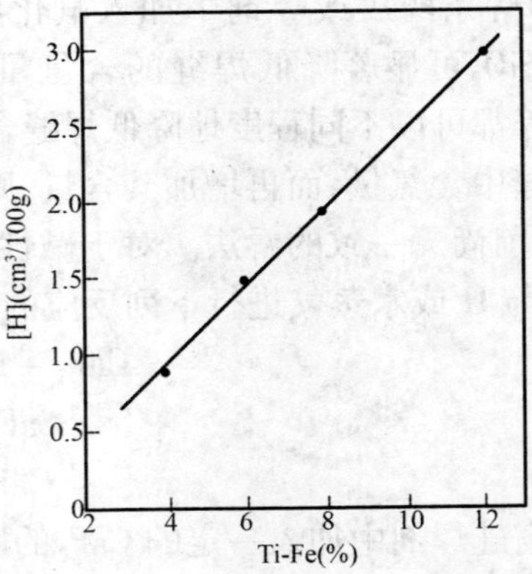

图 2－31　药皮中 Ti－Fe 含量对扩散氢含量的影响

(3)在焊条药皮或焊芯中加入稀土元素 在药皮(或焊芯)中加入微量的碲或钇,可以大幅度降低熔敷金属中的扩散氢含量(图2-32)。碲是一种很有前途的强去氢剂,但是,即使是很少量的碲,也会使焊接工艺性能和焊缝成形变坏。在药皮中加入稀土元素钇,也能显著降低扩散氢的含量(图2-33),同时能提高焊缝的韧性。

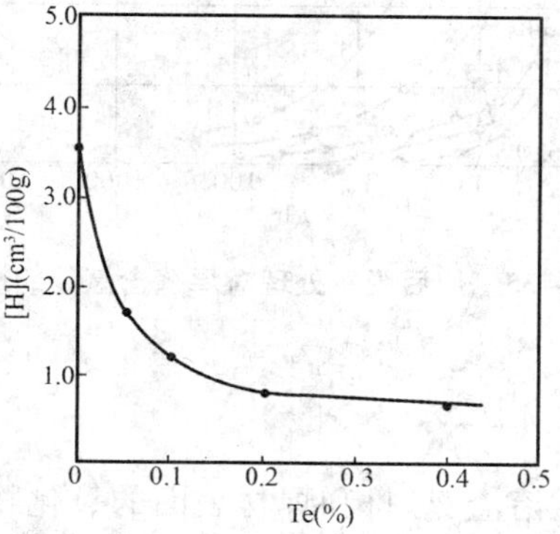

图2-32 药皮中含碲对熔敷金属中扩散氢含量的影响

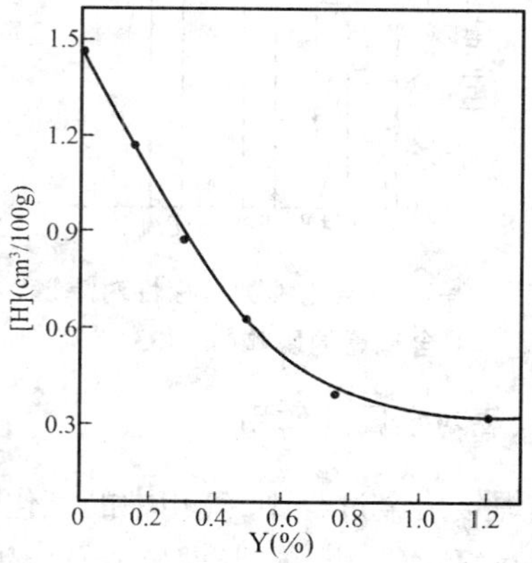

图2-33 药皮中含钇对熔敷金属中扩散氢含量的影响

4. 控制焊接参数

焊接参数对焊缝金属的含氢量有明显的影响。焊条电弧焊时,在其他焊接参数不变的条件下,增大焊接电流使电弧和熔滴的温度升高,这时电弧中氢和水蒸气的分解及氢在熔滴中的溶解度都会增大,促使焊缝含氢量增加。

在气体保护焊时,如果电流增加到大于临界值时,则熔滴由颗粒过渡转为射流过渡。射流过渡时,熔滴含氢量比其他过渡形式的含氢量小得多,且与熔滴尺寸无关。所以,在可能的条件下,采用射流过渡对限制含氢量是有利的。

在其他条件不变的情况下,增加电弧电压使焊缝含氢量有所减少。这是由于空气侵入电弧,使氢的分压降低和氧化性增强造成的。

电弧焊时,电流种类和极性对焊缝含氢量也有影响(图2-34),用交流电焊接时,焊缝含氢量比用直流电焊接时多。关于极性的影响,多数人认为反极性焊接时,焊缝的含氢量比正极性时少。

焊接速度对焊缝中的总含氢量没有明显的影响,但是它对扩散氢$[H]_{扩}$与总含氢量$[H]_{总}$的比值有很大的影响。例如,当焊接速度由10 cm/min增加到60 cm/min时,比值由0.72降低到0.46。

5. 焊后脱氢处理

焊后把焊件加热到一定温度,促使氢扩散外逸,从而减少焊缝中含氢量的工艺叫脱氢处理。如图2-35所示,可以看出,把焊件加热到350 ℃以上,保温1h,几乎可将扩散氢全部去除,使总的含氢量降低。在生产上,对于容易产生冷裂的焊件,常要求进行焊后脱氢处理,一般是加热到300~400 ℃,保温1h。由于氢在奥氏体钢中的溶解度大,扩散速度小,焊缝中扩散氢很低,故对奥氏体钢焊缝没有必要进行脱氢处理。

总的说来,对氢的控制应以预防为主。首先应控制氢及水分的来源;其次通过冶金处理等防止氢溶入液态金属;最后,氢一旦进入焊缝可进行焊后脱氢处理。

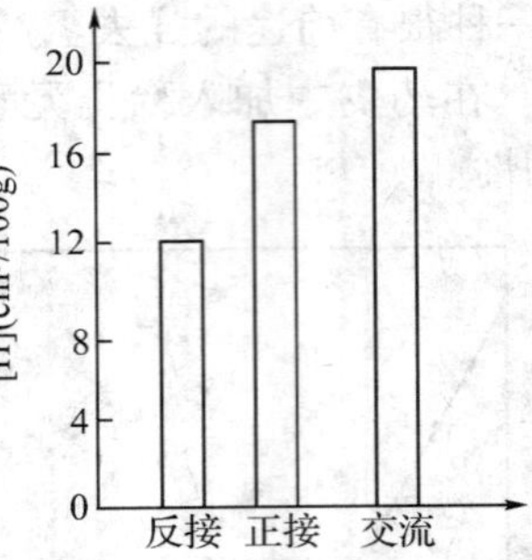

图 2-34 电流种类和极性对焊缝含氢量的影响(E4303)

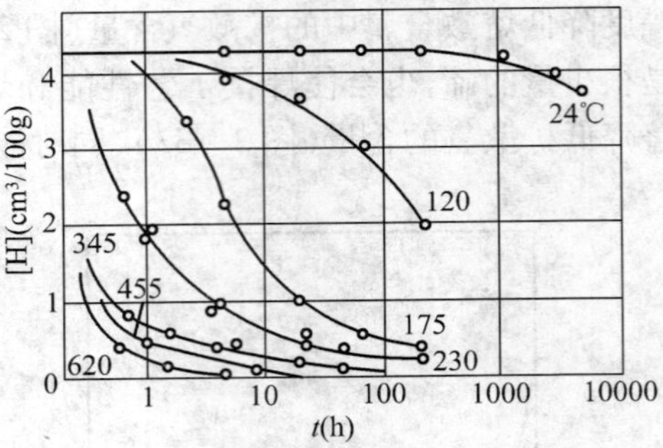

图 2-35 焊后脱氢处理对焊缝含氢量的影响

四、氧对金属的作用

在焊接冶金过程中，气相中的氧化性气体、氧化性溶渣、母材和焊材表面的氧化物等都对金属有氧化作用。根据氧与金属作用的特点，可把金属分为两类：一类是不溶解，但焊接时发生激烈氧化的金属，如 Mg、Al；另一类是能有限溶解氧，同时焊接过程中也发生氧化的金属，如 Fe、Ni、Cu、Ti 等。后一类金属氧化后生成的金属氧化物能溶解于相应的金属中。例如铁氧化生成的 FeO 能溶于铁及其合金中。无论上述哪一种情况，氧对金属的作用都是有害的。因此了解氧在金属的溶解及对金属的氧化十分重要。

(一)氧在金属中的溶解

焊接区内的氧，在电弧高温下，将发生分解

$$O_2 = 2O - 569.6\ \text{kJ/mol}$$

在温度为 5 000 K 时，其分解度可达到 96.5%，可见氧在电弧中主要以原子状态存在。通常认为，氧是以原子氧和氧化亚铁(FeO)两种形式溶于液态铁中的。氧在液态铁中的溶解度随着温度的升高而增大(图 2-36)。当液态铁中有第二种合金元素时，氧的溶解度随合金元素含量的增加而下降(图 2-37)。

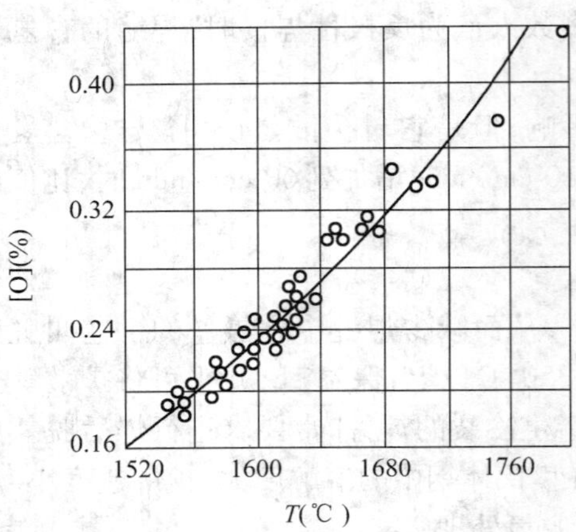

图 2-36 液态铁中氧的溶解度与温度的的关系

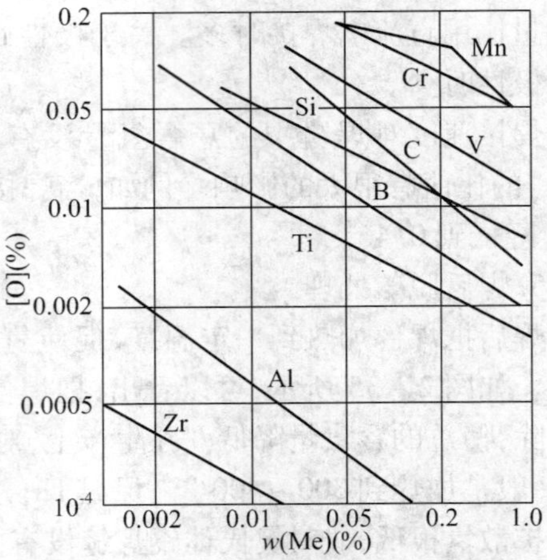

图 2-37 合金元素对氧在液态铁中的溶解度的影响(1 600 ℃)

在铁冷却过程中，氧的溶解度急剧下降。在室温下 αFe 几乎不溶解氧（<0.001%）。因此，焊缝金属和钢中所含的氧绝大部分是以氧化物（FeO、SiO_2、MnO、Al_2O_3等）和硅酸盐夹杂物的形式存在。焊缝含氧量是指总含氧量而言的，它既包括溶解的氧，也包括非金属夹杂物中的氧。

（二）氧化性气体对金属的氧化

焊接区内的氧化性气体主要是指自由状态的氧气、二氧化碳、水蒸气及其混合气体。在焊接区内的各个反应区中，它们与金属发生氧化反应，导致合金元素烧损，并使焊缝增氧，从而降低接头的性能。

1. 氧化还原反应方向的判据

在由金属、氧化性气体和金属氧化物组成的系统中，用金属氧化物的分解压作为金属发生氧化还原反应方向的判据。所谓分解压就是氧化物分解反应达到平衡状态时氧的分压，其数值越高，氧化物越易分解，金属越不易被氧化。

若金属氧化物 Me_nO_m 的分解压为 $P(O_2/Me_nO_m)$，而氧在反应系统中的实际分压为 $P(O_2)$，则氧化还原反应的方向为：

当 $P(O_2) > P(O_2/Me_nO_m)$ 时，金属被氧化；

当 $P(O_2) = P(O_2/Me_nO_m)$ 时，系统处于平衡状态；

当 $P(O_2) < P(O_2/Me_nO_m)$ 时，金属被还原。

金属氧化物的分解压与温度有关，且随温度的升高而增大，如图 2－38 所示。由图可见，在相同温度下，CaO、MgO 和 Al_2O_3 的分解压较小，其稳定性较高，所对应的金属易被氧化；而除 Cu_2O 和 NiO 外，FeO 的分解压最高，其稳定性较差，对应的金属 Fe 应该不易被氧化。然而，由于 FeO 能溶于液态铁中，其分解压大为减小，使 Fe 易于发生氧化。

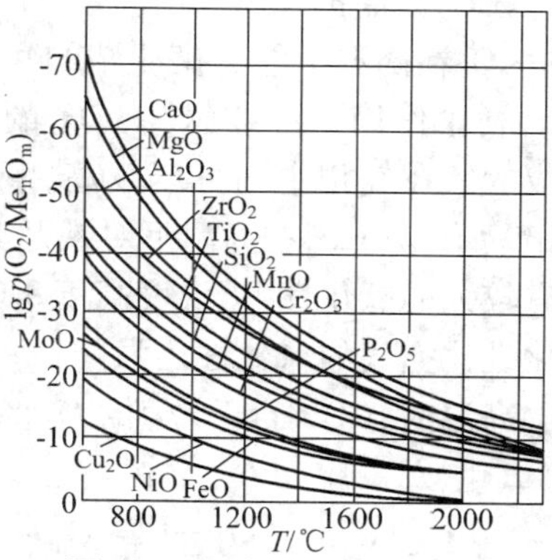

图 2－38　金属氧化物的分解压与温度的关系

在实际的焊接冶金条件下，FeO 并不是以纯凝聚相存在，而是溶于液态铁中，可以计算不同温度下液态铁中 FeO 的质量分数所对应的分解压，见表 2－13。计算结果表明，在焊接条件下 FeO 的分解压是很小的，气相中只要有微量的氧就可使铁发生氧化。

表 2－13　不同温度下液态铁中[FeO]的浓度与分解压的关系

在液态铁中含量（%）		温　度（℃）				
[FeO]	[O]	1 540	1 600	1 800	2 000	2 300
0.10	0.022 2	7.4×10^{-11}	1.7×10^{-10}	1.56×10^{-9}	6.1×10^{-9}	4.8×10^{-8}
0.20	0.044 4	2.9×10^{-10}	6.7×10^{-10}	6.25×10^{-9}	2.4×10^{-8}	1.9×10^{-7}
0.50	0.111 0	1.8×10^{-9}	4.2×10^{-9}	3.9×10^{-8}	1.5×10^{-7}	1.2×10^{-6}
1.00	0.222 0	—	—	1.5×10^{-7}	6.1×10^{-7}	4.8×10^{-6}
2.00	0.444 0	—	—	—	2.4×10^{-6}	1.9×10^{-5}
3.00	0.666 0	—	—	—	—	4.3×10^{-5}
$[FeO]_{max}$	—	4.0×10^{-9}	1.5×10^{-8}	3.4×10^{-7}	4.8×10^{-6}	1.08×10^{-4}

2. 自由氧对金属的氧化

光焊丝在空气中无保护焊接低碳钢或低合金钢时，主要考虑铁的氧化，在焊接温度下铁被氧化成 FeO，焊缝含氧量很高。

焊条电弧焊时，虽然采取了保护措施，但空气中的氧总是或多或少地侵入电弧，药皮中的高价氧化物（Mn_2O_2、Fe_2O_3等）分解，与焊缝金属中的铁发生下列反应

$$[Fe] + 1/2\ O_2 = FeO + 26.97\ kJ/mol \qquad (2-10)$$

$$[Fe] + O = FeO + 515.76\ kJ/mol$$

由反应的热效应看，原子氧对铁的氧化比分子氧更激烈。在焊接钢时，除铁发生氧化外，钢中其他对氧亲和力比铁大的元素也发生氧化，如碳、硅、锰等也发生氧化反应

$$[C] + \frac{1}{2}O_2 = CO\uparrow$$

$$[Mn] + \frac{1}{2}O_2 = (MnO)$$

$$[Si] + \frac{1}{2}O_2 = (SiO)$$

3. CO_2对金属的氧化

焊条电弧焊时，焊接区域中的 CO_2主要来自于药皮中碳酸盐的受热分解。而 CO_2保护焊时，CO_2为保护气体介质。

CO_2在高温下能分解生成自由氧，从而对金属产生氧化作用。温度越高，CO_2的分解度越大，所生成的氧在气相中的分压越高，氧化性越强，如图 2－39 所示。CO_2在高温下对铁及其他许多金属都具有较强的氧化性，当温度高于 3 000 K 时，CO_2的氧化性比空气的氧化性还强。

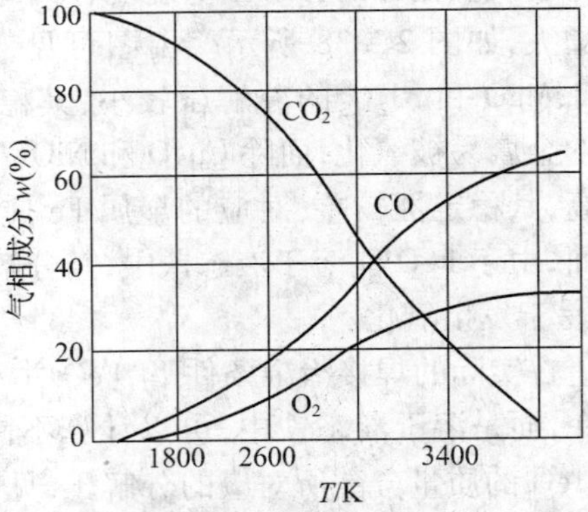

图 2－39 CO_2分解时气相的平衡成分与温度的关系

高温时，CO_2分解产生的 O_2将使 Fe 按式（2－10）氧化，总反应如下

$$[Fe] + CO_2 = [FeO] + CO\uparrow$$

当温度升高时，CO_2分解反应的平衡常数增大，有利于反应向铁氧化的方向进行，表明 CO_2在熔滴阶段比在熔池阶段对金属的氧化程度大。即使气相中只有少量的 CO_2，对铁也有很大的氧化性。因此，采用 CO_2作保护气体，只能防止空气中氮的侵入，而不能避免金属的氧化。正因为这样，CO_2焊时必须采用硅和锰作为脱氧剂的焊丝，以保证得到优质的焊缝。同样，在含碳酸盐的焊条药皮中也必须加入脱氧剂，以降低焊缝的含氧量。

实践证明，用普通焊丝（H08A）进行 CO_2保护焊时，由于碳的氧化在焊缝中产生气孔，同时合金元素烧损，焊缝含氧量增大，所以必须采用含硅、高锰的焊丝（H08Mn2Si）或药芯焊丝，有利于脱氧，获得优质焊缝。因此，在含有碳酸盐的药皮中也必须有脱氧剂。

4. H_2O 对金属的氧化

与 CO_2相似，焊接区的水蒸气在高温下也能分解生成自由氧，也将对金属产生氧化作用，其分解式为

$$H_2O = H_2 + \frac{1}{2}O_2 \tag{2-11}$$

$$H_2O = \frac{1}{2}H_2 + OH \tag{2-12}$$

$$H_2O = OH + H \tag{2-13}$$

$$H_2O = 2H + O \tag{2-14}$$

经研究表明，当温度低于4 500 K时，按式(2－11)分解的可能大；而温度高于4 500 K时，按式(2－12)与式(2－14)分解，可以达到完全分解的程度，气相中氧原子的比例达到最大值(图2－40)，氧化性大大增加，而使焊缝金属氧化。在液态铁存在的温度，CO_2比H_2O的氧化性强。

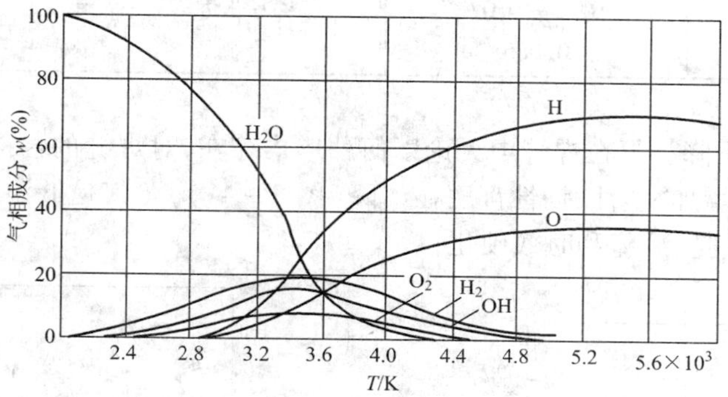

图2－40　水蒸气分解形成的气相成分与温度的关系

应该指出，气相中的水蒸气除对金属产生氧化作用外，还会使焊缝金属增氢。为了保证焊接质量，在脱氧的同时必须去氢。低氢型药皮中含有较多的脱氧剂，但要注意防潮。因此脱氧还不能完全抑制其危害，必须从根本上限制水分的来源。

5. 混合气体对金属的氧化

在焊条电弧焊中，焊接区内的气体并不是单一的气体，而是多种气体的混合物，如CO_2、CO、O_2和H_2O等。气体保护焊时，为改善电弧的电、热和工艺特性，也常常采用混合保护气体，如$Ar+O_2$，$Ar+CO_2$及$Ar+O_2+CO_2$等。由于混合气体中含有氧化性气体，因而就会对金属也产生氧化作用。混合气体与上述单一的气体的情况不同，除单一气体的基本反应外，还要考虑各种气体之间的相互作用，所以混合气体对金属的氧化作用更为复杂。

实验证明，钛铁矿型的焊条析出的气体，在接近熔池结晶温度(2 000 K)下是还原性的，而在更高的温度下(高于2 500 K)是氧化性的。而低氢型焊条析出的气体，在高于熔池结晶温度的情况下都是氧化性的。因此，必须在焊条药皮中加入脱氧剂。

气体保护焊时，为了改善工艺特性和降低成本，常采用混合保护气体，如$Ar+O_2$、$Ar+CO_2$、$Ar+CO_2+O_2$、CO_2+O_2等。在这些混合气体中随着O_2和CO_2含量的增加，合金元素的烧损量、焊缝中非金属夹杂物和氧的含量增加，因此焊缝金属的力学性能、特别是低温韧性明显下降，甚至可能产生气孔。采用氧化性混合气体焊接时，应根据其氧化能力的大小，选择含有合适脱氧剂的焊丝。

(三)氧对焊接质量的影响

由于焊接方法、焊接材料、工艺参数不同，焊缝含氧量也不同(表2－14)。焊接低碳钢时，尽管母材和焊丝的含氧量很低，但是由于金属与气相和熔渣作用的结果，焊缝的含氧量总是增加的，对焊接质量带来不利的影响，具体危害如下。

表 2－14 用各种方法焊接时焊缝的含氧量

材料及焊接方法	平均含氧量/%	材料及焊接方法	平均含氧量/%
低碳镇静钢	0.003～0.008	纤维素型焊条	0.090
低碳沸腾钢	0.010～0.02	氧化铁型焊条	0.122
H08 焊丝	0.01～0.02	铁粉型焊条	0.093
H08 光焊丝焊接	0.15～0.03	埋弧自动焊	0.03～0.05
低氢型焊条	0.02～0.03	电渣焊	0.01～0.02
钛铁矿型焊条	0.101	气焊	0.045～0.05
钛钙型焊条	0.05～0.07	CO_2保护焊	0.02～0.07
钛型焊条	0.065	氩弧焊	0.0017

(1)机械性能下降　氧在焊缝中无论以何种形式存在，对焊缝的性能都有很大的影响。随着焊缝含氧量的增加，塑性、韧性都明显下降(图 2－41)，尤其是低温冲击韧度急剧下降(图 2－42)，引起热脆、冷脆和时效硬化；

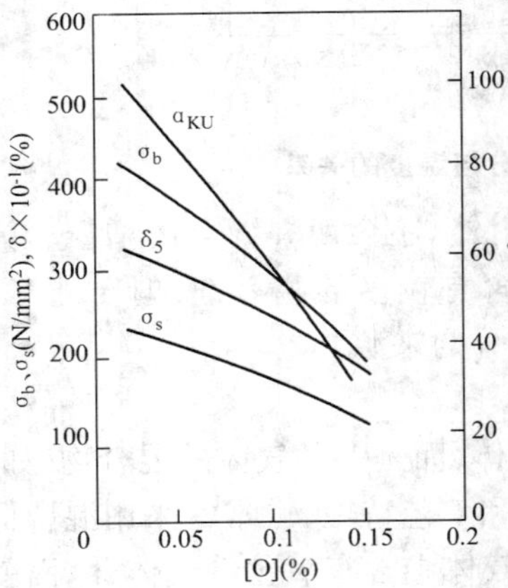

图 2－41 氧(以 FeO 形式存在)对低碳钢常温力学性能的影响

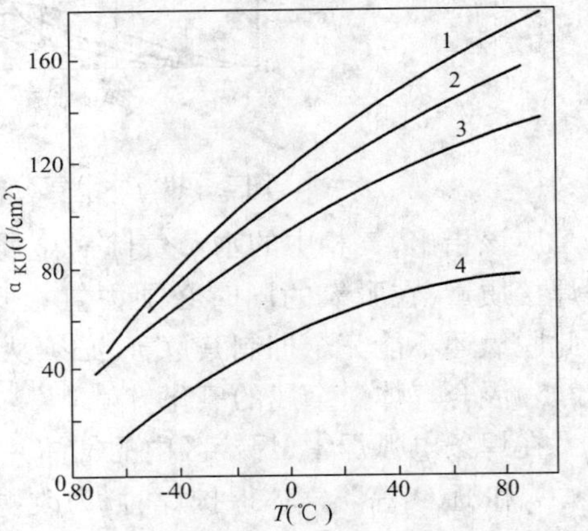

图 2－42 低碳钢埋弧焊时硅酸盐夹杂物对焊缝冲击韧度的影响

含杂物：1—0.028%～0.030%；2—0.034%～0.053%；3—0.104%～0.110%；4—0.196%

(2)物理和化学性能变差　降低焊缝的导电性、导磁性及抗腐蚀性；

(3)产生气孔　溶解在熔池中的氧与碳发生反应，生成不溶于金属的 CO，在熔池结晶时 CO 气泡没有来得及逸出，则在焊缝中形成 CO 气孔；

(4)工艺性能变差　烧损钢中的有益合金元素使焊缝性能变坏。熔滴中含氧和碳多时，它们相互作用生成的 CO 受热膨胀，使熔滴爆炸，造成飞溅，影响焊接过程的稳定性；还会造成脱渣困难等问题。

应该指出，焊接材料具有氧化性并不是在所有情况下都是有害的。相反，为了减少焊缝中的含氢量，改进电弧的特性，获得必要的熔滴物理性能，在焊接材料中有时要特意加入一定量的氧化剂。

（四）控制氧的措施

1. 纯化焊接材料

在焊接某些要求比较高的合金钢、合金和活性金属时，应尽量用不含氧或含氧少的焊接材料。例如，采用高纯度的惰性气体作为保护气体，采用低氧或无氧焊条、焊剂，甚至在真空室中焊接。表2－15中列举了用低氧焊条和普通焊条焊接时焊缝的含氧量。

表2－15　低氧焊条熔敷金属中的含氧量

焊　条	药皮组成	焊　芯	含氧量/%	
			焊　芯	焊　缝
低氧焊条	$CaCO_3$ 10%～15% CaF_2 85%～90%	Cr20Ni80	0.013	0.010
一般碱性焊条	含 $CaCO_3$ 约40%	Cr20Ni80	0.013	0.035

2. 控制焊接工艺参数

焊缝中的含氧量与焊接工艺条件有密切关系。增加电弧电压，使空气侵入电弧，并增加氧与熔滴的接触时间，使焊缝含氧量增加。为了减少焊缝含氧量应采用短弧焊。此外，焊接方法、熔滴过渡特性、电流的种类等对此也有一定的影响。

3. 脱氧

用控制焊接工艺参数的方法减少焊缝含氧量是很受限制的，所以必须用冶金的方法进行脱氧。这种在实际生产中行之有效的方法，将在第三节中介绍。

第三节　焊接熔渣

一、焊接熔渣的作用

熔渣是指焊接过程中焊条药皮或焊剂熔化后，在熔池中参与化学反应而形成覆盖于熔池表面的熔融状金属、非金属氧化物及复合物。它是焊接冶金反应的主要参与物之一，起着十分重要的作用。熔渣在焊接区形成独立的相。

（一）、熔渣的作用、成分及分类

1. 熔渣在焊接过程中的作用

（1）机械保护作用　如前所述，焊接时形成的熔渣覆盖在熔滴和熔池的表面上，把液态金属与空气隔开，防止液态金属的氧化和氮化。熔渣凝固后形成的渣壳覆盖在焊缝上，可进一步防止处于高温的焊缝金属受空气的侵害。

（2）改善焊接工艺性能的作用　良好的焊接工艺性能是保证焊接化学冶金过程顺利进行的前提。在熔渣中加入适当的物质可使电弧容易引燃、稳定燃烧，减少飞溅，保证焊缝成形美观、脱渣容易，具有良好的操作性，增强全位置焊接的适应性。

（3）冶金处理作用　熔渣和液体金属能够发生一系列物化反应，从而对焊缝金属的成分给予很大的影响。在一定的条件下，熔渣可以去除焊缝中的有害杂质，如脱氧、脱硫、脱磷、去氢，还可以使焊缝金属合金化。总之，通过控制熔渣的成分和性能，可以在很大程度上调整和控制焊缝金属的成分和性能。

2. 熔渣的成分和分类

根据焊接熔渣的成分和性能可将其分为三大类。

第一类是盐型熔渣　它主要是由金属氟酸盐、氯酸盐和不含氧的化合物组成的。属于这个类型的渣系有：CaF_2-NaF、CaF_2-BaCl_2-NaF、$KCl-NaCl-Na_3AlF_6$、$BaF_2-MgF_2-CaF_2-LiF$ 等。这类熔渣的特点是氧化性很小，主要用于焊接铝、钛和其他化学活性金属及其合金。在某些情况下，也用于焊接含活性元素的高合金钢。

第二类是盐—氧化物型熔渣　这类熔渣主要是由氟化物和强金属氧化物组成的。如常用的 $CaF_2-CaO-Al_2O_3$、$CaF_2-CaO-SiO_2$、$CaF_2-CaO-Al_2O_3-SiO_2$ 等渣系都属于这个类型的熔渣。这个类型的熔渣氧化性较小，有较好的除氢作用，它们主要用于焊接合金钢及低碳钢的重要结构。

第三类是氧化物型熔渣主要是由各种金属氧化物组成的。如应用很广泛的 $MnO-SiO_2$、$FeO-MnO-SiO_2$、$CaO-TiO_2-SiO_2$ 等渣系都属于这个类型的熔渣。这类熔渣一般含有较多的弱氧化物（如 MnO、SiO_2 等），因此氧化性较强，主要用于焊接低碳钢和低合金钢的一般结构件。

三类渣中，二、三类应用广泛，第一类熔渣多用于焊接有色金属，将在后面有关章节中介绍。这里主要讨论第二、三类熔渣。表 2－16 列举出一些焊条和焊剂的熔渣成分。可见，实际的焊接熔渣是一个多种成分的复杂体系。为研究方便，往往把含量少、影响小的次要成分舍去，简化为由含量多、影响大的成分组成的渣系，从而突出重点，解决关键问题。例如，表 2－16 中低氢型焊条的熔渣，可简化为 $CaO-SiO_2-CaF_2$ 三元渣系。

表 2－16　焊接熔渣的化学成分举例

焊条、焊剂	熔渣组成物的质量分数 ω/%										熔渣碱度		渣类型
	SiO_2	TiO_2	Al_2O_3	FeO	MnO	CaO	MgO	CaF_2	Na_2O	K_2O	B_1	B_2	
钛铁矿型	29.2	14.0	1.1	15.6	26.5	8.7	1.3	—	1.4	1.1	0.88	－0.1	氧化物型
钛型	23.4	37.7	10.0	6.9	11.7	3.7	0.5	—	2.2	2.9	0.43	－2.0	氧化物型
钛钙型	25.1	30.2	3.5	9.5	13.7	8.8	5.2	—	1.7	2.3	0.76	－0.9	氧化物型
纤维素型	34.7	17.5	5.5	11.9	14.4	2.1	5.8	—	3.8	4.3	0.60	－1.3	氧化物型
氧化铁型	40.4	1.3	4.5	22.7	19.3	1.3	4.6	—	1.8	1.5	0.62	－0.7	氧化物型
低氢型	24.1	7.0	1.5	4.0	3.5	35.8		20.3	0.8	0.8	1.86	0.9	盐－氧化物型
焊剂430	38.5	—	1.3	4.70	43.0	1.7	0.45	6.0	—	—	0.62	－0.33	盐－氧化物型
焊剂251	18.2～22.0	—	18.0～23.0	≤1.0	7.0～10.0	3.0～6.0	14.0～17.0	23.0～30.0	—	—	1.15～1.44	0.048～0.49	盐－氧化物型

注：B_2 和 B_1 分别按式（2－19）和式（2－20）计算。

二、熔渣的结构理论

熔渣的物化性质及其与金属的作用和液态熔渣的内部结构有密切的关系。关于液态熔渣的结构,目前有两种理论:分子理论和离子理论。

1. 分子理论

熔渣的分子理论是以对凝固熔渣的相分析和化学成分分析结果为依据的,其要点如下。

(1)液态熔渣是由自由氧化物及其复合物的分子组成的,其中如 CaO、SiO_2 等是独立存在的自由氧化物;复合物有硅酸盐如 $FeO \cdot SiO_2$、$MnO \cdot SiO_2$、$CaO \cdot SiO_2$ 等,以及氟化物、硫化物的分子等。

(2)氧化物及其复合物处于化合与分解的平衡状态。例如,自由氧化物 SiO_2 和 CaO 与其复合氧化物 $CaO \cdot SiO_2$ 的平衡反应为

$$CaO + SiO_2 \rightleftharpoons CaO \cdot SiO_2 \tag{2-15}$$

升温时,反应式(2-15)向左进行,使渣中自由氧化物的含量增高;温度降低会使渣中的复合氧化物增多。各种复合物的稳定性可用它们的生成热效应来衡量,生成热效应越大,它越稳定。

(3)只有自由氧化物才能参与冶金反应。例如,只有渣中自由的 FeO 才能参与式(2-16)的冶金反应,而复合物硅酸铁 $(FeO)_2 \cdot SiO_2$ 中的 FeO 不能参与该冶金反应。

$$(FeO) + [C] = [Fe] + CO\uparrow \tag{2-16}$$

式中 (FeO)——熔渣中的 FeO;

$[C]$——液态金属中的 C。

分子理论建立最早,至今仍广泛应用,因为它能简明地、定性地解释熔渣与金属的冶金反应。但是,分子理论假设的熔渣结构与实际结构不符,许多重要现象,如对熔渣的导电性它就无法解释,因此又出现了离子理论。

2. 离子理论

离子理论是在研究熔渣电化学性质的基础上提出来的。与分子理论相比,更接近于熔渣的实际情况,能够解释分子理论无法解释的某些现象。完全离子理论的要点如下。

(1)液态熔渣是由阴阳离子组成的电中性溶液。熔渣中离子的种类和存在的形式取决于熔渣的成分和温度。一般说,负电性大的元素以阴离子的形式存在,如 F^-、O^{2-}、S^{2-} 等;负电性小的元素形成阳离子,如 K^+、Na^+、Ca^{2+}、Mg^{2+}、Fe^{2+}、Mn^{2+} 等。还有一些负电性比较大的元素,如 Si、Al、B 等,其阴离子往往不能独立存在,而与氧离子形成复杂的阴离子,如 $SiO\frac{4-}{4}$,$Si_3O\frac{6-}{9}$、$Al_3O\frac{5-}{7}$ 等。

(2)离子的分布和相互作用取决于它的综合矩。离子的综合矩可表示为

$$综合矩 = \frac{z}{r} \tag{2-17}$$

式中 z—离子的电荷(静电单位);

r—离子的半径(10^{-1}nm)。

表 2-17 给出各种离子在 0 ℃时的综合矩。当升高温度时,r 增大,综合矩减小,但表中综合矩大小的顺序不变。

表 2-17　离子的综合矩

离子	离子半径 /nm	综合矩 $\times 10^2$ (静电单位/ cm)	离子	离子半径 /nm	综合矩 $\times 10^2$ (静电单位/ cm)
K^+	0.133	3.16	Ti^{4+}	0.068	28.2
Na^+	0.095	5.05	Al^{3+}	0.050	28.8
Ca^{2+}	0.106	9.0	Si^{4+}	0.041	47.0
Mn^{2+}	0.091	10.6	F^-	0.133	3.6
Fe^{2+}	0. 083	11.6	PO_4^{3-}	0.276	5.2
Mg^{2+}	0.078	12.9	S^{2-}	0.174	5.6
Mn^{3+}	0.070	20.6	SiO_4^{4-}	0.279	6.9
Fe^{3+}	0.067	21.5	O^{2-}	0.132	7.3

离子的综合矩越大,说明它的静电场越强,与异性离子的引力越大。由表 2-17 可知,阳离子中 Si^{4+} 的综合矩最大,而阴离子中 O^{2-} 的综合矩最大,所以二者结合为复杂的硅氧阴离子,如 SiO_4^{4-}。随着渣中 SiO_2 含量的增多,还会形成尺寸更大、结构更复杂的硅氧离子。熔渣中的综合矩较大的正负离子越多,复杂离子就越多。

综合矩的大小还影响离子在渣中的分布。相互作用力大的异号离子彼此接近形成离子团,相互作用力弱的异号离子也形成离子团。所以当离子的综合矩相差较大时,熔渣的化学成分在微观上是不均匀的,离子的分布是近程有序的。

(3)熔渣与金属的作用过程是离子与原子交换电荷的过程。例如,硅被还原而铁被氧化的过程是硅离子和铁原子在两相界面上交换电荷的过程,即

$$(Si^{4+}) + 2[Fe] = 2(Fe^{2+}) + [Si]$$

3. 分子-离子共存理论

如上所述,分子理论认为液态熔渣是由分子组成的,而完全离子理论认为液态熔渣是由离子组成的。但在实际上,焊接熔渣是十分复杂的体系,熔渣中不但有离子,而且还有分子。正因为这样,提出了分子-离子共存理论。

分子-离子共存理论认为,复合离子 SiO_4^{4-}、PO_4^{3-} 等是不稳定的,可分解成 SiO_2、P_2O_5 和 O^{2-}。例如,SiO_4^{4-} 的分解反应为

$$SiO_4^{4-} = SiO_2 + 2O^{2-}$$

因此,熔渣是由金属离子 Me^{2+} 和 Me^+,非金属离子 O^{2-}、F^- 和 S^{2-},SiO_2 及硅酸盐和磷酸盐等具有共价键的化合物分子共同组成的。

实际上,焊接熔渣是十分复杂的,在有些熔渣中不仅有离子,而且还有大量分子。虽然离子理论比分子理论更合理,但目前尚缺乏系统的热力学资料,故在焊接冶金中仍在应用分子理论。

三、熔渣的性质

(一)熔渣的酸碱度

熔渣的酸碱度　碱度是评价焊接熔渣碱性强弱的指标,它对熔渣的焊接冶金行为有直接影响。而酸度是衡量焊接熔渣酸性强弱的指标,并被定义为碱度的倒数。应当指出,在

不同的熔渣结构理论中,对碱度的定义和计算方法是不同的。

在分子理论中,将熔渣的碱度定义为熔渣中碱性氧化物的含量与酸性氧化物的含量之比。熔渣的碱度 B 可用下式计算

$$B=\frac{\sum_{i=1}^{m}\omega_i}{\sum_{j=1}^{n}\omega_j} \tag{2-18}$$

式中 ω_i——熔渣中第 i 种碱性氧化物(包括氟化物)的质量分数;

ω_j——熔渣中第 j 种酸性氧化物(包括中性氧化物)的质量分数。

从理论上讲,当 $B>1$ 时,熔渣为碱性渣;当 $B=1$ 时,熔渣为中性渣;当 $B<1$ 时,熔渣为酸性渣。实际上用式(2-17)计算是不准确的,根据经验,当 $B>1.3$ 时,熔渣才是碱性的。产生这种现象的原因是,式(2-17)既没有考虑氧化物的酸碱性强弱程度是不同的,也没有考虑碱性氧化物和酸性氧化物形成中性复合物的情况。

考虑上述两点,对式(2-17)进行修正,熔渣的碱度比较精确的计算公式为

$$B_1=\frac{\sum_{i=1}^{m}a_i\omega_i}{\sum_{j=1}^{n}a_j\omega_j} \tag{2-19}$$

式中 a_i——熔渣中第 i 种碱性氧化物(包括氟化物)的碱度系数;

a_j——熔渣中第 j 种酸性氧化物(包括中性氧化物)的碱度系数。

当 $B_1>1$ 时,熔渣为碱性渣;当 $B_1=1$ 时,熔渣为中性渣;当 $B_1<1$ 时,熔渣为酸性渣。各种氧化物(包括氟化物)的碱度系数见表 2-18。

表 2-18 与分子理论对应的各氧化物(包括氟化物)的碱度系数

分类	碱性氧化物						酸性氧化物			中性氧化物	氟化物
	CaO	MgO	K_2O	Na_2O	MnO	FeO	SiO_2	TiO_2	ZrO_2	Al_2O_3	CaF_2
a_i 或 a_j	0.018	0.015	0.014	0.014	0.007	0.007	0.017	0.005	0.005	0.005	0.006

分子理论认为熔渣中的氧化物按其性质可分为三类。

(1)酸性氧化物 按照酸性由强变弱的顺序有 SiO_2, TiO_2, P_2O_5等。

(2)碱性氧化物 按照碱性由强变弱的顺序有 K_2O、Na_2O、CaO、MgO、BaO、MnO、FeO 等。

(3)中性氧化物 主要有 Al_2O_3、Fe_2O_3、Cr_2O_3 等。这些氧化物在不同性质的渣中可呈酸性,也可呈碱性。例如,在强酸性渣中常呈弱碱性,而在强碱性渣中常呈弱酸性。

在离子理论中,将熔渣的碱度定义为熔渣中自由氧离子的活度。自由氧离子的活度越大,熔渣的碱度越高。常用的碱度计算公式为

$$B_2=\sum_{i=1}^{n}a_iM_i \tag{2-20}$$

式中 M_i——渣中第 i 种氧化物的摩尔数;

a_i——渣中第 i 种氧化物的碱度。

当 $B_2>0$ 时,熔渣为碱性渣;当 $B_2=0$ 时,熔渣为中性渣;当 $B_2<0$ 时,熔渣为酸性渣。

各种氧化物的碱度系数见表2－19，按式(2－20)计算的典型焊接熔渣的碱度见表2－19。由此表可见，按式(2－19)和式(2－20)计算的结果，对于熔渣酸碱性的判定是一致的。根据熔渣的碱度可把焊条和焊剂分为酸性和碱性两大类，它们的冶金性能和工艺性能以及焊缝的成分、性能都有显著的不同，将在后面的章节介绍。

表2－19　与离子理论对应的各氧化物的碱度系数

分类	氧化物	a值	相对分子质量
碱性氧化物	K_2O	9.0	94.2
	Na_2O	8.5	62
	CaO	6.05	56
	MnO	4.8	71
	MgO	4.0	40.3
	FeO	3.4	72
酸性氧化物	SiO_2	－6.31	60
	TiO_2	4.97	80
	ZrO_2	0.2	123
中性氧化物	Al_2O_3	0.2	102
	Fe_2O_3	0	159.7

(二)熔渣的黏度

黏度是熔渣的重要物理性质之一，熔渣的黏度是指熔渣内部各层之间相对运动时的内摩擦力，是表示流体阻碍相对运动的能力。熔渣的黏度越大，其流动性能越差。

焊接时，熔渣的黏度大小会直接影响其机械保护作用、焊接工艺性能和化学冶金进行的程度。熔渣黏度过大，流动性差，保护效果差，阻碍熔渣与液态金属之间的反应充分进行和气体从焊缝金属中排出，容易形成气孔，并使焊缝成型不良；熔渣黏度过小，则流动性过大，使之难以完全覆盖焊缝金属表面，空气易于进入，保护作用丧失，焊缝成形与焊缝金属力学性能变差，而且全位置焊接十分困难。因此，控制熔渣的黏度是保证焊接过程正常进行的重要条件之一。

影响熔渣黏度的因素有熔渣的成分和所处的温度，而最本质的因素则是熔渣的内部结构。一般而言，熔渣结构越复杂，阴离子的尺寸越大，熔渣质点的运动越困难，熔渣的黏度越大。当然，若熔渣中含有固态颗粒，使熔渣流动受阻，也会造成熔渣黏度增大。

1. 温度对黏度的影响

升高温度熔渣的黏度下降(图2－30)，但碱性渣和酸性渣黏度下降的趋势不同。在含SiO_2较多的酸性渣中，有较多的复杂Si－O阴离子，温度升高时，离子的热振动能增加，使尺寸较大的Si－O阴离子的极性键局部断开，形成尺寸较小的Si－O阴离子，因而熔渣的黏度下降。但尺寸较大而复杂的Si－O阴离子的解体是随温度的升高而逐渐进行的，所以黏度下降比较缓慢。而对于碱性渣，由于该渣主要是由尺寸较小的离子构成，容易移动，当温度高于液相线时，黏度迅速下降；当温度低于液相线时，渣中出现细小的晶体，黏度迅速增大。另外，升高温度可消除没有熔化的固体颗粒，所以黏度也下降。

熔渣的黏度与温度关系十分密切,温度升高黏度变小;反之,黏度增大。按照熔渣黏度随温度下降时变化率之不同,熔渣可分为长渣与短渣。随温度降低黏度增加缓慢的,即凝固时间长的,称为长渣;而随温度降低黏度迅速增加的,称为短渣。长渣与短渣的黏度－温度曲线如图2－43所示。含SiO_2多的酸性渣为长渣,这种渣不适于立焊或仰焊,一般只适用于平焊;在进行立焊或仰焊时,为防止熔池金属在重力作用下流失,希望熔渣在较窄的温度范围内凝固,因而应选择短渣焊接。而低氢型和氧化钛型焊条的熔渣属于短渣,适用于全位置焊接。图2－44为几种常用焊条和焊剂的熔渣动力黏度－温度曲线,其中E4 303和E5 015焊条熔渣均属于短渣,HJ 431为长渣。

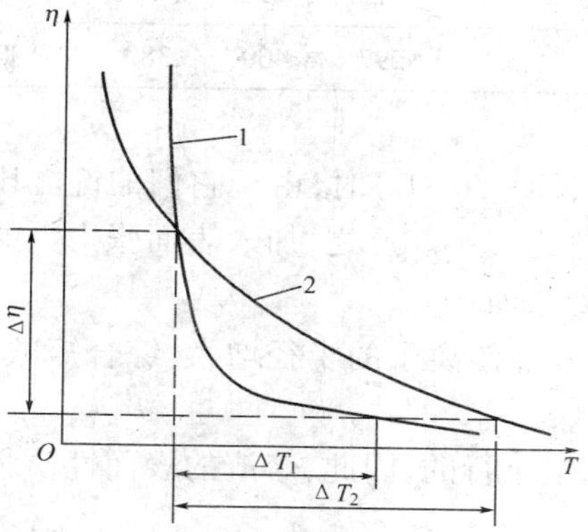

图2－43 熔渣黏度与温度的关系

1—碱性渣;2—含SiO_2多的酸性渣

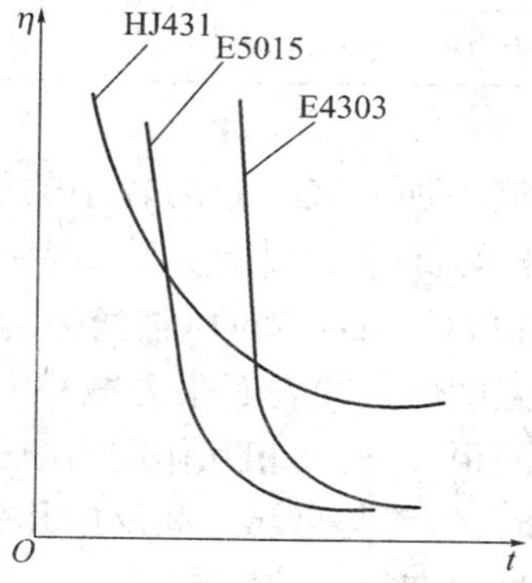

图2－44 常用焊条和焊剂熔渣的黏度——温度曲线

2. 熔渣成分对黏度的影响

在酸性渣中,SiO_2可与O^{2-}生成SiO_4^{4-}、$Si_2O_7^{6-}$、$Si_3O_9^{6-}$、$Si_6O_{16}^{6-}$、$Si_9O_{21}^{6-}$等复杂程度逐渐升高的Si－O阴离子。SiO_2越多,Si－O阴离子的结构越复杂,其尺寸也越大,熔渣的黏度越高;而O^{2-}离子越多,Si－O阴离子的结构越趋于简单,尺寸越小,熔渣的黏度也越小。因此,酸性渣中加入SiO_2,会使熔渣的黏度增大;而加入碱性氧化物能破坏Si－O离子键,减小其尺寸,从而使熔渣的黏度降低。

在碱性渣中加入高熔点的碱性氧化物(如CaO等)时,熔渣中可能出现未熔化的固体颗粒,增大渣的流动阻力,使黏度升高。若此时加入适量的SiO_2,它会与碱性氧化物形成低熔点的硅酸盐(如$CaO \cdot SiO_2$等),使固体颗粒不复存在,有效降低了熔渣的黏度。

无论是碱性渣还是酸性渣,在渣中加入CaF_2,都能降低渣的黏度。这是因为在酸性渣中,F^-离子能破坏Si－O键,降低Si－O阴离子的尺寸;而在碱性渣中,CaF_2能促使高熔点的碱性氧化物(如CaO等)熔化,可降低非均匀相碱性渣的黏度。

焊接钢时熔渣的黏度在1 500 ℃左右时为0.1～0.2 Pa·S比较合适。

(三)熔渣的表面张力

熔渣的表面张力　熔渣的表面张力实际上是熔渣与气相之间的界面张力或相互接触的比表面能,它是由于表面层分子与内部分子所处的状态不同而引起的。熔渣的表面张力对熔滴过渡、焊缝成形、脱渣性能以及许多冶金反应都有重要影响。决定熔渣表面张力大小的因素有熔渣的成分和温度,其中熔渣的成分是最本质的因素。

熔渣的表面张力实际上是气相与熔渣之间的界面张力。物质的表面张力与其中质点之间的作用力大小有关,或者说与化学键的键能有关。键能越大表面张力越大。一般来讲,金属键的键能最大,液体金属的表面张力最大。如表2-20所示,具有离子键的物质,如CaO、MgO、、FeO、MnO、Al_2O_3等键能比较大,它们的表面张力也较大;具有共价键的物质,如TiO_2、SiO_2、B_2O_3、P_2O_5等键能较小,其表面张力也较小。

表2-20　各种氧化物的化学键与表面张力

氧化物	MnO	CaO	FeO	Al_2O_3	MgO	NaO	SiO_2	TiO_2	B_2O_3
化学键能/kJ	1 130	1 200	1 180	1 170	1 180	710	995	1 040	710
表面张力/(10^{-3}N/m)	653	614	590	580	512	297	400	380	100

在熔渣中加入表面张力较小的氧化物(如TiO_2、SiO_2、B_2O_3)时,由于它们的键能比较小,而被排斥到熔渣的表面层内,因而使熔渣的表面张力减小。反之,加入表面张力大的氧化物,例如CaO、MgO、MnO等,熔渣的表面张力则得到增加。

升高温度熔渣的表面张力减小。这是因为温度升高使离子的半径增大,综合矩减小,离子之间的距离增大,相互作用力减弱。

焊接时,熔渣与金属之间反应几乎完全是在界面上进行的,因此,熔渣的表面性质将对冶金反应过程有很大的影响。

熔渣与液体金属间的界面张力越小,则熔滴越细,熔渣覆盖的情况越好,增加了相界面积,有利于提高冶金反应的速度。但熔渣与气相和液态金属间的界面张力也不是越小越好。界面张力过小,焊条对全位置的焊接难于实现,也容易引起焊缝夹渣。

(四)熔渣的熔点

熔渣的熔点是影响焊接工艺性能和质量的重要因素之一,因此要求熔渣的熔点(或药皮的熔点)与焊丝和母材的熔点相匹配。

焊接熔渣是一个多元体系,它的固液转变是在一定温度区间进行的,常把固态熔渣开始熔化的温度称为熔渣的熔点。焊条药皮的熔点是指药皮开始熔化的温度,又称造渣温度。药皮的熔点越高,其熔渣的熔点也越高。一般造渣温度比熔渣熔点高100~200 ℃。

造渣温度的高低不仅影响熔渣的熔点,而且本身对焊接工艺及冶金反应也有直接的影响。造渣温度过高,造成药皮套筒过长,电弧不稳定,甚至使药皮呈块状脱落、冶金反应不均匀,焊缝成分不稳定,造渣温度过低,药皮提前熔化,对保护效果和熔滴过渡都将产生不良影响。一般要求造渣温度比焊芯熔点低100~250 ℃。

熔渣(或药皮)的熔点取决于组成物的种类、数量和颗粒度。一般来讲,药皮中难熔的物质越多,颗粒度越大,其熔点越高。一般要求熔渣的熔点与被焊的母材以及所用的焊丝或焊芯的熔点相匹配,以满足焊接工艺性能和焊接质量的要求。适于焊接钢的熔渣熔点一般在1 150~1 350 ℃范围内。

熔渣的熔点过高,将使熔渣与液态金属之间的反应不充分,易形成夹渣与气孔,并产生压铁水现象,使焊缝成形变差;反之,熔点过低,使熔渣的覆盖性变坏,焊缝表面粗糙不平,空气易与焊缝金属接触而使有益元素氧化,并使焊条难于实现全位置焊接。所以,一般要求焊接熔渣的熔点比焊缝金属的熔点低200~450 ℃。

(五)密度

密度也是熔渣的基本物理性质之一,它对熔渣从焊缝金属中浮出的速度、形成焊缝夹渣的难易及其覆盖的情况都有直接的影响。所以,熔渣的密度必须低于焊缝金属的密度,而熔渣的密度主要取决于各组成物的密度大小及其浓度,组成熔渣的各种化合物的密度见表2-21。表2-22列出了常用焊条熔渣的密度。

表2-21 熔渣中各种化合物的密度

化合物	密度/g·cm^2	化合物	密度/g·cm^2	化合物	密度/g·cm^2
Al_2O_3	3.97	MnO	5.40	TiO_2	4.24
BeO	3.03	Na_2O	2.27	V_2O_3	4.85
CaO	3.32	P_2O_5	2.39	ZrO_2	5.56
CeO_2	7.13	Fe_2O_3	5.2	PbO	9.21
Cr_2O_3	5.21	FeO	5.0	CaF_2	2.8
La_2O_3	6.51	SiO_2	2.32	FeS	4.6
MgO	3.50			CaS	2.8

表2-22 常用焊条熔渣的密度

药皮类型 温度	铁锰型	纤维素型	高钛型	低氢型	钛铁矿型
常温	3.9	3.6	3.3	3.1	3.6
1300 ℃	3.1	2.2	2.2	2.0	3.0

(六)线膨胀系数

熔渣的线膨胀系数主要影响脱渣性,即渣壳从焊缝表面脱落的难易程度。熔渣与焊缝金属的线膨胀系数之差越大,脱渣性越好。

第四节 焊接熔渣对金属的作用

一、熔渣对焊缝金属的氧化

焊接过程中,除了氧化性气体对焊缝金属的氧化以外,活性熔渣对焊缝金属也发生氧化。活性熔渣对焊缝金属的氧化可分为两种基本形式:扩散氧化和置换氧化。

(一)扩散氧化

1.扩散氧化的分配系数

扩散氧化是指熔渣中的氧化物通过扩散进入被焊金属而使焊缝增氧,FeO由熔渣向焊缝金属扩散而使焊缝增氧的过程叫做扩散氧化。对于钢铁材料的焊接来讲,铁的氧化物FeO既能溶于渣中,又能溶于液态铁中。在一定温度下平衡时,FeO在这两相中的含量由分配定律所决定,即

$$L=\frac{\omega_{\mathrm{FeO}}}{\omega_{[\mathrm{FeO}]}} \tag{2-21}$$

式中 L——FeO 在熔渣和液态铁中的分配系数；

$\omega_{(\mathrm{FeO})}$——FeO 在熔渣中的质量分数；

$\omega_{[\mathrm{FeO}]}$——FeO 在液态铁中的质量分数。

式(2-21)为分配定律的表达式，其物理意义是：在温度不变的情况下，FeO 在熔渣与熔池中的浓度可随 FeO 的总量而变化，但达到平衡时，两相中 FeO 浓度的比值是定值。

2. 分配系数的影响因素

影响 FeO 分配系数 L 的主要因素有温度和熔渣的性质。一般来说，分配系数 L 与温度 T 成指数关系，但具体的数量关系由熔渣的性质决定。

FeO 的分配系数 L 与温度有关，温度越高，分配系数 L 越小，反之，则增加。说明 FeO 在高温时易向钢液中分配，即 FeO 将由熔渣向焊缝扩散。因此，扩散氧化主要发生在熔滴阶段和熔池的高温区。然而，在焊接温度下，$L>1$，FeO 在熔渣中的分配量总是大于液态溶池，FeO 将由熔渣向焊缝金属过渡，使焊缝增氧。

根据上述关系，在一定温度下，液态金属中 FeO 的浓度取决于熔渣中自由 FeO 分子的浓度大小，因此，当增加熔渣中 FeO 的浓度时，它将向熔池中扩散，使焊缝中的含氧量增加。图 2-45 所示为焊接低碳钢时的结果。可以看出，焊缝中的含氧量随着熔渣中 FeO 的增加而直线上升。

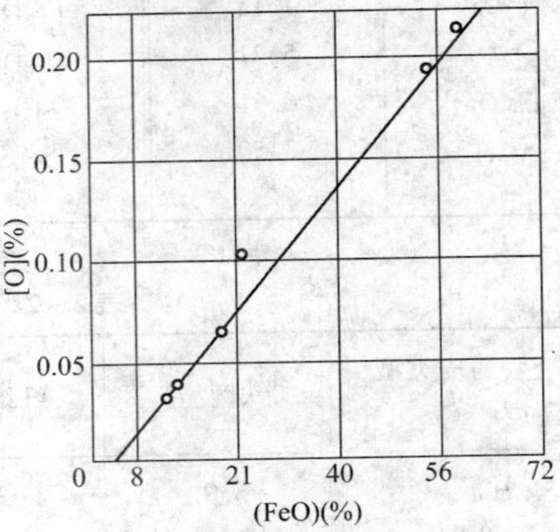

图 2-45 焊缝含氧量与熔渣中 FeO 含量的关系

在相同温度下，碱性渣比酸性渣易使 FeO 向钢液中分配。也就是说，在 FeO 总量相同的情况下，采用碱性渣的焊缝要比采用酸性渣的焊缝具有更高的含氧量。因此，从焊缝含氧量的角度来看，碱性焊条对药皮所含的 FeO 以及工件表面上的氧化皮和铁锈更为敏感。正因为这样，在碱性焊条药皮中一般不加入含 FeO 的物质，并要在焊前清除工件表面上的氧化皮和铁锈，否则会使焊缝增氧并产生气孔等缺陷。

但应指出，不能由此认为碱性焊条的焊缝含氧量比酸性焊条高。实际上，碱性焊条的焊缝含氧量较酸性焊条低，这是因为碱性焊条的药皮一般不含 FeO，而且加入了多种脱氧剂，药皮的氧化性很小。

（二）置换氧化

1. 置换氧化的冶金反应

置换氧化是指被焊金属与其他金属或非金属的氧化物发生置换反应而导致的氧化。对于钢铁材料的焊接来讲，当熔渣中含有较多的易分解的氧化物时，这些氧化物就可能与液态铁发生置换反应，使铁被氧化，而氧化物中的合金元素被还原。例如，用低碳钢焊丝配合高硅高锰焊剂进行埋弧焊时，将会发生如下的冶金反应

$$
\begin{array}{c}
(FeO) \\
\uparrow \\
(SiO_2)+2[Fe] \rightleftharpoons [Si]+2FeO \\
\downarrow \\
[FeO]
\end{array} \tag{2-22}
$$

$$
\begin{array}{c}
(FeO) \\
\uparrow \\
(MnO)+[Fe] \rightleftharpoons [Mn]+FeO \\
\downarrow \\
[FeO]
\end{array} \tag{2-23}
$$

反应生成的 FeO 既可存在于熔渣中，也可存在于液态铁中，故用[(FeO)]来表示。但实际上，生成的 FeO 大部分进入熔渣，而只有小部分进入液态铁中，从而使焊缝增氧。与此同时，反应生成的 Si 和 Mn 进入液态铁中，增加了它们在焊缝中的含量。

当焊接区中存在与氧亲和力比铁大的元素时，如 Al、Ti 及 Cr 等，它们将与 SiO_2 和 MnO 发生更为激烈的置换反应。反应结果是 Al 被氧化生成了 Al_2O_3，使焊缝中非金属夹杂物增多，焊缝含氧量提高，同时硅和锰的含量也显著提高。

2. 置换氧化的影响因素

上述反应的方向和限度取决于温度和参加反应物质的量，式(2－22)和(2－23)的平衡常数随温度升高而增大。升高温度，反应向右进行，焊缝中增氧。因此，置换氧化反应主要发生在熔滴阶段和熔池前部的高温区。这已被表 2－23 中的试验数据所证实。在熔池的后部，由于温度下降，上述反应向左进行，已还原的硅和锰有一部分又被氧化，所生成的 SiO_2 和 MnO 往往在焊缝中形成非金属夹杂物。但是，由于温度低反应慢，所以总体来看，焊缝中的氧、硅和锰的含量还是增加的。

表 2－23　埋弧焊时熔敷金属与焊缝金属成分的变化(HJ431)

分析对象	Si/%	Mn/%
母材	0.01	0.52
焊丝	0.01	0.45
焊丝端部熔滴金属	0.15	0.63
基本上由焊丝构成的焊缝(间接电弧)	0.20	0.85
未加填充金属的焊缝(非熔化极)	0.04	0.56
由母材和焊丝混合成的焊缝	0.10～0.15	0.6～0.65

还要说明的是，上述置换反应只有在 SiO_2 与 MnO 的浓度较高的条件下才能发生。而在 SiO_2 与 MnO 的浓度较低时，反应将向左进行。

尽管上述反应的结果会使熔池中液体金属的含氧量升高，但因锰和硅的含量也同时增加。所以，焊缝金属的性能不仅不会下降，而且得到了改善，抗裂性也提高了。因此，高锰高硅焊剂与低碳钢焊丝匹配广泛用于焊接低碳钢和低合金钢。但是，在焊接中、高合金钢和合金时，这种情况是不允许的，因为焊缝中含氧量和含硅量增加，使它们的力学性能受到低温冲击，韧性显著变坏。所以，为了抑制硅的还原，有时要求焊条药皮或焊剂中完全不加SiO_2，并且不用含硅酸盐的黏结剂。

(三)焊件表面氧化物对焊缝金属的氧化

焊接时，焊件表面上的氧化皮和铁锈都对金属有氧化作用。铁锈在高温下分解为

$$2Fe(OH)_3 = Fe_2O_3 + 3H_2O$$

分解出来的水气进入气相，增加了气相的氧化性，而Fe_2O_3和液态铁发生如下反应

$$Fe_2O_3 + [Fe] = 3FeO$$

氧化皮的主要成分是Fe_3O_4，它与铁发生如下反应

$$Fe_3O_4 + [Fe] = 4FeO$$

反应生成的FeO部分进入熔渣，部分进入焊缝使之增氧。因此，焊接时应清理焊件坡口边缘及焊丝表面的氧化铁及油污。

二、焊缝金属的脱氧

(一)脱氧的目的和选择脱氧剂的原则

焊缝金属的脱氧是指通过焊丝、焊剂或药皮向焊接区加入某些物质，减弱被焊金属及其合金元素的氧化程度或使被氧化的焊缝金属及其合金元素从其氧化物中还原出来，从而降低焊缝金属中总的含氧量。

脱氧的目的就是尽量减少焊缝中的含氧量。这一方面要防止被焊金属的氧化，减少在液态金属中溶解的氧；另一方面要排除脱氧后的产物，因为它们是焊缝中非金属夹杂物的主要来源，而这些夹杂物会使焊缝含氧量增加。

脱氧的主要措施是在焊丝、焊剂或药皮中加入合适的元素或铁合金，使之在焊接过程中夺取氧。用于脱氧而加入的元素或铁合金等物质称为脱氧剂，而使焊缝金属发生氧化的物质称为氧化剂。由于脱氧反应是分区连续进行的，因而可将脱氧分为先期脱氧、沉淀脱氧和扩散脱氧三种类型，其脱氧的效果取决于脱氧剂的种类和数量、氧化剂的种类和数量、熔渣的成分和性质、母材和焊丝的成分以及焊接工艺等具体条件。

为了达到脱氧的目的，选择脱氧剂应遵循以下原则：

(1)脱氧剂在焊接温度下对氧的亲和力应比被焊金属对氧的亲和力大。焊接低碳钢或低合金钢时，按照与氧亲和力的大小顺序，常用的碳、铝、钛、锰、硅等可以作脱氧剂，实际生产上，常用它们的铁合金或金属粉末，如锰铁、硅铁、钛铁、铝粉等。在其他条件相同的情况下，元素对氧的亲和力越大、脱氧效果越好；

(2)脱氧的产物应不溶于液态金属，其密度也应小于液态金属的密度，同时应尽量使脱氧产物处于液态。这样有利于脱氧产物在液态金属中聚合成大的质点，加快上浮到渣中去的速度，减少夹杂物的数量，提高脱氧效果；

(3)必须考虑脱氧剂对焊缝成分、性能以及焊接工艺性能的影响。在满足技术要求的前提下，还应考虑成本。

在前面的章节中已经指出，焊接化学冶金反应是分区域进行的。脱氧反应也是分区域连续进行的，按其进行的方式和特点可分为先期脱氧、沉淀脱氧和扩散脱氧。

(二)先期脱氧

1. 脱氧反应

先期脱氧是指在焊条电弧焊中，药皮反应区内的脱氧剂与高价氧化物和碳酸盐分解出的 O_2 和 CO_2 起反应，从而降低电弧气氛氧化性的脱氧方式。若脱氧剂用 Me 表示，脱氧产物用 Me_nO_m 表示，则先期脱氧的冶金反应为

$$2n\mathrm{Me} + m\mathrm{O_2} = 2\mathrm{Me_nO_m}$$

$$n\mathrm{Me} + m\mathrm{CO_2} = \mathrm{Me_nO_m} + m\mathrm{CO}$$

4. 脱氧效果

先期脱氧的效果与脱氧剂的种类、数量、粒度、氧化剂与脱氧剂的比例以及焊接参数有关，尤其是脱氧剂对氧的亲和力。例如，Mn、Si、Al 和 Ti 都是常用的脱氧剂，但由于 Al 和 Ti 对氧的亲和力很大，在先期脱氧中绝大部分被消耗掉，因而起到了较大的脱氧作用，也正因为这样，Al 和 Ti 在后续的沉淀脱氧过程中因所剩数量很少而起不到多大的作用。

应当指出，先期脱氧的过程和脱氧产物与熔滴不发生直接关系，而且由于反应温度低，反应时间短，故先期脱氧的效果是不充分的，还有一部分氧和脱氧剂进入熔滴和熔池继续反应，进一步脱氧。

（三）沉淀脱氧

沉淀脱氧是通过焊丝或药皮加入某种元素，使它本身在焊接过程中被氧化，从而保护焊缝金属及其合金元素不被氧化的过程。其实质是，在熔滴和熔池中利用溶解在液态金属中的脱氧剂，直接与溶于液态金属的 FeO 作用，把铁还原，脱氧产物从熔滴和熔池中浮到熔渣中。显然，沉淀脱氧是置换氧化的逆过程，是减少焊缝金属含氧量最主要的方法。一般把用来进行脱氧的合金元素称为脱氧剂。对于低碳钢及低合金钢的焊接来讲，常用锰和硅作为沉淀脱氧的脱氧剂，因而表现为锰的脱氧、硅的脱氧和锰硅联合脱氧三种类型。

1. 锰的脱氧反应

在焊条药皮中加入适量的锰铁或焊丝中含有较多的锰作脱氧剂，可与 FeO 进行如下脱氧反应

$$[\mathrm{Mn}] + [\mathrm{FeO}] = [\mathrm{Fe}] + (\mathrm{MnO}) \qquad (2-24)$$

该反应实质上是式(2-23)所示置换氧化反应的逆反应，故温度降低有利于反应向右进行，表明锰的脱氧反应主要发生在熔池尾部的低温区内。同时，增加钢液中锰的含量，减少渣中 MnO 的含量，均可提高锰的脱氧效果。

熔渣性质对锰的脱氧效果有很大影响。酸性渣中含有较多的 SiO_2 和 TiO_2，它们能与脱氧产物 MnO 生成复合物 $MnO \cdot SiO_2$ 和 $MnO \cdot TiO_2$，降低了渣中 MnO 的活度，故脱氧效果较好，如图 2-46 所示；而碱性渣正好相反，碱度越大，渣中 MnO 的活度越高，锰的脱氧效果越差。因此，酸性焊条或药芯焊丝常用锰铁作为脱氧剂，而碱性焊条不单独用锰铁作脱氧剂。

根据钢液中锰的浓度不同，其脱氧产物 MnO 和 FeO 既可形成液态产物，又可形成固态产物，如图 2-47 所示。出现液态或固态产物的临界含锰量取决于钢液的温度。显然，在一定的温度下，加入过多的锰会形成固态产物，易造成焊缝夹杂。此外，温度下降使锰的脱氧能力提高，但相对其他常用的脱氧剂来说，它是一种弱脱氧剂。

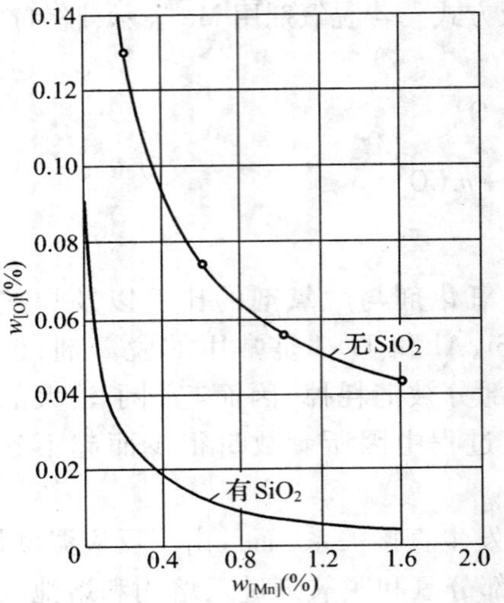

图 2-46 1 600 ℃时 SiO_2 对锰脱氧的影响

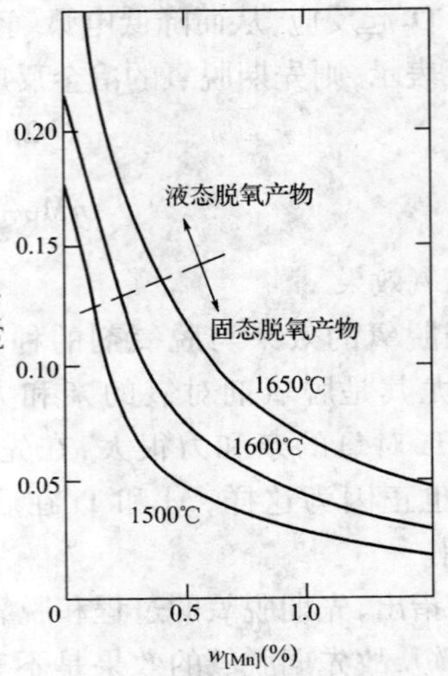

图 2-47 与液体及固体脱氧产物平衡的锰、氧浓度

2. 硅的脱氧反应

在焊条药皮或焊丝中加入适量的硅铁或硅作为脱氧剂，可与 FeO 进行如下的沉淀脱氧反应

$$[Si]+2[FeO]=2[Fe]+(SiO_2) \tag{2-25}$$

该反应实质上是式(2-22)所示置换氧化反应的逆反应，温度降低有利于反应向右进行，表明硅的脱氧反应也主要发生在熔池尾部的低温区内。由式(2-25)可以看出，增加钢液中硅的含量，减少渣中 SiO_2 的含量，均可提高硅的脱氧效果。而且，由于硅的脱氧产物 SiO_2 为酸性氧化物，故提高熔渣的碱度有利于脱氧。

硅的脱氧能力比锰大，但生成的 SiO_2 熔点高(表 2-24)，通常认为处于固态，不易聚合为大的质点，不利于上浮；同时 SiO_2 与钢液的界面张力小，润湿性好，SiO_2 不易从钢液中分离，所以易形成夹杂，因此，一般不单独用硅脱氧。

表 2-24 几种典型氧化物的熔点和密度

化合物	FeO	MnO	SiO_2	TiO_2	Al_2O_3	$(FeO)_2SiO_2$	$MnO\cdot SiO_2$	$(MnO)_2SiO_2$
熔点/ ℃	1 370	1 580	1 713	1 825	2 050	1 205	1 270	1 326
密度/(g/ cm^3)(20 ℃)	5.80	5.11	2.26	4.07	3.95	4.30	3.60	4.10

表 2-25 金属中[Mn]/[Si]对脱氧产物质点半径的影响

[Mn]/[Si]	1.25	1.98	2.78	3.60	4.18	8.70	15.90
最大质点半径(cm)	0.000 75	0.001 45	0.012 6	0.0128 5	0.018 35	0.001 95	0.000 6

3. 硅锰联合脱氧

锰硅联合脱氧是指将锰和硅按适当比例加入到焊接材料中进行共同脱氧的方法,可以得到较好的脱氧效果。实践证明,当金属中锰与硅的比例[Mn]/[Si]为3~7时,脱氧产物为熔点低(表2-24)、密度小的硅酸盐 $MnO \cdot SiO_2$,它在液态金属中处于液态(图2-48)。因此容易聚合为半径大的质点(表2-25),浮到渣中去,减少焊缝中的夹杂物,从而降低焊缝中的含氧量。

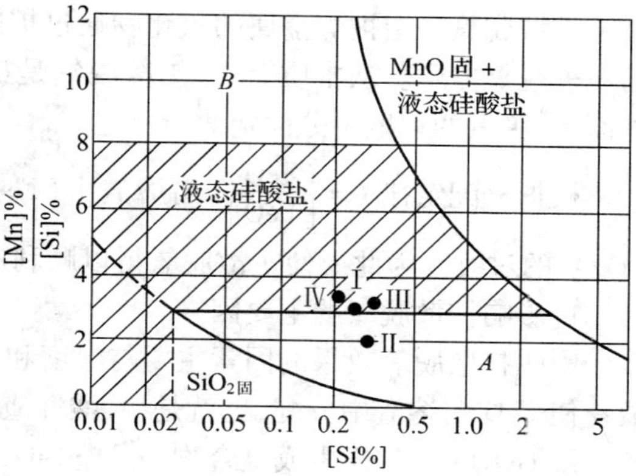

图2-48 脱氧产物形态与[Me]/[Si]的关系

A、B—固体+液态硅酸盐区,1 600 ℃

在 CO_2 保护焊时,也是根据锰硅联合脱氧的原则,在焊丝中加入适当比例的锰和硅(如H08 Mn2SiA等),从而达到降低焊缝含氧量的目的。如表2-26所示,用含有锰和硅的低碳钢焊丝进行 CO_2 焊时,所形成的熔渣主要由 MnO 和 SiO_2 所组成。当锰和硅的比例不同时,在图2-48上占有不同的位置。[Mn]/[Si]=3.1时,处于Ⅳ的位置,形成液态脱氧产物,所以焊缝中夹杂物较少;而锰硅比小时,出现固态 SiO_2,所以焊缝中夹杂物增多。

表2-26 CO_2 保护焊焊低碳钢时焊缝成分与夹杂物的关系

焊丝	焊缝成分/%				渣的成分/%				缝夹渣物/%	在图2-48上的位置
	[Mn]/[Si]	C	Mn	Si	MnO	SiO_2	FeO	S		
H08MnSiA	2.6 1.7	0.13 0.14	0.78 0.82	0.29 0.47	38.7	48.2	10.6	0.016	0.014	Ⅰ Ⅱ
H08Mn2SiA	2.74 3.1	0.12 0.14	0.85 0.72	0.31 0.23	47.6	41.9	8.5	0.050	0.009	Ⅲ Ⅳ

其他焊接材料也可利用硅锰联合脱氧的原则。例如,在碱性焊条药皮中一般加入锰铁和硅铁进行联合脱氧,脱氧效果较好。

碳对钢的焊接性能有很多不利影响,一般不选作脱氧剂。但焊丝、药皮中的碳在焊接过程中会起到脱氧作用。碳与其他元素不同,它对氧的亲和力随温度升高而加大,因此碳与 FeO 的置换反应主要在熔滴区和熔池前部进行,脱氧产物不溶于铁水,直接进入气相。一定的 CO 气体可使熔池沸腾,有利于熔池中其他气体的排出,但碳过多产生的 CO 较多时则会爆炸,引起飞溅,使焊接过程稳定性遭到破坏。在熔池后半部结晶过程中,如果[FeO]和[C]的浓度比较高,此时也可发生置换反应,这时形成的 CO 气体因来不及逸出焊缝,可能导致气孔形成。

钛和铝对氧的亲和力很大,很难过渡到熔池中进行沉淀脱氧,他们主要用作先期脱氧。

采用含两种以上脱氧元素的复合脱氧剂是今后发展的方向,因为这种脱氧剂熔点低,熔化快，且各种脱氧反应在同一区域进行，有利于低熔点脱氧产物的形成、聚合和排除，减少夹杂物的数量。

(四)扩散脱氧

扩散脱氧是指被焊金属的氧化物通过扩散从液态金属进入熔渣，从而降低焊缝含氧量的一种脱氧方式。从本质上讲，扩散脱氧是扩散氧化的逆过程，发生在液态金属与熔渣的界面上，脱氧的程度由分配定律所决定。

根据分配定律 $L=\frac{(FeO)}{[FeO]}$，当熔渣中(FeO)下降时，为保持 L 不变，就要发生[FeO]→(FeO)的过渡。为此要使扩散脱氧得以顺利进行，关键是要不断减少熔池中的FeO的浓度。

1. 影响扩散脱氧的主要因素

影响扩散脱氧效果的因素主要与温度和熔渣性质有关。在相同温度下，酸性渣比碱性渣易使FeO向熔渣中分配，也就是说，酸性渣比碱性渣有利于扩散脱氧。这是，酸性渣中的 SiO_2 和 TiO_2 可与FeO生成复合物 $FeO \cdot SiO_2$ 和 $FeO \cdot TiO_2$，使FeO的活度减小，有利于扩散脱氧的进行；而碱性渣中FeO的活度大，降低了扩散脱氧的能力。

分配系数 L 是温度的函数，温度下降，L 值增加，有利于[FeO]→(FeO)进行。因此，在温度降低时，FeO易向熔渣中分配，使熔池中的FeO减少。

2. 脱氧特点

扩散脱氧是在金属与熔渣的相界面上进行的，因而不会造成夹杂问题。焊接时，熔池和熔渣发生强烈的搅拌作用，并且在气体吹力的作用下熔渣不断地向熔池后部运动，“冲刷”熔池，把脱氧产物带到熔渣中去，这不仅有利于沉淀脱氧，而且有利于扩散脱氧。但是，扩散脱氧是在熔池尾部的低温区进行的，低温下氧的扩散速度慢，再加上焊接冷速大，氧的扩散时间短，因而导致扩散脱氧的不充分。

综上所述，焊缝金属的脱氧形式是由先期脱氧、沉淀脱氧、扩散脱氧构成的，它们贯穿于整个焊接冶金反应过程。

在实际焊接生产中，焊缝中的含氧量取决于脱氧剂的种类和数量，熔渣的成分、碱度和物理性质，焊丝和母材的成分，工艺参数等多种因素。图2-49给出了几种焊条熔敷金属的含氧量与药皮中(FeO)含量的关系，可以看出，低氢型与钛型焊条熔敷金属的含氧量较低，脱氧效果较好。

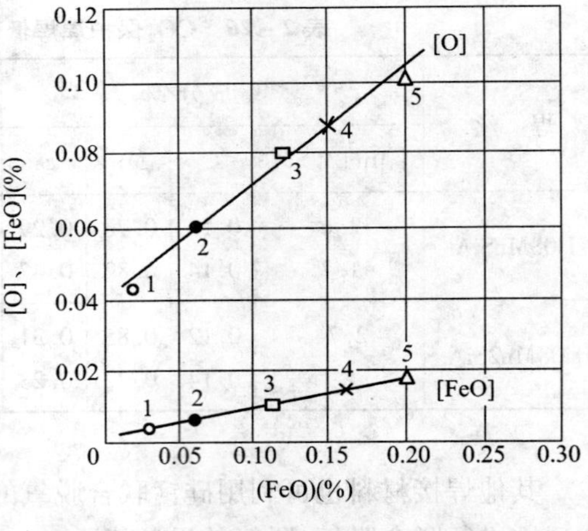

图2-49 焊条熔敷金属中总含氧量[O]和[FeO]含量与药皮中(FeO)含量的关系

1—低氢型；2—钛型；3—有机物型

4—钛铁矿型；5—氧化铁性

三、焊缝金属中硫和磷的控制

焊接时，不仅有益的合金元素被烧损，有害元素还会增加，和前面已经论述过的氢、氮、氧一样，硫、磷也会严重影响焊缝质量，所以焊接时必须对硫、磷加以严格控制。

(一)焊缝中硫的危害及控制

1. 硫的危害

硫是焊接材料和焊缝金属中的杂质，其对焊缝的危害主要表现在使焊缝产生硫化物夹杂，增大焊缝金属产生结晶裂纹倾向，降低焊缝冲击韧度和耐蚀性能。造成这些危害的主要原因如下。

（1）在钢铁材料的焊接中，硫与铁可结合成 FeS，成为焊缝金属的夹杂物之一。FeS 与液态铁几乎可以无限互溶，而在室温下它在固态铁中的溶解度急剧下降，能与 Fe 形成熔点为 988 ℃的低熔共晶 Fe + FeS，或与 FeO 形成熔点为 940 ℃的低熔共晶 FeO + FeS。因此，当焊接熔池结晶时，在晶界处将形成这两种低熔共晶薄膜，增大了焊缝的结晶裂纹倾向，而且低熔共晶以片状或链状的形态分布于晶界，严重降低了焊缝的冲击韧度和耐蚀性能。

（2）当焊接合金钢，尤其是含镍量高的合金钢时，由于硫与镍能结合成 NiS，而 NiS 与镍能形成熔点只有 637 ℃的低熔共晶 NiS + Ni，产生结晶裂纹的倾向更大，危害性更严重。

（3）当钢中含碳量增加时，更加重了硫在晶界处的偏析行为，使其危害程度进一步加大。因此，减少焊缝含硫量的同时，也应合理控制焊缝的含碳量。

由于上述原因，应尽量减少焊缝中的含硫量。一般在低碳钢焊缝中，控制硫的含量小于 0.035%；合金钢焊缝硫的含量更低，应小于 0.025%。

2. 控制硫的措施

（1）限制焊接材料中的含硫量　焊缝中的硫主要来源于三个方面：一是母材，其中的硫几乎可以全部过渡到焊缝中去，但母材的含硫量比较低；二是焊丝，其中的硫约有 70% ~ 80% 可以过渡到焊缝中去；三是药皮或焊剂，其中的硫约有 50% 可以过渡到焊缝中。可见，严格控制焊接材料的含硫量是限制焊缝含硫量的关键措施。因此，在国家标准中对焊接结构所用材料和焊丝（条）用钢的含硫量都作出了明确的规定。

制造焊接材料时，应严格按照有关标准选择原材料。低碳钢及低合金钢焊丝的含硫量应小于 0.03% ~ 0.04%；合金钢焊丝应小于 0.025% ~ 0.03%；不锈钢焊丝应小于 0.02%。药皮、药芯和焊剂的原材料，如锰矿、赤铁矿、钛铁矿、锰铁等都含有一定的硫，而且含量变动幅度较大，因此对焊缝含硫量影响很大，应严加控制。当某些材料含硫量过高时，应预先进行处理，使含硫量降低到要求的范围内，见表 2 - 27。

表 2 - 27　原材料的焙烧处理

材料	原含硫量/%	处理方法	处理后含硫量/%
TiO_2	0.14	1 000 ℃焙烧 25 ~ 30 min	0.07
CaF_2	0.32	焙烧	0.13

（2）用冶金方法脱硫　硫是活泼的非金属元素之一，在焊接条件下能与很多金属或非金属生成液态或气态硫化物。脱硫反应的实质就是用某种元素（脱硫剂）与溶解在熔池中的硫（或硫化物）生成在液态金属中不溶解的产物，使其进入熔渣或经熔渣逸出。

①用锰脱硫　在钢铁材料的焊接中如同脱氧一样，可选用对硫亲和力比铁大的元素以实现脱硫。但是，因它们对氧的亲和力比硫大，首先被氧化，故在焊接条件下直接用这些元素脱硫受到限制。在焊接化学冶金中常用锰作为脱硫剂，其脱硫反应为

$$[FeS] + [Mn] = (MnS) + [Fe] \quad (2-26)$$

反应产物 MnS 实际上不溶于铁水，大部分进入熔渣而被脱出。只有少量的残留在焊缝中形成硫化物或氧化物夹杂。但因 MnS 熔点较高（1 610 ℃），夹杂物以点状弥散分布，故对焊缝不会造成危害。

由式（2-26）是放热反应，故降低温度有利于脱硫。因此，熔池尾部有利于脱硫，但由于冷却速度大，温度低，反应时间短，反应进行得不充分，实际上不利于脱硫，所以必须增加熔池中的含锰量（Mn＞1%）才能得到较好的脱硫效果。

②利用碱性氧化物脱硫　在焊接时，熔渣中的碱性氧化物，如 MnO、CaO、MgO 等也能起到脱硫作用，其反应为

$$[FeS] + (MnO) = (MnS) + (FeO)$$
$$[FeS] + (CaO) = (CaS) + (FeO)$$
$$[FeS] + (MgO) = (MgS) + (FeO)$$

生成的 CaS 和 MgS 也像 MnS 一样不溶于钢液，它们都进入熔渣而被脱除。由质量作用定律可知，增加渣中 MnO、CaO 和 MgO 的含量（图 2-50），有利于脱硫，减少渣中自由 FeO 的含量，即加强脱氧、减小渣的氧化性，有利于脱硫反应的进行。由此可见，酸性渣脱硫能力比碱性渣差得多，增加熔渣的碱度可以提高脱硫能力。

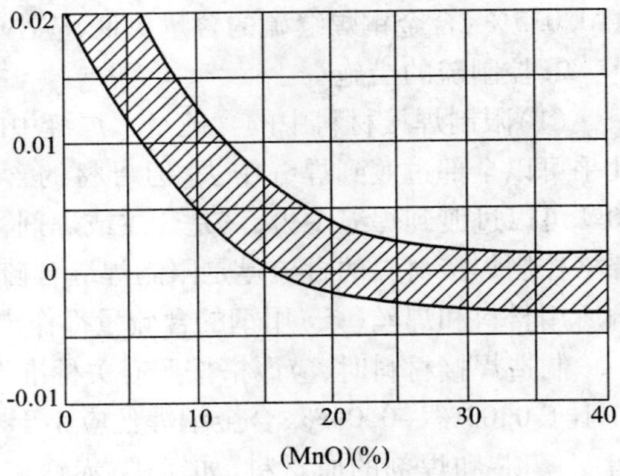

图 2-50　焊剂中（FeO）含量与焊缝中硫增量关系

焊剂含 SiO_2 43% ~50%；[S] =0.025% ~0.04%

此外，渣中加入 CaF_2 可降低熔渣的黏度，提高 S^{2-} 的扩散能力，同时能形成易挥发的 SF_6，因而也有利于脱硫。

应指出，目前常用的焊条药皮和焊剂的碱度都不高，脱硫能力有限，焊接普通钢还可以满足要求，但用来焊含硫很低的精炼钢，则远远不能满足要求。近年来精炼钢的产量不断增加，迫切需要研制焊接这类钢的焊接材料。研究表明，以 $CaCO_3-MgO-CaF_2$ 为基的高碱度黏结焊剂（用钛作脱氧剂）有较好的脱硫效果，焊缝含硫量小于 0.010%。用强碱性无氧药皮或焊剂，可得到含硫量比母材或焊丝的原始含量还低的焊缝金属。

③采用稀土元素脱硫　由于常用的焊条药皮和焊剂的碱度都不高，脱硫能力有限，因此，还需寻求其他的脱硫途径。研究发现，当焊接区氧的活度很低时，稀土元素不仅能够脱硫，而且可改变硫化物夹杂的尺寸、形态和分布，还可提高焊缝的韧性。因此，采用稀土元素进行脱硫很有发展前途，可用于对焊缝含硫量要求很高的场合。

（二）焊缝中磷的危害及控制

1. 磷的危害

磷也是焊接材料和焊缝金属中的杂质，它对焊缝有两大危害，即增大焊缝金属的结晶裂纹倾向和冷脆性，其主要原因如下。

（1）磷在液态铁中具有较高的溶解度，而在固态铁中溶解度只有千分之几，故多以 Fe_2P 和 Fe_3P 形式存在。当熔池快速凝固时，磷易发生偏析，在晶界处形成熔点为 1048 ℃的低熔

共晶 Fe_3P+Fe，从而使结晶裂纹倾向增大。同时，Fe_3P 本身又脆又硬，而且常分布于晶界，削弱了晶粒之间的结合力，因而增加了焊缝金属的冷脆性，即冲击韧度降低，脆性转变温度升高。

（2）在含 Ni 多的钢中，磷与镍能结合成 Ni_3P，而 Ni_3P 与镍能形成熔点为 870 ℃的低熔共晶 Ni_3P+Ni，含磷的铁基合金的结晶温度区间很宽，使结晶裂纹倾向进一步加大。

（3）当钢中含碳量增加时，会加重磷在晶界处的偏析行为及其危害程度。因此，控制焊缝含磷量的同时，也应合理控制焊缝的含碳量。

因此有必要限制焊缝的含磷量，在低碳钢和低合金钢焊缝中一般限制在磷的含量小于0.045%，高合金钢焊缝要求磷的含量小于0.035%。

磷在钢中除了有害作用外，还有有益的一面，可以提高钢的耐大气、耐海水腐蚀的能力，改善钢的切削加工性能，增加金属的流动性等，所以在某些耐蚀钢、易切削钢、弹簧钢、铸铁和铜合金中应含有一定量的磷。

2. 控制磷的措施

（1）为了减少焊缝中的含磷量　首先必须严格限制母材、填充金属、焊条药皮和焊剂中的含磷量。药皮和焊剂中的锰矿往往是导致焊缝增磷的主要来源。锰矿中通常磷的含量在0.20%～0.22%，并以 $(MnO)_3\cdot P_2O_5$ 的形式存在。焊接时，磷通过下面的反应过渡到熔池中

$$(MnO)_3\cdot P_2O_5+11[Fe]=3(MnO)+2[Fe_3P]+5(FeO)$$

此反应为吸热反应，因此在熔池的前部有利于磷向熔池过渡。可见，减少焊剂或药皮中的含磷量是控制焊缝含磷量的主要途径，如图 2－51 所示。

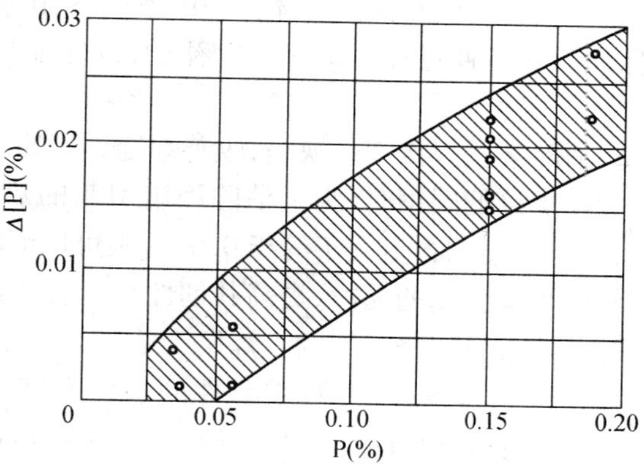

图 2－51　焊缝中磷的增量与焊剂含磷量关系

（2）采用冶金方法脱磷　冶金脱磷是通过渣中的 FeO 和碱性氧化物与液态铁中的 Fe_3P 相互作用实现的。具体分为两步进行：第一步是渣中的 FeO 与液态铁中的 Fe_3P 作用生成 P_2O_5；第二步是渣中的 CaO 与前一步形成的 P_2O_5 作用生成稳定的磷酸盐，从而进入渣中被除去。

两步合并的反应为

$$2[Fe_3P]+5(FeO)+3(CaO)\rightleftharpoons((CaO)_3\cdot P_2O_5)+11[Fe]$$

$$2[Fe_3P]+5(FeO)+4(CaO)\rightleftharpoons((CaO)_3\cdot P_2O_5)+11[Fe]$$

根据上述反应可知，欲使脱磷反应顺利进行，应具有两个条件：一是应使熔渣中 CaO 和 FeO 的活度较大；二是尽量使 P_2O_5 与 CaO 形成稳定的复合物，以降低熔渣中 P_2O_5 的活度。从这两个条件来看，增加渣中自由 CaO 和 FeO 的浓度，可以减少焊缝中含磷量。也就是说，当渣中同时存在较多自由的 FeO 与 CaO 时，最有利于熔池脱磷。

如前所述，碱性焊条渣中含 SiO_2、TiO_2 较少，而自由 CaO 较多，同时碱性焊条药皮中含有 CaF_2，它对脱磷产物有稀释作用，这些都对脱磷有一定促进作用。

但是，碱性熔池中不允许含有较多的FeO，否则会使焊缝增氧，甚至产生气孔，况且提高FeO的浓度不利于脱硫。因此，碱性焊条脱磷并不理想。

酸性焊条熔剂中虽含FeO较多，有利于脱磷，但含自由的CaO、MnO较少，所以它的脱磷能力比碱性焊条更差些。

此外，磷的氧化反应是放热反应，故在熔池的后部有利于脱磷反应的进行。但是，由于该区温度低，熔渣的黏度大，不利于反应物质的扩散，因此脱磷的效果并不好。实际上，焊接时脱磷比脱硫更困难。目前，限制焊缝含磷量的主要办法还是严格控制原材料的含磷量。

第五节 焊缝金属的合金化

在焊接实际生产中，需要根据产品结构类型、运行条件及材料的性能，对焊缝金属的成分提出一定的要求。在熔焊时要获得预期的焊缝成分，把所需要的合金元素通过焊接材料过渡到焊缝金属(或堆焊金属)中，这个过程就是焊缝金属的合金化。

一、合金化的目的及方式

(一)合金化的目的

1. 补偿焊接中因氧化和蒸发所引起的合金元素的损失

在焊接的高温及活性气体保护的条件下，由于蒸发与氧化使某些有益的合金元素含量降低，所以必须通过焊接材料予以补偿，以保证焊缝金属的成分和性能达到技术条件的要求。

2. 消除某些焊接工艺缺陷，改善焊缝金属的组织及力学性能

如在焊接低碳钢时，为了消除因硫引起的热裂纹，需要向焊缝金属中过渡锰。通常情况下，焊缝中锰的含量大于等于0.6%，则可以消除硫的危害。再如，在焊接某些结构钢时，为了细化焊缝金属的晶粒，提高其韧性，一般常向焊缝过渡钛、铝、钼等合金元素。

3. 获得具有特殊性能的堆焊层

在某些工作条件下，对零部件的表面有特殊要求。例如切削刀具、热锻模、轧辊、阀门等要求其表面具有耐磨性、红硬性、耐热性或耐蚀性。为了节约贵重的合金钢材料，同时获得更好的综合力学性能，在生产中常采用堆焊的方法，通过焊接材料向堆焊层中过渡一些母材中所没有的合金元素，如Cr、Mo、W、Mn等，从而获得具有预期的特殊性能的表面层。

由此可见，焊缝金属的合金化对保证焊接质量和焊件的使用性能都有重要的意义。

(二)合金化的方式

1. 采用合金焊丝或带状电极

这种方式是把所需要的合金元素加入焊丝或带状电极内(即采用合金焊丝或带极)，配合碱性药皮或低氧、无氧焊剂进行焊接或堆焊，从而使合金元素过渡到焊缝中去。这种方式的优点是合金元素过渡效果好，焊缝(或堆焊层)金属成分稳定、均匀、合金损失少。但是合金成分不易调整，制造工艺也比较复杂，成本高，对于脆性材料，如硬质合金不宜于轧制与拔丝，故不能采用这种方法。

2. 应用药芯焊丝或药芯焊条

药芯焊丝的结构是各式各样的，常用的是一种比较简单的具有圆形断面的，其外皮是用普通低碳钢带或其他合金钢卷制而成的圆管，里面充满需要的铁合金与纯铁粉混合物，这种药芯焊丝也叫管状焊丝。用这种药芯焊丝可进行埋弧焊、气体保护焊和自保护焊。在焊条电弧焊时，可在药芯焊丝的外面涂上一层碱性药皮，制成药芯焊条。

药芯焊丝是目前最有效的过渡合金元素的方法之一，近年来发展比较快，且生产中需求量也十分大。其优点是药芯中各种合金成分的比例可以任意调整，从而可以得到任意成分的焊缝金属或堆焊层，合金的损失比较少。其缺点是不易制造，成本高，药芯成分的混合不易达到均匀，因而焊缝的成分也不够均匀。

3. 采用普通焊丝配以含有合金元素的焊条药皮或焊剂

这种方式是把需要的合金元素以纯金属或铁合金的形式加到焊条药皮或非熔炼焊剂中，配合普通焊丝使用，焊接时合金元素由熔渣过渡到熔滴或熔池中。它的优点是简单方便，制造容易，但由于氧化损失较大，并有一部分残留在渣中，故合金元素利用率较低。当采用黏结焊剂进行埋弧焊时，焊缝金属的成分受焊接工艺，尤其是电弧电压的影响比较大，焊接参数的波动易造成焊缝成分不均匀。

4. 采用合金粉末

这种方式是将所需要的合金按比例配制成具有一定颗粒度的粉末，把它输送到焊接区或直接撒在被焊件表面上或坡口内，在热源作用下合金粉末与金属熔合后就形成合金化的焊缝或堆焊层金属。其优点是不必经过轧制、拔丝等工序制作合金粉末，合金比例可任意配制，合金元素的损失不大；缺点是焊缝金属成分的均匀性差一些。

应当指出，在药皮、药芯和焊剂中的某些合金元素的氧化物，也可以通过还原反应对焊缝金属起到合金化的作用，如 SiO_2 和 MnO 的还原反应可使焊缝增硅和增锰。但这种合金化的程度是有限的，而且易造成焊缝增氧，也难以保证焊缝成分的均匀性和稳定性。

上述合金过渡的方式在实际生产中可根据具体条件和要求来选择，有时可以两种方式同时使用。

二、合金化的理论分析

通过焊丝进行合金过渡的过程比较简单。焊丝熔化后，合金元素就溶解在液态金属中。这里要讨论通过药皮、焊剂和药芯焊丝进行合金过渡的过程。

(一)合金化的方式

焊接时熔滴和熔池既与气相接触，又与熔渣接触。试验表明，合金过渡过程主要是在液态金属与熔渣的界面上进行的，而通过合金元素蒸气和离子过渡是很少的。合金剂的熔点一般比较高，多数情况下是来不及完全熔化就以颗粒状悬浮在液态熔渣中。由于熔渣的运动使一部分合金剂的颗粒被带到熔渣与液态金属的界面上，并被液态金属的表面层所溶解，然后由表面层向金属内部扩散，并通过搅拌作用使成分均匀化。另外，悬浮在渣中的合金剂颗粒还有一部分没有被带到熔渣与金属的界面上，或虽被带到界面上，但因接触时间很短而没来得及过渡到金属中去。这时，随着温度的下降，它们被凝固在渣中，通常称为残留在渣中的损失。

(二)在合金化过程中各阶段的作用

在第一章中已指出，当药皮厚度 $h < h_0$（临界药皮厚度）时，全部熔渣都可以与熔滴相互作用；当 $h > h_0$ 时，则只有一部分熔渣与熔滴作用，另一部分直接流入熔池。合金过渡时也发生这种情况。如图 2－52 所示，当 $K_b \leqslant 0.4$ 时，熔滴中的含锰量等于熔敷金属中的含锰量，并随 K_b 的增加而 4，说明合金过渡过程几乎全部是在熔滴阶段完成的。当 $K_b > 0.4$ 时，熔滴的含锰量与 K_b 无关，为一常数，而熔敷金属中的含锰量却直线增加，这意味着有一部分熔渣直接与熔池作用，使熔池阶段的合金过渡过程加强。随着药皮厚度的增加，熔池阶段在合金过渡过程中的作用逐渐增大。这使焊缝成分的不均匀性和力学性能的分散度增大，制造焊条时必须注意这一点。

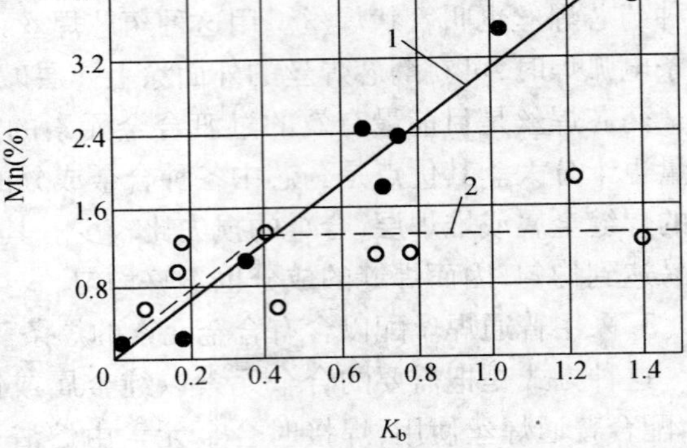

图 2－52 锰在熔滴和熔敷金属中的含量与 K_b 的关系

1—熔敷金属中；2—熔滴中

（三）合金过渡时的物质平衡

通过药皮、焊剂和药芯合金过渡时，合金元素的平衡关系为

$$M_d = M_0 - (M_{SL} + M_{0x}) \tag{2-27}$$

式中 M_d——过渡到熔敷金属中的某元素量；

M_0——某元素的原始含量；

M_{SL}——残留在渣中自由的某元素量；

M_{0x}——被氧化（或由于其他反应损失）的某元素量。

试验表明，残留损失与合金剂的密度和粒度无关，熔渣成分对它的影响也很小。实际上，在渣中含量相同的条件下，各种元素的残留损失是大致相同的。增加熔池的存在时间，加强搅拌运动可以减少残留损失。合金元素的氧化损失，取决于元素对氧的亲和力、气相和熔渣的氧化性等因素。

在 $MgO - Al_2O_3 - CaF_2$ 系黏结焊剂埋弧焊的条件下，假定锰的原始含量为 100%，用式（2－27）计算了锰的平衡关系，结果列于表 2－28。可以看出，锰的残留损失是相当大的，不可忽视。在氧化损失中，熔池中的氧化损失所占的比例较大。残留损失和氧化损失的比例主要取决于药皮或焊剂的氧化性。

三、合金元素的过渡系数及影响因素

（一）合金过渡系数的概念

在对焊缝金属的合金化过程中，焊接材料中的合金化元素会因蒸发、氧化及残留而发生损失，不可能完全过渡到焊缝之中。为衡量合金化元素的利用率，引入了过渡系数的概念。

所谓的过渡系数是指某合金化元素在熔敷金属中的实际质量分数与其在焊接材料中的原始质量分数之比，即

$$\eta = \frac{\omega(M_d)}{\omega(M_e)} \tag{2-25}$$

式中 η——合金化元素的过渡系数；

$\omega(M_d)$——合金化元素在熔敷金属中的实际质量分数；

$\omega(M_e)$——合金化元素在焊接材料中的原始质量分数。

通过焊接试验和检测分析，可以确定合金化元素在熔敷金属中的实际质量分数 $\omega(M_d)$，再根据已知的合金化元素在焊接材料中的原始质量分数 $\omega(M_e)$，由式(2－25)计算出合金化元素的过渡系数 η，见表 2－28。

表 2－28 各种合金化元素的过渡系数

焊接方法	焊丝或焊芯	焊剂或药皮	过渡系数 η									
			C	Si	Mn	Cr	W	V	Nb	Mo	Ni	Ti
无保护焊	H70W10Cr3Mn2V	——	0.54	0.75	0.67	0.99	0.94	0.85	—	—	—	—
氩弧焊		——	0.80	0.78	0.88	0.99	0.99	0.98	—	—	—	—
埋弧焊		HJ251	0.53	2.03	0.59	0.83	0.83	0.78	—	—	—	—
		HJ431	0.33	2.25	1.13	0.70	0.89	0.77	—	—	—	—
CO_2焊		——	0.29	0.72	0.60	0.94	0.96	0.68	—	—	—	—
	H18CrMnSi	——	0.60	0.71	0.69	0.92	—	—	—	—	—	—
焊条电弧焊		赤铁矿	0.22	0.20	0.05	0.25	—	—	—	—	—	—
		大理石	0.28	0.10	0.14	0.80	—	—	—	—	—	—
		石英	0.20	0.10	0.14	0.43	—	—	—	—	—	—
		氟石	0.67	0.88	0.38	0.89	—	—	—	—	—	—
	H08A	钛化钙	—	0.71	0.38	0.77	—	0.52	0.80	0.60	0.96	0.13
		氧化铁型—	0.71～0.27	0.38～0.12	0.64	—	—	—	0.71	—	—	—
		低氢型	—	0.14～0.27	0.45～0.55	0.72～0.82	—	0.59～0.64	—	0.83～0.86	—	—

在已知合金化元素的过渡系数 η 的条件下，可根据它在焊接材料中的原始质量分数 $\omega(M_e)$，计算出该合金化元素在熔敷金属中的实际质量分数 $\omega(M_d)$；反之，可根据所要求的合金化元素在熔敷金属中的质量分数 $\omega(M_d)$，计算出该合金化元素在焊接材料中应具有的质量分数 $\omega(Me)$。

应当指出，式(2－25)是总的合金过渡系数，它不能说明合金元素由焊丝和药皮每一方面过渡的情况。实际上，这两种过渡形式的合金过渡系数是不相等的，尤其是当药皮氧化性较强时更为明显(表 2－29)。只有在药皮氧化性很小，且残留损失不大的情况下，它们的过渡系数才接近相等。在一般情况下，通过焊丝过渡时过渡系数大，而通过药皮过渡时过渡系数较小，为简化计算，通常都用总过渡系数。

表 2-29 锰的过渡系数

含锰量及过渡系数/%	药皮类型		
	氧化铁型	钛铁矿性	氧化锰性
药皮含锰量	9.0	4.3	5.4
焊芯含锰量	0.14～1.3	0.14～1.3	0.14～1.33
熔敷金属含锰量	0.77～1.2	0.77～1.28	0.55～1.04
总过渡系数	8.4～11.8	15.6～21.6	10～15
由焊丝过渡的系数	42	45	33
由药皮过渡的系数	7～8	14～17	9.1～1.5

(二)影响过渡系数的因素

1. 合金元素对氧的亲和力

不同的合金元素的过渡系数与其与氧的亲和力有密切关系。通常情况下,元素过渡系数由大到小的顺序与其与氧的亲和力由小到大的顺序大体一致。在1800 ℃左右,元素对氧的亲和力的顺序从大到小按下列排列:

Al、Zr、Mg、C、B、Ti、Si、V、Mn、Nb、Cr、Fe、Mo、W、P、S、Co、Ni、Cu

$\longrightarrow$

对氧的亲和力从大到小

位于铁右面的元素几乎无氧化损失,只有残留损失,故过渡系数大,其中亲和力最小的Ni、Cu在多数情况下可认为$\eta=1$;位于铁左面的元素与氧的亲和力依次增大,最左面的Ti、Zr、Al因对氧亲和力很大,氧化损失严重,为了使这类难于过渡的元素过渡到焊缝中去,必须创造低氧甚至无氧的焊接环境,如需采用焊剂或惰性气体保护等。不同介质条件下,几种合金元素的过渡系数见表2-30。

表 2-30 不同介质条件下的合金过渡系数

焊接条件	合金过渡系数 η					
	C	Si	Mn	Cr	W	V
空气中无保护	0.54	0.75	0.67	0.99	0.94	0.85
工业纯氩气	0.80	0.97	0.88	0.99	0.99	0.98
CO_2中	0.29	0.72	0.60	0.94	0.96	0.68
HJ251层下	0.53	2.03	0.59	0.83	0.83	0.78

当用几种合金元素同时进行合金化时,只有在无氧条件下,才可以认为其中各种元素的过渡是彼此无关的,在有氧的情况下,其中对氧的亲和力大的元素保护了对氧亲和力小的元素,即通过前者的氧化减少了后者的氧化损失,提高了后者的过渡系数。因此,在过渡合金元素时,需选用对氧的亲和力更大的元素作脱氧剂。例如,在碱性药皮中加入铝和钛,可以提高硅和锰的过渡系数。

2. 合金元素的物理性质

物理性质中影响过渡系数的是合金元素的沸点。沸点越低,焊接时其蒸发损失量越大,过渡系数降低。例如,锰很容易蒸发,故在其余条件相同的情况下,它的过渡系数较小。

3. 焊接区介质的氧化性

焊接时焊接区介质的氧化性大小对合金元素的过渡系数影响极大。例如，硅在纯氩气环境中焊接时，过渡系数高达97%；在CO_2焊时，只有72%。故在焊接高合金钢或某些合金时，要求在无氧化性介质中进行焊接而避免合金元素的氧化损失。

4. 合金元素的粒度

增加合金元素的粒度，其比表面积减小，氧化损失减少，而残留损失不变，故过渡系数增大。把锰、硅、铬和碳轮流加入以$Al_2O_3-CaF_2-MgO$为基的黏结焊剂中进行试验，证明了上述结论(表2－31)。但是，如果颗粒过大，则不易熔化，可能使残留损失增大，合金过渡系数减小。

表2－31 合金元素粒度与过渡系数的关系

粒度/μm	过渡系数η			
	Mn	Si	Cr	C
<56	0.37	0.44	0.59	0.49
56～125	0.40	0.51	0.62	0.57
125～200	0.47	0.51	0.64	0.57
200～250	0.53	0.58	0.67	0.61
250～355	0.54	0.64	0.71	0.62
355～500	0.57	0.66	0.82	0.68
5007～00	0.71	0.70	—	0.74

对于不易被氧化的合金元素或在无氧条件下焊接，颗粒度大小对过渡系数大小无影响。例如，在无氧条件下钼粉的粒度由0.05 mm变化到0.3 mm，其过渡系数是一样的。

5. 合金元素的含量

试验表明，随着药皮(或焊剂)中合金元素含量的增加，其过渡系数在开始时也相应地增大。当它的含量超过某个值时，其过渡系数趋于不变，如图2－53、图2－54所示。这是因为合金化元素的含量初始增加时，氧化损失减小，故过渡系数增加；但合金化元素的含量增加到一定值时，会使渣中的残留损失增加，氧化损失和残留损失的总和不再变化，故过渡系数基本维持不变。

增加焊接材料中合金元素的含量引起两个相反的结果：

(1)使药皮(焊剂)中其他成分的含量(其中包括氧化剂的含量)减少，因此药皮(焊剂)的氧化能力减弱，合金元素的过渡系数增大；

(2)使合金元素残留在渣中的损失增加，药皮(焊剂)的保护性能变坏，故合金元素的过渡系数应当减少。

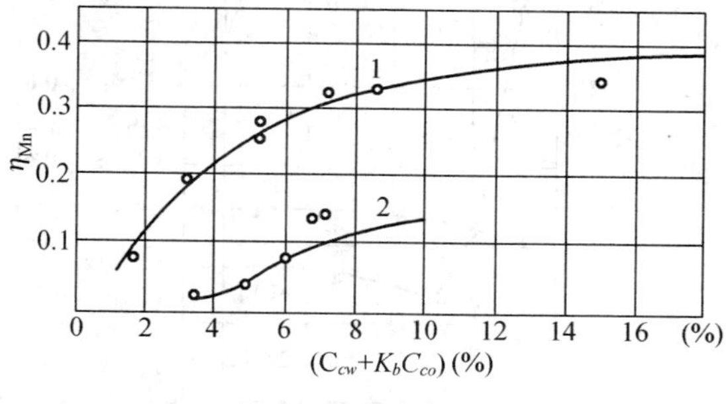

图2－53 锰的过渡系数与其在焊条中含量的关系

1—碱性渣；2—酸性渣

C_{cw}—锰在焊芯中的含量；C_{co}—锰在药皮中的浓度

K_b—药皮重量系数

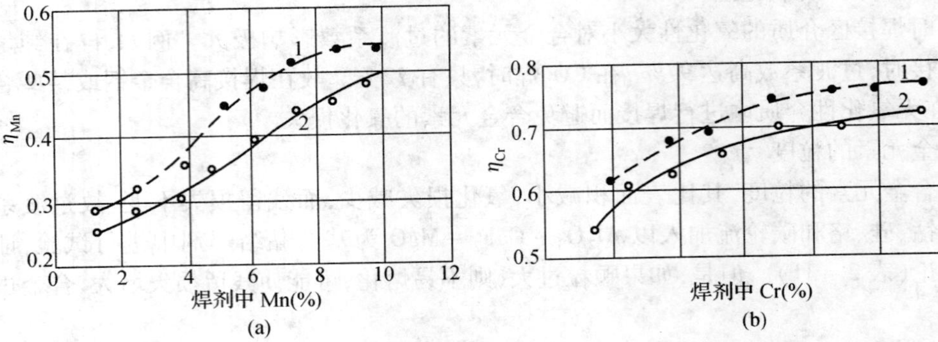

图 2-54 锰与铬的过渡系数与其在焊剂中含量的关系

(a)锰过渡;(b)铬过渡 1—正极性;2—反极性

开始时,第二种因素的作用很小,η 增大;随着合金元素的增加,第二种因素的作用增大,η 减小。综合考虑,在焊接材料中合金元素的增加要适量。

6. 药皮(焊剂)的成分

药皮(焊剂)的成分决定了熔渣的氧化性、碱度、动力黏度等性能,因此对过渡系数影响较大。药皮或焊剂的氧化性越大,则气相与熔渣的氧化性越大,则氧化损失越大,合金元素的过渡系数越小。在焊芯和药皮重量系数相同的情况下,赤铁矿和大理石的氧化性最强,甚至超过了空气和 CO_2,故合金元素的过渡系数很小。而 CaF_2 和 $CaO-BaO-Al_2O_3$ 渣系的氧化性很小,过渡系数较大。因此,要过渡大量合金化元素时,宜采用低氧或无氧药皮或焊剂。

当合金元素与其氧化物在药皮(焊剂)中共存时,根据质量作用定律,可抑制元素的氧化反应,也有利于提高其过渡系数。

若其他条件相同,则合金元素的氧化物与熔渣的酸碱性相同时,有利于提高其过渡系数;反之,则降低其过渡系数,图 2-55 说明了这一规律的正确性。SiO_2 是酸性的,所以随熔渣碱度增加,硅的过渡系数减小;锰的氧化物 MnO 是碱性的,故锰的过渡系数随熔渣碱度的提高而提高。

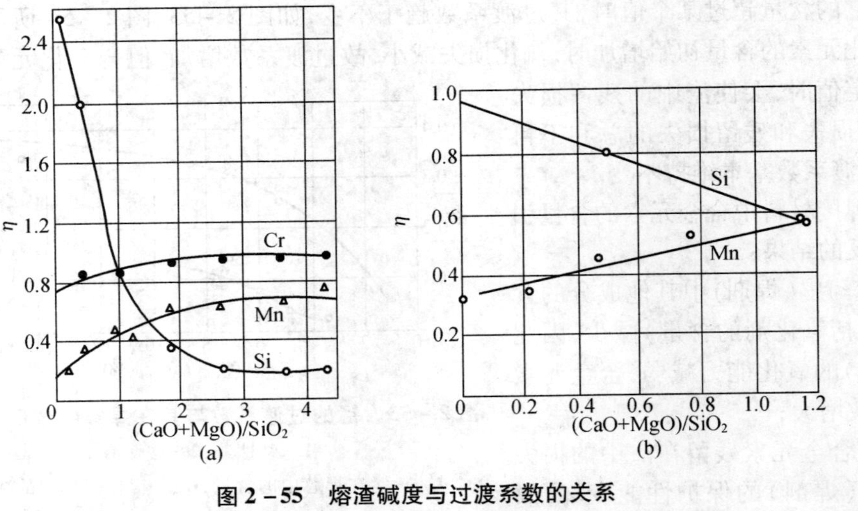

图 2-55 熔渣碱度与过渡系数的关系

(a)药皮含 20% 大理石,焊芯 H06Cr19Ni9Ti;(b)无氧药皮,焊芯 H08A

7. 药皮重量系数和焊剂熔化率

当合金化元素在药皮中的含量一定时，增加药皮的重量系数，会使氧化损失和残留损失增加，合金过渡系数减小，如图 2－56 所示。因为药皮增加，焊接时形成的熔渣增厚，合金进入熔池所通过的路程增长，使在渣中残留量和氧化损失也有所增加。

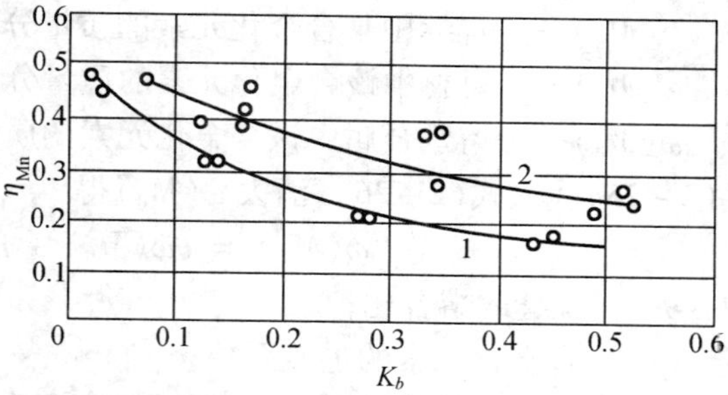

图 2－56 锰的过渡系数与药皮重量系数的关系

1—含锰铁 20%；2—含锰铁 50% 药皮中大理石和萤石的比例为 1.27∶1

用黏结焊剂进行埋弧焊时，增加焊剂熔化率（熔化的焊剂质量与熔化的焊丝质量之比），一般会导致残留损失增加，合金元素的过渡系数随而减小。

8. 焊接方法和焊接参数

焊剂熔化率主要随电弧电压变化。电弧电压增加，焊剂熔化率增大。极性变化也影响焊剂熔化率，反极性时，焊丝是阳极，温度比正极性时高，焊剂的熔化量也比正极性时大，如图2－57所示，焊剂熔化率增加，锰、铬过渡系数减小。

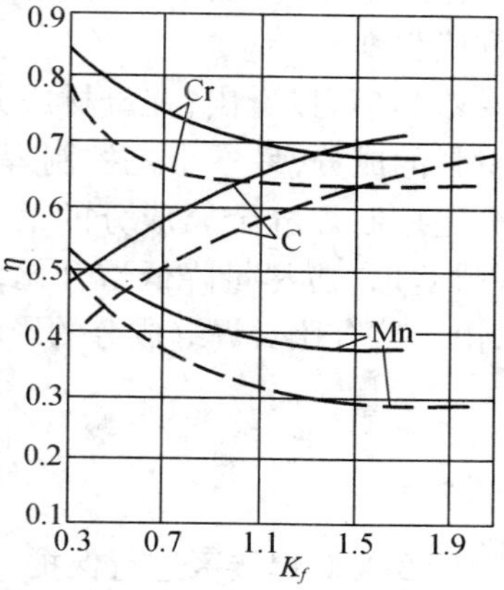

图 2－57 过渡系数 η 与焊剂熔化率 K_f 的关系（黏结焊剂）

实线—焊丝直径 Φ5 mm；虚线—焊丝直径 Φ3 mm

K_f—焊剂熔化率，即在相同时间内的焊剂与熔化的焊丝质量之比

由以上分析可知，影响合金元素的过渡系数的因素来自材料、焊接工艺等各个方面。同一焊丝用于不同的焊接方法，或是同一元素在不同的合金系统中，过渡系数不尽相同。所以，在实际生产中，必须事先在与生产完全相同的条件下进行试验，这样获得的结果才能用于指导生产。

四、熔合比及焊缝成分的控制

如前所述，通过合金化可以调整焊缝的成分以及组织和性能。但焊缝的成分不仅取决于所用的焊接材料，而且也取决于被焊母材本身。为衡量二者的共同影响，根据熔合比的定义，将熔合比表示为

$$\theta = \frac{m_b}{m_b + m_d}$$

式中 θ——焊缝的熔合比；

m_b—焊缝中熔化母材所占的质量；

m_d—焊缝中熔敷金属所占的质量。

由此，可以计算出焊缝金属中任意合金元素的质量分数，即

$$\omega(M_w) = \theta\omega(M_b) + (1-\theta)\omega(M_d) \tag{2-26}$$

式中 $\omega(M_w)$——焊缝中某合金化元素的质量分数；

$\omega(M_b)$——母材中该合金化元素的质量分数；

$\omega(M_d)$——熔敷金属中该合金化元素的质量分数。

将式(2-25)代入式(2-26)，消去 $\omega(M_d)$ 得

$$\omega(M_w) = \theta\omega(M_b) + \eta(1-\theta)\omega(M_e) \tag{2-27}$$

式中 θ——焊缝的熔合比；

η——合金化元素的过渡系数；

$\omega(M_e)$——焊接材料中合金化元素的质量分数。

由式(2-27)可以看出，若已知焊缝的熔合比、合金化元素的过渡系数 η 及其在母材和焊接材料中的质量分数 $\omega(M_b)$ 和 $\omega(M_e)$，则可计算出该合金化元素在焊缝金属中的质量分数 $\omega(M_w)$。也就是说，可以计算出焊缝金属的化学成分，而计算的准确度取决于所选取的已知数据的准确程度。

由式(2-27)还可以看出，在母材成分一定时，焊缝成分的控制主要有两个途径：一个是调整焊接材料的成分，另一个是控制焊接工艺来改变熔合比及过渡系数。其中，调整焊接材料的成分是控制焊缝金属成分的最主要手段，而改变熔合比可进一步控制焊缝的成分。例如，在堆焊时，应尽量降低熔合比，以减小母材对堆焊层成分及性能的影响；而在异种钢焊接时，由于熔合比对焊缝成分的影响很大，应根据确定的熔合比来选择焊接材料。

思考题

2-1 为什么要对焊接区进行保护？可采用的保护方式及其效果怎样？

2-2 焊接化学冶金分为哪几个反应区，各区有何特点？

2-3 焊接区内有哪些气体？它们从何而来？

2-4 说明氢在焊缝及热影响区中的溶解及扩散行为。

2-5 论述氧化性气体对金属的氧化作用。

2-6 说明熔渣的种类、性质及其作用。

2-7 什么是长渣和短渣，其适用性有何不同？

2-8 熔渣的分子理论、离子理论及分子—离子共存理论的基本内容是什么？

2-9 论述焊接熔渣对金属的氧化途径及影响因素。

2-10 焊缝金属脱氧的途径有哪些，脱氧效果如何？

2-11 脱氧剂应符合哪些条件？

2-12 氢对焊接质量有哪些影响，如何加以控制？

2-13 论述氧对焊接接头的危害及控制措施。

2-14 论述硫和磷对焊接接头的危害及控制措施。

2-15 焊缝金属合金化的目的是什么，如何实现？

2-16 在合金化方式中，通过焊芯或带极过渡合金元素效果较好，其应用受哪些限制？

第三章 焊接材料

焊接材料是焊接时所消耗材料的统称，包括焊条、焊丝、焊剂和保护气体等，也包括对焊缝进行合金化的各种类型材料，如合金粉末等。

焊接手段始终贯穿于焊接结构的生产，焊接材料就成为焊接结构重要的组成部分。高质量的焊接结构，必须有优质的焊接材料保证。但是焊接材料种类繁多，性能、用途及表示方法各不相同。实际生产中，为有效提高生产率，降低生产成本，改善施焊人员的劳动条件，特别是生产出优质的焊接接头，合理选择优质的焊接材料就成为焊接结构制造中极其重要的环节。因此，焊接技术人员应全面掌握常用焊接材料的性能特点，才能有效控制焊缝金属的成分与性能，结合合理的焊接工艺，从而获得优质的焊接接头。

本章主要介绍焊条、焊剂及焊丝的分类、性能及应用。重点分析焊条、焊丝相关知识，简述焊条的设计程序及制造过程。

第一节 焊 条

焊条是一种熔化电极，涂有药皮，供焊条电弧焊使用。焊条由药皮及焊芯两部分组成。焊接时熔化的焊芯和母材共同形成焊缝，而药皮则起到对焊接区进行保护及化学冶金作用，所以焊条的质量直接影响焊接过程的稳定，并决定着焊缝金属的成分及性能，因而对焊接质量产生重要影响。

一、焊条的分类

焊条的分类方法很多，可分别按用途、熔渣的碱度、焊条药皮的主要成分及焊条性能等不同角度进行分类。

(一)按用途分类

根据焊条分类相应标准，按焊条牌号可将焊条分为以下十一类。

1. 碳钢焊条　现行国家标准 GB/T5117－1995《碳钢焊条》，如“J422”焊条。

2. 低合金钢焊条　现行国家标准 GB/T5118－1995《低合金钢焊条》。

3. 钼和铬钼耐热钢焊条　此类焊条在国家标准中多属于低合金焊条，小部分属于不锈钢焊条。现主要执行国家标准 GB/T5118－1995《低合金钢焊条》，主要是对耐热钢进行焊接，如“R310”、“R317”焊条。

4. 低温钢焊条　此类焊条大部分属于低合金钢焊条，即执行国家标准 GB/T5118－1995《低合金钢焊条》，如“W607”焊条。

5. 不锈钢焊　又可细分为铬不锈钢焊条和铬钼不锈钢焊条。现执行国家标准 GB/T983－1995《不锈钢焊条》，如“A102”、“ G307”等。

6. 堆焊焊条　执行国家标准 GB/T984－2001《堆焊焊条》，用于焊条电弧焊对工件耐磨、耐热及耐蚀表面进行堆焊，如“D307”焊条。

7. 铸铁焊条　此类焊条现执行国家标准 GB/T10044－2006《铸铁焊条及焊丝》，主要用于焊条电弧焊对铸铁件进行修复，如"Z248"焊条。

8. 镍及镍合金焊条　对应的国家标准为 GB/T13814－1992《镍及镍合金焊条》。

9. 铜及铜合金焊条　对应的国家标准为 GB/T3670－1995《铜及铜合金焊条》，主要针对纯铜和青铜进行焊条电弧焊，如"T107"、"T207"焊条。

10. 铝及铝合金焊条　现执行国家标准 GB/T3669－2001《铝及铝合金焊条》，如"L109"焊条。

11. 特殊用途焊条　此类焊条主要用于特殊环境及特殊材料的焊接，如水下切割、水下焊接、厚板开坡口及铁锰铝合金焊接等特殊生产领域，表示方法为 TS。

（二）按熔渣碱度（酸碱性）分类

根据熔渣的碱度，即按熔渣中酸性氧化物和碱性氧化物的比例来划分。

1. 酸性焊条　药皮中含有大量的 TiO_2、SiO_2 等酸性氧化物及一定数量的碳酸盐，熔渣氧化性强，施焊后熔渣呈酸性。酸性焊条焊接工艺性好，电弧稳定，可交、直流两用，焊接时飞溅小、流动性好，焊缝成型美观且脱渣性好，但其氧化性较强，合金元素烧损较多，焊缝金属塑性和韧性较差。如"J422"焊条。

酸性焊条的操作特性：对水、锈的敏感性不大，使用前需经 100～150 ℃烘干，保温时间 1h；焊接时可使用较大的焊接电流，可以长弧操作，焊缝金属熔深较浅。

2. 碱性焊条（低氢型）　药皮中含有大量碱性造渣物（大理石、氟石），焊后熔渣呈碱性。碱性焊条脱硫效果好，故熔敷金属抗热裂能力较强，其焊缝金属中氧和氢的含量较低且非金属杂质少，所以具有较高的塑性和冲击韧性。但碱性焊条焊接时电弧稳定性差，一般多采用直流反接，焊接时对铁锈、水分较敏感且焊接过程中烟尘较大，生产中多用于较重要的焊接结构，如承受动载荷或刚性较大的结构。如"J507"焊条。

碱性焊条的操作特性：焊条使用前需经 250～300 ℃烘干，保温时间 2h；焊接时电流比同规格酸性焊条约小 10%；为防止气孔，应短弧操作。

3. 碱性焊条和酸性焊条区别

碱性焊条和酸性焊条相比，具备以下特点。

(1) 机械性能好　碱性焊条的焊缝金属中，有益合金元素（Mn）比酸性焊条多，而有害元素（如 H、O、N、S、P）比酸性焊条少。

(2) 焊缝金属抗裂纹能力强　主要原因是焊缝金属中 H 含量低。

(3) 工艺性能差、对铁锈、油及水的敏感性大，焊接时有毒烟尘较多。

（三）按药皮主要成分分类

因药皮配方组成不同，故各种药皮类型焊条的熔渣特性、焊接工艺性能及焊缝金属力学性能都有很大差别。焊条药皮类型主要包括：钛型、钛钙型、钛铁矿型、氧化铁型、纤维素型、低氢钠型、低氢钾型、铁粉低氢型、石墨型及盐基型等多种类型。

（四）按焊条性能分类

根据特殊使用性能要求而专门制造的焊条是此类分类方法的主要依据。按性能要求可分为超低氢型、低尘低毒型、立向下焊、躺焊、打底层、高效铁粉型、防潮型、水下及重力焊条等。

二、焊条的型号和牌号

焊条型号是国家标准中对焊条规定的编号，而焊条牌号是焊条制造厂家对产品出厂的每种焊条标志的特定编号。焊条型号内容所规定的质量标准是焊条生产、使用、管理及新产品研究、开发所必须遵照执行的，而焊条牌号则容易造成同一型号焊条出现不同生产厂家的若干牌号。为方便使用，在实际生产中已经趋向按焊条型号统一管理。

（一）焊条的型号

焊条型号的编号可用来区别各种焊条熔敷金属的力学性能、化学成分、药皮类型、焊接位置和焊接电流种类。标有型号的焊条，其技术要求、性能指标、检验方法都按国家标准的规定进行。国家标准中通常只规定该种焊条最基本的要求，焊条国家标准中不可能包括所有的焊条。

1. 碳钢焊条

符合国家标准 GB/T5117 – 1995《碳钢焊条》（见附表 2 – 1），其型号表示方法为“Exxxx”。

其中“E“表示焊条，前两位数字表示熔敷金属抗拉强度的最小值，单位为 9.8 MPa。第三位数字代表焊条可焊接的位置(0 和 1 表示焊条适于全位置焊接，2 表示焊条适于平焊及平角焊，4 表示焊条可用于立向下焊)，而后两位数字组合表示焊接电流种类及药皮类型。

最后两位数字组合又包含多种表示方法，分别介绍如下：

(1)“00”表示特殊型药皮，可交、直流两用；

(2)“01”表示钛铁矿型药皮，可交、直流两用；

(3)“03”表示钛钙型药皮，可交、直流两用；

(4)“10”表示高纤维钠型药皮，直流反接；

(5)“11”表示高纤维钾型药皮，交流或直流反接；

(6)“12”表示高钛钠型药皮，交流或直流正接；

(7)“13”表示高钛钾型药皮，可交、直流两用；

(8)“14”表示铁粉钛型药皮，可交、直流两用；

(9)“15”表示低氢钠型药皮，直流反接；

(10)“16”表示低氢钾型药皮，交流或直流反接；

(11)“20”表示氧化铁型药皮，可交、直流两用；

(12)“24”表示铁粉钛型药皮，可交、直流两用；

(13)“28”、“48”同属铁粉低氢型药皮，都适用于交流或直流反接电源。其中“28”型适用于平焊和平角焊，而“48”型仅适用于立向下焊。

在第四位数字后附加“R”表示耐吸潮焊条，附加“M”表示耐吸潮和力学性能有特殊规定的焊条，附加“ –1”表示冲击性能有特殊规定的焊条。

例　E4303：“E”表示焊条，“43”表示熔敷金属 $\sigma b \geq 420MPa$，“0”表示焊条可用于全位置焊接，即平、横、立、仰全可使用，“03”表示钛钙型药皮，可交、直流两用。

2. 低合金钢焊条

低合金钢焊条符合国家标准 GB/T5118 – 1995《低合金钢焊条》（见附表 2 –2），其型号主要表示方法为“Exxxx” – X。

低合金钢焊条型号表示方法和碳钢焊条相似。字母“E“表示焊条，前两位数字表示熔敷金属抗拉强度的最小值，第三位数字表示焊条的焊接位置，第三位和第四位数组合时表示焊接电流种类及药皮类型。后缀字母为熔敷金属的化学成分分类代号，并以短划“-”与前面数字分开，若还具有附加化学成分时，附加化学成分直接用元素符号表示，并在短划“-”与前面后缀字母分开。其中E50XX-X、E55XX-X、E60XX-X型低氢焊条在熔敷金属化学成分分类后缀字母或附加化学成分后面加字母“R”时，表示耐吸潮焊条。如后缀字母X代表熔敷金属化学成分分类代号如A1、B1、B2等附加符号（见附表2-4），可参考《金属材料焊接》教材。

按强度级别，低合金钢焊条主要包括：

(1) E50系列-熔敷金属抗拉强度≥490 Mpa(50 kgf/mm^2)；

(2) E55系列-熔敷金属抗拉强度≥540 Mpa(55 kgf/mm^2)；

(3) E60系列-熔敷金属抗拉强度≥590 Mpa(60 kgf/mm^2)；

(4) E70系列-熔敷金属抗拉强度≥690 Mpa(70 kgf/mm^2)；

(5) E75系列-熔敷金属抗拉强度≥740 Mpa(75 kgf/mm^2)；

(6) E85系列-熔敷金属抗拉强度≥830 Mpa(85 kgf/mm^2)；

(7) E90系列-熔敷金属抗拉强度≥880 Mpa(90 kgf/mm^2)。

例 E 50 1 8 —A1

- A1：表示熔敷金属化学成分分类代号
- 8：表示焊条药皮为铁粉低氢型，可采用交流或直流反接焊接
- 1：表示焊条适用于全位置焊接
- 50：表示熔敷金属抗拉强度的最小值
- E：表示焊条

E 55 1 5 —B3 — V W B

- B：表示熔敷金属中含有硼元素（见表2）
- W：表示熔敷金属中含有钨元素（见表2）
- V：表示熔敷金属中含有钒元素（见表2）
- B3：表示熔敷金属化学成分分类代号
- 5：表示焊条药皮为低氢钠型，可采用直流反接焊接
- 1：表示焊条适用于全位置焊接
- 55：表示熔敷金属抗拉强度的最小值
- E：表示焊条

3. 不锈钢焊条

不锈钢焊条执行国家标准GB/T983-1995《不锈钢焊条》。焊条型号编制方法：字母“E”表示焊条，“E”后面数字表示熔敷金属化学成分分类代号。如有特殊要求的化学成分，将该化学元素符号放在数字后面。短划“-”后面的两位数字表示焊条药皮类型、焊接位置及适用的焊接电流种类。

例 E 308－15

- 15：表示焊条为碱性药皮，适用于全位置焊接，可采用直流反接
- 308：表示熔敷金属化学成分分类代号
- E：表示焊条

E 410 NiMo－26

- 26：表示适用于全位置，采用直流反接电流，药皮为碱性或其他型
- NiMo：表示熔敷金属中 Ni 和 Mo 含量有特殊要求
- 410：表示熔敷金属化学成分分类代号
- E：表示焊条

4. 堆焊焊条

堆焊焊条执行国家标准 GB/T984－2001《堆焊焊条》，型号编制主要按熔敷金属化学成分及药皮类型进行划分。

堆焊焊条型号编制方法为：首字母“E”表示焊条，型号条二位“D”表示堆焊焊条。型号中第三位至倒数第三位表示焊条特点，用拼音字母或化学元素符号表示堆焊焊条的型号分类。堆焊焊条型号中最后二位数字表示焊条药皮类型及焊接电流种类，用“－”与前面符号分开。如在同一基本型号内又分为几个类型时，可用字母 A、B、C 等标志。如再细分可加注下角数字 1，2，3，…，如 A1，A2，A3，…，之后再用短划“－”与前面条符号分开。

例 E D P CrMo- A1-03

- 03：表示药皮类型为钛钙型，可使用交、直流电源
- A1：细分的型号
- CrMo：表示焊条含铬钼元素
- P：表示焊条型号分类（普通低合金钢）
- D：表示堆焊焊条
- E：表示焊条

注：第三位数字表示方法为：P－普通低中合金钢、R－热强合金钢 Cr－高铬钢、Mn－高锰钢、CrMn－高铬锰钢、CrN－高铬镍钢、D－高速刀具钢、Z－合金铸铁、ZCr－高铬铸铁、CoCr－钴基合金、W－碳化钨、T－特殊型。

5. 铸铁焊条

铸铁焊条执行国家标准 GB/T10044－2006《铸铁焊条及焊丝》。

铸铁焊条型号划分原则主要根据熔敷金属的化学成分及用途，其中字母“E”表示焊条，字母“Z”表示焊条用于铸铁焊接，在字母“EZ”后用熔敷金属主要化学元素符号或金属类型代号表示，如再细分时用数字表示。具体分类见表 3－1。

表 3－1 铸铁焊条型号分类

类 别	名 称	型 号
铁基焊条	灰口铸铁焊条	EZC
	球墨铸铁焊条	EZCQ
镍基焊条	纯镍铸铁焊条	EZNi
	镍铁铸铁焊条	EZNiFe
	镍铜铸铁焊条	EZNiCu
	镍铁铜铸铁焊条	EZNiFeCu
其他焊条	纯铁及碳钢焊条	EZFe
	高钒焊条	EZV

例 E Z C Q

- Q：表示熔敷金属中含有球化剂
- C：表示熔敷金属中类型为铸铁
- Z：表示焊条用于铸铁焊接
- E：表示焊条

E Z NiFe—1

- 1：表示细类编号为1
- NiFe：表示熔敷金属中主要元素为 Ni 和 Fe
- Z：表示焊条用于铸铁焊接
- E：表示焊条

6. 镍及镍合金焊条

镍及镍合金焊条执行国家标准 GB/T13814－1992《镍及镍合金焊条》规定。焊条型号中首位字母“E”表示焊条，“E”后面的元素符号 Ni 表示镍及镍合金焊条，在 Ni 后面用焊敷金属主要化学元素符号表示，再细分时用数字表示。

例 E NiCrFe -1 -15

- -15：表示焊条药皮为低氢钠型,采用直流反接电源
- -1：表示细分类序号为1
- NiCrFe：表示焊条熔敷金属中主要元素为镍 、铬及铁
- E：表示焊条

7. 铜及铜合金焊条

执行国家标准 GB/T3670－1995《铜及铜合金焊条》。铜及铜合金焊条的型号根据熔敷金属的化学成分划分。首字母“E”表示焊条，“E”后面的字母直接用元素符号表示型号分类，同一分类中有不同化学要求时，用字母或数字表示，并用短划线“－”与前面的元素符号分开。

8. 铝及铝合金焊条

执行国家标准 GB/T3669－2001《铝及铝合金焊条》。铝及铝合金焊条型号表示是根据焊态的焊缝力学性能及焊芯的化学成分来划分的。

(二)焊条的牌号

焊条牌号中没有区别焊接位置的编号，但某些焊条增加了特殊性能符号，如超低氢、高韧性打底焊等。为管理方便，国家权威部门规定了统一牌号的编制原则，即焊条牌号由代表焊条用途的字母及后缀三位数字组成，具体表示如下。

1. 结构钢焊条、低合金钢焊条　J(结)。
2. 钼和铬钼耐热钢焊条　R(热)。
3. 铬不锈钢焊条　G(铬)。
4. 铬镍不锈钢焊条　A(奥)。
5. 堆焊焊条　D(堆)。

6. 低温钢焊条　W(温)。
7. 铸铁焊条　Z(铸)。
8. 镍及镍合金焊条　Ni(镍)。
9. 铜及铜合金焊条 T(铜)。
10. 铝及铝合金焊条　L(铝)。
11. 特殊用途焊条　TS(特殊)。

焊条牌号表示方法:“符号(或汉字)XXX”,其中符号(或汉字)表示焊条的类型,而前二位数字表示各大类中的若干小类,最后一位数字表示药皮的类型及焊接电源种类。

前二位数字的表示方法在不同的焊条类别中代表的意义并不相同,如在结构钢焊条牌号中表示焊缝金属抗拉强度的最小值,在钼及铬钼耐钢焊条牌号表示化学成分类别,而在低温钢条牌号中则表示焊条的工作温度等级。

最后一位数字分别由不同的数字表示。如:1－氧化铁型,直流或交流;2－氧化钙型,直流或交流;3－钛钙型,直流或交流;4－氧化铁型,直流或交流;5－纤维素型,直流或交流;6－低氢钾型,直流或交流;7－低氢钠型,直流;8－石墨型,直流或交流;9－盐基型,直流。

J422 焊条,“J”表示碳钢焊条,“42”表示焊缝金属抗拉强度不低于 420 Mpa,最后一位数字“2”表示药皮类型为钛钙型,可使用直流或交流电源。

W607 焊条,“W”表示低温钢焊条,“60”表示工作温度 60 ℃,“7”表示药皮类型为低氢钠型,采用直流反接电源。

焊条型号与牌号是可对照的,详见附表 2－3。

三、焊条的组成

(一)焊芯

焊接时焊芯作为电极,可以传导焊接电流并产生电弧。熔化后作为填充金属,与熔化的母材共同组成焊缝金属。焊芯由专用的焊条钢盘条经拔丝、切断等工序后制成。

焊芯牌号的表示方法:“Hxx”＋“元素符号”(后有或无数字)＋字母,其中“H”表示焊接用钢丝;“xx”表示钢丝平均含碳量的万分之几;元素符号表示钢丝中含有合金元素,其后的数字代表合金元素含量的百分之几,当合金元素含量小于 1% 时不标出;最后的字母则表示钢丝的质量等级,A 表示优质,E 表示特级优质。

如焊芯 H08Mn2SiA 表示为含碳量为 0.08%,含 Mn 为 2%,含 Si 小于 1% 的优质焊丝。

一般碳钢和部分低合金钢焊条都选用低碳钢焊芯,常用的低碳钢焊芯有 H08A 和 H08E 两种牌号,其化学成分见表 3－2。

表 3－2　低碳钢焊芯的化学成分/%

牌号	C≤	Si＜	Mn	S≤	P≤	Ni≤	Cr≤	其他
H08A	0.10	0.030	0.30～0.55	0.030	0.030	0.30	0.20	≤0.20
H08E	0.10	0.030	0.30～0.55	0.020	0.020	0.30	0.20	≤0.20

随焊芯中含碳量增加,焊接时不仅焊缝中气孔、裂纹倾向增大,并拌有较大飞溅,导致

焊接稳定性下降。所以低碳钢焊芯的含碳量，应保证焊缝与母材等强度的前提下越低越好，故国标规定碳含量低于0.10%。

锰是焊芯中有益的合金元素，含量适度时可改善焊缝金属的综合力学性能，并可以脱氧，脱硫，一般要求低碳钢焊芯中Mn含量控制在0.30%～0.55%之间。

硅虽然也可脱氧，含量适度时可改善金属的综合力学性能，但焊接时易产生SiO_2，会在焊缝中形成硅酸盐夹杂物，导致焊缝中产生热裂纹。因此，希望焊芯中的硅越少越好。

铬、镍对低碳钢焊芯来说属于杂质，其来源是从冶炼原材料中混入的，如含量控制在规定范围内，对焊接质量并不会有明显影响。

硫、磷属于有害元素，在焊丝中应严格控制。焊芯钢丝的质量等级越高，对硫、磷控制越严格。

常用焊芯直径（焊条直径）最小为0.4 mm，最大为9 mm，如1.6，2.0，2.5，3.2，4.0，5.0 mm等。生产中根据被焊工件厚度、坡口形式及工件间距离来选择相应直径的焊条。

（二）药皮

焊条药皮是涂在焊芯表面的涂料层。焊接时药皮受热分解、熔化，形成气体和熔渣，对焊接区起到机械保护、冶金处理的作用，并改善焊条的工艺性能。

1.药皮原材料的作用

（1）稳弧　改善焊条的引弧性并提高电弧的稳定性。为保证稳弧性，在药皮中加入稳弧剂。稳弧剂指的是含低电离电位元素的物质，如碳酸钾、碳酸钠、水玻璃等。

（2）造气加入药皮的材料在焊接时能产生气体而起到保护熔池和熔滴金属的作用，通常把这类物质称为造气剂，造气剂主要包括有机物和碳酸盐等。

（3）造渣　在药皮中加入矿物材料和化工产品，焊接时形成的熔渣对液体金属起保护作用及冶金作用，可将这些物质称为造渣剂。

（4）脱氧　加入药皮中的金属材料，焊接时可对熔化金属起脱氧作用，这些金属材料就是脱氧剂。脱氧剂与氧的亲和力应比铁大，且脱氧剂本身及其产物对焊接区无任何副作用，在焊接过程中可保护金属不被氧化。常用的脱氧剂有锰铁、钛铁、硅铁等铁合金及铝粉。

（5）合金化　加入药皮中的金属材料，焊接时对熔化金属起掺合金作用，这类金属材料叫合金剂。常用的合金剂多为纯金属粉末或铁合金。

（6）稀释　稀释指的是降低熔渣的黏度、增加熔渣的流动性。例如，在$CaO-CaF_2-SiO_2$渣系的低氢型焊条药皮中，氟石有稀释作用。

（7）黏结

焊条制造中用来将配粉黏结在一起的物质称为黏结剂。通过黏结剂将药皮黏结在焊芯上，并使药皮达到一定的强度，在焊条生产中最常用的黏结剂是水玻璃。

（8）成形　成形指的是使药皮具有一定的塑性、弹性和流动性，以便于挤压并使药皮具有表面光滑而不开裂的能力。我们将可产生此种作用的物质称为成形剂，如钛白粉、白泥、云母、水玻璃及木粉等。

2.药皮的组成物

（1）矿物类　主要为各种矿石、矿砂等。常用的有大理石、氟石、金红石、钛铁矿、云母、白泥等。

大理石：焊条生产中使用的大理石（$CaCO_3$）含量≥95%，其主要作用为造气与造渣。大理石在600 ℃左右分解为CaO和CO_2，其中CaO为碱性氧化物，能提高熔渣的碱度，增强其脱硫、脱磷能力；而 CO_2 气体可对焊接区起到机械保护作用，阻止有害气体侵入，污染液体金属。

氟石（萤石）：焊条用氟石（CaF_3）含量 >92%，主要用于造渣和改善熔渣的物理化学性能。一方面 CaF_2 可降低碱性熔渣的熔点、黏度和表面张力，增加熔渣的流动性从而提高焊缝质量；另一方面，CaF_2 可以脱氢，可消除焊缝金属的冷裂倾向，有利于降低焊缝金属中的气体杂质。但氟石也给焊接带来一些副作用，如使电弧燃烧不稳定，产生有毒气体等，它是可溶性氟的主要来源。

金红石有天然金红石（TiO_2 含量≥92%）和人造金红石（TiO_2 含量≥85%）两种，它是钛型和钛钙型焊条药皮的主要组成物。金红石有稳弧和造渣作用，可调整熔渣的熔点、黏度、表面张力和流动性，有利于全位置施焊，改善焊缝成形，减少飞溅和咬边。因此药皮中金红石含量越多，焊条工艺性能越优良。

钛铁矿：化学表达式为 $FeTiO_3$。焊条用钛铁矿的成分是：TiO_2 含量≥45%，S 含量≤0.05%，FeO 含量 + Fe_2O_3≈50%，P 含量≤0.05%，SiO_2 含量≤5%，它是钛铁矿型焊条的主要造渣剂。在钛钙型焊条中通常加入一定数量的钛铁矿，用来节约金红石的用量。

长石：焊条用长石中一般 SiO_2 含量为 62% ~73%，Al_2O_3 含量为 17% ~24%，K_2O 含量 + N_2O 含量 >12%。药皮中加入长石的主要目的是造渣，它能调节熔渣的物理性能及提高熔渣的酸度。由于含 K_2O 及 Na_2O 使电稳弧定性得到提高，长石还有提高电弧电压、细化熔滴及提高焊条熔化系数的作用。

白泥、黏土、高岭土：他们的主要成分是 $SiO_2 + Al_2O_3 + nH_2O$，其主要作用是提高药皮的压涂性能和造渣。因组成物都含有结晶水，焊接时会使焊缝金属增氢，所以对要求焊缝金属含氢量低的焊条中不宜使用。

云母：层状结构的铝硅酸盐，其中 SiO_2 含量≈48%，Al_2O_3 含量≈36%，K_2O 含量 + N_2O 含量≈9%，此外还含有一定数量的结晶水。云母的主要作用是改善涂料的压涂性和造渣，并有助于提高电弧稳弧性；同时云母还有提高电弧电压，细化熔滴，提高焊条熔化系数的作用。但云母中含有结晶水，也会使焊缝金属增氢，故当要求焊缝金属含氢量很低时，应将云母里的结晶水处理掉以后再使用。

（2）铁合金和金属粉类　铁合金是铁和各种元素的合金，常用的有锰铁、硅铁、钛铁、钼铁、铬铁、钒铁、钨铁、硼铁、铝铁。由于铁合金比纯金属冶炼工艺过程简单，价格便宜，在焊缝中又会不产生副作用，因此焊条中所需要的合金剂和脱氧剂多以铁合金的形式加入药皮中，只是在有特殊要求时才用纯金属。常用的金属有铁粉、锰粉、铬粉及镍粉等。

锰铁是锰和铁的合金，按锰铁中含碳量的不同，又可分为高碳锰铁（C 含量≤7%）、中碳锰铁（C 含量≤1.5%）和低碳锰铁（C 含量≤0.5%），其主要作用是脱氧及合金化。用锰脱氧后生成 MnO，所以锰铁也附带有造渣作用。使用含碳量较高的锰铁时，焊缝有增碳现象。如要求焊缝金属含碳量较低，则宜使用低碳锰铁。同时因锰铁的含磷量高，应注意焊缝金属增磷的问题。

硅铁是硅和铁的合金，有高硅铁（Si 含量 =74% ~80%）和低硅铁（Si 含量 =40% ~47%）两种，其主要作用是合金化和脱氧。硅铁一般在碱性低氢型药皮中使用，硅脱氧后生成 SiO_2，因而也附带有造渣作用。

钛铁是铁和钛的合金（Ti 含量≥27%），多作为碱性焊条的脱氧剂。钛是一种活泼元素，对氧的亲和力大，脱氧效果好，钛脱氧后生成 TiO_2 也有造渣作用。用钛铁脱氧时，有微量钛元素过渡到焊缝中去，能细化晶粒、提高韧性。

(3)有机物类 主要是木粉、淀粉、糊精及纤维素等。纤维素的化学表达式为$(C_6H_{10}O_5)_n$,是焊条中常用的有机物,药皮里加入纤维素的主要目的是造气。它是电弧气氛中氢的主要来源,能降低电弧气氛的氧化性。纤维素还可改善涂料的压涂性能,提高药皮的强度,使药皮不易开裂。

(4)化工产品类 常用的有钛白粉、水玻璃、钾碱、纯碱及高锰酸钾等。

钛白粉:主要成分也是TiO_2(TiO_2含量≥97%),与金红石相似,但其化学结构和金红石不同。它主要起造渣和增塑作用,使涂料易于压涂,但改善焊条工艺性能的作用不如金红石。因国内金红石资源较少,在药皮中常以钛白粉代替部分金红石,可减少金红石的用量。

水玻璃:在焊条制造中,作为药皮粘接剂的有钠水玻璃($Na_2O \cdot SiO_2 \cdot nH_2O$)和钾水玻璃($K_2O \cdot SiO_2 \cdot nH_2O$)。钠水玻璃可以单独使用,而钾水玻璃则多与钠水玻璃混合后使用。当钾、钠水玻璃混合使用时,它还有显著的稳弧作用。此外,水玻璃和其他硅酸盐一样具有造渣、提高电弧电压、改变熔滴过渡形态的作用,但在碱性焊条中是增加焊条发尘量和有害物质可溶性氟的主要来源。反映水玻璃性质的指标为模数、浓度及黏度。

生产中,各种药皮原材料的作用往往不是单一的,而是同时起到几种作用。在选用药皮原材料时,一般以主要作用为根据,同时还必须注意某些原材料的副作用,如氧化、增氢、增硫和增磷等。

四、焊条的工艺性能

焊接时焊条的操作性能,即焊条的工艺性能,是衡量焊条质量的重要标志之一,焊条的工艺性能包括焊接电弧的稳定性、焊缝成形性、焊条对各种位置焊接的适应性、脱渣性、飞溅程度、焊条的熔化效率、药皮发红程度以及焊条发尘量等。

(一)焊接电弧的稳定性

焊接电弧的稳定性就是保持电弧持续而稳定燃烧的能力,对焊接过程能否顺利进行和焊缝质量都有显著的影响。

电弧稳定性与许多因素有关,焊条药皮的组成是其中最主要因素。焊条药皮组成决定了电弧气氛的有效电离电压,有效电离电压越低,电弧燃烧就越稳定。如在焊条药皮中加入少量的低电离电位物质,就可有效地提高电弧的稳定性。

酸性焊条药皮中的成形剂与造渣剂中都含有钾、钠等低电离电位物质,所以用交、直流电源焊接时电弧都能稳定燃烧。但在低氢钠型焊条药皮中含有较多的氟石,使电弧稳定性下降,所以必须采用直流电源。为提高电弧稳定性,在药皮中另加碳酸钾、钾水玻璃等稳弧剂后,则为低氢钾型药皮。

(二)焊缝成形性

焊缝成形好坏,是对焊缝进行外观检查最关健的项目之一。焊接时较好的焊缝成形,应该是表面波纹细致、美观,几何形状正确,焊缝余高量适中,焊缝与母材间过渡平滑、无咬边等缺陷。焊缝成形性与熔渣的物理性能有关,熔渣的熔点与黏度太高或太低,都会使焊缝的成形变坏。熔渣的表面张力对焊缝成形也有影响,熔渣的表面张力越小,对焊缝覆盖就越好。

(三)各种位置焊接的适应性

因焊接产品形式多种多样,故在实际生产中常需要进行平焊、横焊、立焊、仰焊等各种位置的焊接。虽然焊条种类复杂,但几乎所有的焊条都能适用于平焊,而很多种焊条进行横焊、立焊或仰焊时有困难，原因是进行横焊、立焊、仰焊的主要困难是重力的作用使熔池金属和熔渣下流，并妨碍熔滴过渡而不易形成正常的焊缝。为了克服上述困难，除正确选择焊接参数，掌握操作要领外，还应从焊条药皮配方上采取一定的措施。很明显，适当提高电弧和气流的吹力，可将熔滴推进熔池，并阻止液体金属和熔渣下流，同时熔渣应具有合适的熔点和黏度，使之能在较高的温度和较短时间内凝固。对熔渣来说，还应具有适当的表面张力，以阻止熔滴下流。

调整药皮的熔点和厚度，使焊接时焊条端部的套筒长度适当，从而可提高电弧和气流的吹力，为保证足够的气体，药皮中应加入一定量的造气物质。而熔渣的熔点与黏度要通过药皮的组成来调节。

近年来，国内焊条生产单位通过调整熔渣的熔点和黏度，提高药皮中造气剂的含量等措施，成功地研制了立向下焊条、管接头全位置下行焊条等专用焊条，其中立向下焊条已列入国家标准。

（四）脱渣性

脱渣性是指焊渣从焊缝表面脱落的难易程度。脱渣性差会显著降低生产率，尤其是多层焊时，另外，施焊时脱渣性差还易造成夹渣缺陷。

影响脱渣性的因素有熔渣的膨胀系数、氧化性、疏松度和表面张力等，其中熔渣的膨胀系数是影响脱渣性的主要因素。焊缝金属与熔渣的膨胀系数之差越大，脱渣越容易。钛型焊条低碳钢焊接时，熔渣与焊缝的膨胀系数相差最大，脱渣性较好；而低氢型焊条熔渣与焊缝金属膨胀系数相差最小，脱渣性较差。

熔渣氧化性对脱渣性的影响体现在当氧化性较强时会在焊缝表面生成一层以 FeO 为主的氧化膜。FeO 的晶格是体心立方晶格，要搭建在焊缝金属的 $\alpha-Fe$ 晶格上。氧化膜牢固地“粘”在焊缝金属表面，而熔渣中其他具有体心立方晶格的氧化物又搭建在氧化铁晶格上。这样，中间的氧化物起到了“黏结剂”的作用，使脱渣性变坏。在这种情况下，加强熔渣的脱氧能力，有助于改善脱渣性。

熔渣的疏松度和脆性对角焊缝和深坡口的底层焊缝的脱渣有较明显的影响。焊接时因熔渣夹在两个被焊表面之间，若熔渣结构致密、结实，则难以清除。如钛型焊条在平板堆焊时脱渣性很好，但在深坡口中就比较困难，主要就是由于熔渣比较致密。

（五）飞溅

飞溅是指在熔焊过程中液体金属颗粒向周围飞散的现象，飞溅太多会影响焊接过程的稳定性，增加金属的损失并影响到焊缝外面成形。

影响飞溅大小的因素也很多，如熔渣黏度增大、焊接电流过大、药皮中水分过多、电弧过长、焊条偏心等都会引起飞溅的增加。此外，在用直流电源时，施焊时如极性选择不当，飞溅也会增多，如低氢钠型焊条焊接时正接比反接飞溅大，交流焊比直流焊时飞溅大。

熔滴过渡形态、电弧的稳定性对飞溅也有很大影响。钛钙型焊条电弧燃烧稳定，熔滴以细颗粒过渡为主，飞溅较小；低氢型焊条电弧稳定性差，熔滴以大颗粒短路过渡为主，飞溅较大。

（六）焊条的熔化速度

焊条熔化速度是指单位时间内焊条熔化的长度。影响焊条熔化速度的因素主要有焊条药皮的组成、药皮厚度、电弧电压、焊接电流、焊芯成分及直径等，其中焊条药皮成分对焊条的熔化速度影响最明显。在药皮中加入较多的铁粉，不仅可以提高焊条的熔化速度，而且随药皮导电、导热性的提高，焊接时可使用较大的电流，焊接工艺性能也得到改善。

焊条的熔化速度可用其熔化系数表示，表3－3为几种焊条熔化系数的实测值。

表3－3　几种焊条熔化系数的实测值

焊条牌号	熔化系数 αp $/g(A \cdot h)^{-1}$	熔化系数 αH $/g(A \cdot h)^{-1}$	飞溅率 $\psi/\%$
J422	9.16	8.25	3.91
J423	10.1	9.7	4.0
J424	9.1	8.2	9.9
J507	9.06	8.49	2.6

（七）药皮发红

药皮发红是指焊条焊到后半段时，由于焊条药皮温升高而导致药皮发红、开裂或脱落的现象。这种现象将使药皮失去保护作用，导致焊条工艺性能恶化，严重影响焊接质量。在不锈钢焊条的应用中这个问题显得更为突出。经研究测试发现，通过提高电弧能量来提高焊条熔化系数，缩短熔化时间，可以减少焊芯的电阻热和降低焊条药皮表面的温度，从而解决药皮发红的问题。目前，国内从熔滴过渡形式对熔化系数的影响着手，调整了药皮成分，使熔滴由短路过渡为主变成以细颗粒过渡为主，使熔化系数提高了10%以上，缩短了熔化时间，基本解决了药皮发红的问题。

（八）焊接发尘量

在电弧高温作用下，焊条端部、熔滴和熔池表面的液体金属及熔渣被激烈蒸发，产生的蒸气排出电弧区外即迅速被氧化或冷却，变成细小颗粒漂浮于空气中，而形成焊接烟尘。

焊接烟尘污染环境并影响焊工健康。为了改善焊接工作环境的卫生状况，许多国家先后制定了工业卫生的有关标准。为改善生产条件，国内外都在积极研究降尘减毒的措施。

碳钢焊条药皮类型较多，各类药皮的特征、焊接工艺性能、主要用途见附表2－4。

五、典型焊条的冶金性能分析

焊条的冶金性能主要是指其脱氧、去氢、脱硫、脱磷、掺合金、抗气孔及抗裂纹的能力等，它最终反映在焊缝金属的化学成分、力学性能和焊接缺陷的形成等方面。因此，要想获得性能良好的焊缝，焊条必须要有良好的冶金性能。现以当前生产中应用最广泛的钛钙型和低氢型两类焊条为例分析冶金性能。

（一）钛钙型焊条的冶金性能

典型的钛钙型焊条的型号为E4303，牌号为J422，这种焊条工艺性好，在低碳钢焊接中应用广泛。

钛钙型焊条药皮中含有大量酸性造渣物，如金红石、硅酸盐及一定数量的碱性造渣物、碳酸盐等，有时也添加少量有机物。此外，在药皮中还含有10%左右的锰铁，用来脱氧和补充焊缝里的锰，保证焊缝金属的力学性能指标。

表3－4是E4303型焊条药皮配方，表3－5是上述配方焊条涂料和熔渣的化学成分，表3－6是焊芯和熔敷金属的化学成分，表3－7是熔敷金属的力学性能。

表 3-4 E4303 型焊条药皮配方/%

金红石	钛白粉	白泥	云母	长石	大理石	钛铁矿	中碳锰铁	水玻璃占干料百分比
11	7	14	8	8	19	19	14	18~21

表 3-5 E4303 型焊条涂料和熔渣的化学成分/%

成分	TiO_2	SiO_2	Al_2O_3	FeO	MnO	CaO	MgO	K_2O+Na_2O	Mn	碱度 B_1
涂料	28.1	26.5	6.7	7.3		10.6	痕迹	5.06	10.6	
熔渣	28.5	25.6	6.3	13.6	13.7	10.0		3.7		0.76
差值	0.4	-0.9	-0.4	6.3	13.7	-0.6		-1.36	-10.6	

表 3-6 E4303 型焊条焊芯和熔敷金属的化学成分/%

成分	C	Mn	Si	S	P
焊芯	0.077	0.41	0.02	0.017	0.019
熔敷金属	0.072	0.35	0.1	0.019	0.035
差值	-0.005	-0.06	0.08	0.002	0.016

表 3-7 E4303 型焊条熔敷金属的力学性能/%

σ/MPa	σ/MPa	$\delta5$/%	$\alpha=180°$	$Ak/(J\cdot cm^{-2})$
478.2	434.1	28	无裂	140.1

从表中可以看出，涂料与熔渣、焊芯与熔敷金属相比，它们的化学成分发生了较大的变化，这说明了焊接过程中确实进行了一系列的化学冶金反应。

1. 氧化和脱氧能力

熔敷金属中合金元素含量的变化情况，往往可以代表熔渣的脱氧能力。从表中得出：焊接前药皮里氧化铁含量较少，只有 7.3%，焊接后熔渣中氧化铁含量增加到 13.6%；焊接后熔敷金属中 Si 含量增加了 0.08%；焊后熔敷金属中 Mn 含量较焊芯低 0.06%，而熔渣中 MnO 含量增到 13.7%；在熔敷金属中碳含量比焊芯中低 0.005%。此外，根据资料得知焊芯含氧量约为 0.02%；熔敷金属含氧量约为 0.07%。产生上述的变化是由于在焊荖过程中发生了下列冶金反应。

(1)铁的氧化：熔渣中 FeO 的数量增加是由于铁的氧化引起的。电弧气氛中的氧直接使铁氧化、电弧气氛中 CO_2 对铁的氧化及熔渣中 SiO_2 等氧化物与液态铁发生置换反应，使铁氧化。反应生成的 FeO 向熔渣和焊缝分配，同时提高熔渣和焊缝里 FeO 的浓度。从焊接化学冶金学可以知道，当温度高于 3 000 K 时，CO_2 氧化性超过了空气的作用。

(2)碳的氧化：焊芯中的碳没有完全过渡到焊缝里去，有一小部分被氧化。

(3)锰的脱氧反应：在药皮加热阶段锰进行先期脱氧，在熔滴和熔池内锰进行沉淀脱氧，脱氧产物 MnO 进入熔渣中，从而使熔渣和焊缝里锰减少，而渣中 MnO 增加。

(4)硅的脱氧反应：焊条药皮中虽然没有加入硅铁，焊芯里含硅量也很少，但由于熔渣

中含有较多的 SiO_2，在高温时发生反应而向熔化金属中过渡了硅，在降温时硅进行脱氧反应。但反应产生的 Si 并未全部被氧化，因此，熔敷金属中的 Si 有所增加。

经分析可知，E4303 型焊条的熔渣氧化性较强，因而焊缝中含氧量比母材和焊丝高。

2. 合金化

首先，由于熔渣中含有较多的 SiO_2 和 TiO_2 等酸性氧化物，熔渣的酸度较大，完全具备了反应条件，反应生成的硅向焊缝里过渡。其次，由于药皮里加入了较多的锰铁，也会产生反应，而反应生成的硅也转移到焊缝里去。

可见，钛钙型焊条具有相当强的由熔渣向焊缝过渡硅的能力，保证焊缝所必须的硅。但由于熔渣酸度大，氧化性强，故锰的过渡系数很小。

3. 去氢

钛钙型焊条熔敷金属中扩散氢含量一般在 20～30 mL/100 g。含氢量较高的原因是：有些焊条药皮材料，如云母、长石、白泥等含有较多的结晶水，在烘焙时不易去掉；同时药皮里含的碳酸盐较低氢型焊条少，电弧气氛的氧化性较弱，不利于去氢。虽然熔池中的氧可以起到去氢的作用，但这种作用是很有限的。

4. 脱硫脱磷

从表 3－6 可以看出，熔敷金属中硫、磷含量均比焊芯中高，这是由于熔渣是酸性的，熔渣里 CaO 和 MnO 的活度小，虽然药皮中含有锰铁，但因过渡系数小，熔池中含锰量低，故钛钙型焊条脱硫、脱磷能力不强。因此，必须严格限制药皮材料和焊芯中的硫、磷含量，才能把硫、磷控制在规定范围以内。

5. 抗气孔能力

钛钙型焊条焊渣中酸性氧化物较多，除与碱性氧化物结合外，尚存在足够的自由酸性氧化物可与氧化亚铁结合生成 $FeSiO_3$ 或 $FeTiO_3$ 等复合盐。在这种情况下，FeO 易向熔渣中分配，所以钛钙型焊条对 FeO 不敏感，抗锈能力强。此外，熔敷金属中含硅量较低，而含氧量较高，在熔池金属中进行较激烈的 CO"沸腾"，有利于液态金属中的 H_2 和 N_2 等气体逸出；又因熔渣与熔池金属之间润湿性好，气渣联合保护的效果较好，故钛钙型焊条抗气孔的能力较强。但用钛钙型焊条焊接含硅量较高或其他强脱氧元素较多的钢材时，由于脱氧能力过强，熔池趋向平静，不利于气体逸出，也会产生气孔。

6. 抗裂纹能力

钛钙型焊条熔渣脱硫及脱磷能力较差，熔敷金属中含硫、磷量及扩散氢含量均较高，故抗结晶裂纹和冷裂纹的能力不如低氢型焊条。因此，这类焊条不宜焊接含硫或碳较高的钢材或偏析严重的钢材。

总之，钛钙型焊条的冶金性能是由它的药皮和焊芯成分决定的，而冶金反应的结果决定了熔敷金属的化学成分。除低氢型焊条外，与其他类型焊条相比，钛钙型焊条熔敷金属含氮、氧等杂质还是较少的，因而具有较高的力学性能。

(二)低氢型焊条的冶金性能

典型的低氢钠型焊条的型号为 E5015，牌号为 J507。这类焊条因焊缝中含氢量低而得名，焊缝金属具有较高的冲击韧度值，一般用于制造承受动载荷的焊件或者是刚性较大的重要构件。

低氢型焊条药皮组成物以碳酸盐和氟石为主，并加入一定量的脱氧剂、合金剂及少量酸性造渣剂。为了防止焊缝增氢，低氢型焊条药皮中不用有机物造气。

表3－8至表3－11分别是E5015型焊条药皮配方的举例、焊芯和熔敷金属的化学成分、熔渣的化学成分及熔敷金属的力学性能。

表3－8　E5015型焊条药皮配方/%

大理石	氟石	硅沙	钛白粉	白土子	中碳锰铁	低硅铁	钛铁	纯碱	红矾钾
48	18	5	2	5	19	19	14	0.5	0.5

表3－9　E5015型焊条焊接熔渣的化学成分/%

CaO	CaF	SiO_2	FeO	TiO_2	Al_2O_3	MgO	K_2O+Na_2O	碱度 B_1
41.94	28.34	23.76	5.78	7.23	3.57	3.74	4.25	1.89

表3－10　E5015型焊条焊芯及熔敷金属化学成分/%

成分	C	Mn	Si	S	P	O	N
焊芯	0.085	0.45	痕迹	0.020	0.010	0.020	0.003～0.004
熔敷金属	0.065	1.04	0.56	0.011	0.021	0.030	0.0119
差值	-0.020	0.59	0.08	0.002	0.010	0.010	0.009

表3－11　E5015型焊条熔敷金属的力学性能

σ/MPa	σ/MPa	$\delta5$/%	ψ/%	$\alpha=180°$	$Ak/(J\cdot cm^{-2})$
517.4	413.3	31.53	74.5	无裂	240

低氢钠型焊条的焊芯与钛钙型基本相同，但药皮成分有很大差别。熔渣呈碱性，因而冶金性能与钛钙型焊条也不一样。

低氢钠焊条药皮以大理石和氟石为主，属于气－渣联合保护。虽然碱性熔渣表面张力较大，熔渣对液态金属的润湿性较差，不能很好地覆盖液体金属，降低了熔渣的保护效果，但由于药皮中含有较多的大理石，在焊接时分解出大量CO_2气体，在药皮套筒中形成很强的保护气流，可将空气排开，所以焊缝金属的含氮量略低于钛钙型焊条。

1. 脱氧

低氢纳型焊条药皮中加入了脱氧剂钛铁、硅铁、锰铁，除了能在药皮加热阶段进行先期脱氧外，其余部分硅铁、锰铁可直接过渡到熔滴和熔池中，进行锰硅联合沉淀脱氧，将被CO_2气体氧化的金属还原，并使焊缝金属增锰、增硅。另外，由于熔渣中碱性氧化物CaO多，熔渣中SiO_2和TiO_2的活度很小，因此，熔渣不能通过熔渣向焊缝中过渡硅，这样就杜绝了因硅还原引起的氧化，因此熔渣的氧化性弱。熔渣中FeO含量较低（FeO含量为5.78%），熔敷金属中的含氧量也比其他焊条低得多（O含量为0.03%），说明这种焊条有较强的脱氧能力，对提高焊缝金属力学性能很有利。

2. 合金化

由于低氢钠型焊条熔渣碱度大，有利于向焊缝金属中过渡形成碱性氧化物的锰；又因熔渣的氧化性小，合金元素的过渡系数高，故熔敷金属中锰和硅的含量有较大幅度提高。

3. 去氢

低氢钠型焊条熔敷金属中含扩散氢量很低。按焊条国家标准规定，E5015焊条熔敷金属中[H] <8mL/100 g。这是因为药皮中不含有机物和其他含氢物质，焊条经400 ℃烘焙后施焊，消除了氢的主要来源；药皮中大理石被加热分解能增强电弧气氛的氧化性，降低电弧气氛里氢的分压；氟石也有脱氢的冶金作用和降低焊接区气体中氢分压的作用，因此，可以保证熔敷金属中[H]符合国家标准的要求。

4. 脱硫、脱磷

由于低氢型焊条熔渣属于碱性渣，有利于向焊缝金属过渡锰，且熔渣中又含有较多的CaO，所以脱硫能力比钛钙型焊条强，熔敷金属中含硫量低于焊芯。但由于熔渣中FeO含量低，因而脱磷能力较差，熔敷金属中磷比焊芯约高一倍。

5. 抗气孔能力

由于熔渣中SiO_2和TiO_2等酸性氧化物较少，FeO不易形成复合盐而呈自由状态。根据分配定律，渣中(FeO)增加，熔池中[FeO]必然增加。[FeO]在熔池凝固后期与C作用，使CO气孔倾向增大。又由于熔池脱氧比较安全，不易发生CO"沸腾"反应，因而氮或氢一旦溶入熔池就很难析出形成气孔。此外，低氢型焊条熔渣对液体金属的润湿性较差，使其覆盖性较差，在电弧较长时空气中的氮很容易进入熔池。因此，低氢型焊条对各种气孔都比较敏感，它的抗气孔能力是比较低的。在用低氢型焊条焊接时，焊前应严格清理焊接区，按规定烘焙焊条，并用短弧施焊。

6. 抗裂纹能力

由于低氢钠型焊条熔敷金属中含硫、含氢量均比其他焊条低，故低氢钠型焊条抗热裂纹、冷裂纹能力较强。

总之，由于低氢焊条的熔敷金属中氧、氢、硫、磷、氮等杂质的含量均比钛钙型焊条低，故熔敷金属的力学性能比钛钙型焊条更好，特别是冲击韧度远远超过钛钙型焊条。低氢型焊条的一系列优秀的冶金性能是由它们药皮成分所决定的，是其他各类焊条所没有的。但是，低氢型焊条的工艺性较差，需采用直流反接电源焊接。因此，低氢钠型焊条多用于焊接质量要求较高的重要结构。

六、焊条的设计与制造

焊条设计与制造应满足焊条的技术条件，遵守相应的国家标准和行业标准。设计中还应考虑制造工艺的可行性及生产成本问题。

(一)设计

1. 设计的依据

(1)被焊母材的化学成分、力学性能指标，或其他特殊性能，如耐热、耐蚀性能等。

(2)焊接结构的工作条件，如工作温度、工作介质的性质、载荷大小及性质以及是否有耐磨或耐蚀的要求等。

(3)施工现场的设备及施工条件。

(4)焊条制造厂的生产条件。

2. 对焊条的要求

(1)必须满足对焊接接头的技术要求。

(2)具有良好的冶金性能及工艺性能。

(3)药皮压涂性好,易成形,压制表面光滑无裂纹,并具有一定的强度和耐潮能力。

3. 设计步骤

(1)设计焊缝成分

焊缝的化学成分既要满足接头使用性能的要求,又要考虑对焊接性的影响。常用的方法是经验法。

(2)确定焊缝金属的合金化方式

焊缝金属的化学成分确定后,应该考虑通过什么途径将合金元素过渡到焊缝中。可选择途径是通过焊芯过渡、药皮直接过渡和经过熔渣与液态金属的置换反应过渡。

(3)确定焊条药皮类型

一般的原则是焊接重要结构或低合金高强钢时,多选用低氢型药皮;对于焊接不太重要的碳钢或强度较低的低合金钢结构,可选用钛钙型或钛铁矿型药皮。

(4)初步确定药皮配方

一般是以经验为主,以计算为辅,参考目前成熟的配方,初步确定各物质的用量。

(5)试验调整

焊条药皮配方初步确定后,即可按配方制造出焊条进行试焊。如果发现焊缝成分或焊条性能不符合要求,则应调整配方,直到满意为止。

(二)焊条制造

焊条制造过程包括焊芯、药皮材料的制备,和将按配方混合后的药皮材料涂敷到焊芯上的全过程。

1. 焊芯加工

焊芯一般以直径较大的盘圆供货,在涂敷药皮前需经过拔丝、校直、切断、清理和检验等一系列工序。

2. 药皮原材料制粉

制粉就是将块料原材料加工成颗粒度符合焊条制度要求的粉末,其中包括洗选、烘干、破碎、球磨和筛分等工序。

3. 铁合金的钝化

钝化是用人工的方法使铁合金颗粒表面产生一层氧化膜,以防止与水玻璃中的碱溶液发生化学反应而造成药皮表面发泡。药皮中常用的铁合金,如硅铁、锰铁,必须经过钝化后才能在焊条制造中使用。钝化通常采用焙烧或用高锰酸钾浸泡的方法进行。

4. 涂料的制备

(1)配干粉与混拌。将处理好的各种粉料按照配方规定的比例均匀地混拌在一起。干粉混合时所用的设备是搅拌机。

(2)液体水玻璃的制备。液体水玻璃是固体水玻璃的水溶液,水玻璃中含水量决定其密度。水分越多,水玻璃的密度越小。焊条制造中要求水玻璃的相对密度为 1.39 ~ 1.56。

(3)湿混拌。在配好的干粉中,徐徐倒入液体水玻璃,并进行湿混拌,直至混拌均匀没有大的湿块和干粉时,便成了焊条涂料。

5. 焊条药皮的涂敷

焊条药皮涂敷是在涂料机上进行,把预制好的湿涂料料缸里用一定的压力压出来,将涂料挤压、涂敷在向前移动的焊芯上。

6. 焊条的烘干

焊条烘干的目的是排除药皮中的水分。一般都采用先低温(40°C 左右,保温 3 ~ 10h)烘干,然后进行较高温度烘焙的方法。烘焙温度取决于焊条药皮类型。

7. 焊条的质量检验

(1)跌落检验　将焊条平举一米高,自由落到光滑的厚钢板上,如药皮无脱落现象,即证明药皮的强度合乎质量要求。

(2)外表检验　药皮表面应光滑、无气孔和机械损伤,药芯无锈蚀,药皮不偏心。

(3)焊接检验　通过施焊来检验焊条质量是否满足设计要求。

经上述质量检验合格后,即可包装出厂。

七、焊条的选用

焊接材料是整个焊接结构生产最重要的一部分,其性能、成分对焊缝金属起着重要作用,所以焊材的合理选择是保证产品重量的关健环节。焊条的选用须在确保焊接结构安全、可以使用的前提下,根据被焊材料的化学成分、力学性能、板厚及接头形式、焊接结构特点、受力状态、结构使用条件,对焊缝性能的要求、焊接施工条件和技术经济效益等综合考查后,有针对性地选用焊条,必要时还需进行焊接性试验。

1. 同种钢材焊接时焊条选用要点

(1)焊缝金属力学性能和化学成分　对于普通结构钢,通常要求焊缝金属与母材等强度,应选用熔敷金属抗拉强度等于或稍高于母材的焊条。对于合金结构钢,有时还要求合金成分与母材相同或接近。在焊接结构刚性大、接头应力高、焊缝易产生裂纹的不利情况下,应考虑选用比母材强度低的焊条。当母材中碳、硫、磷等元素的含量偏高时,焊缝中容易产生裂纹,应选用抗裂性能好的碱性低氢型焊条。

(2)考虑焊接构件使用性能和工作条件　对承受载荷和冲击载荷的焊件,除满足强度要求外,主要应保证焊缝金属具有较高的冲击韧性和塑性,可选用塑性、韧性指标较高的低氢型焊条。接触腐蚀介质的焊件,应根据介质的性质及腐蚀特征选用不锈钢类焊条或其他耐腐蚀焊条。在高温、低温、耐磨或其他特殊条件下工作的焊接件,应选用相应的耐热钢、低温钢、堆焊或其他特殊用途焊条。

(3)考虑焊接结构特点及受力条件　对结构形状复杂、刚性大的厚大焊接件,由于焊接过程中产生很大的内应力,易使焊缝产生裂纹,应选用抗裂性能好的碱性低氢焊条。对受力不大、焊接部位难以清理干净的焊件,应选用对铁锈、氧化皮、油污不敏感的酸性焊条。对受条件限制不能翻转的焊件,应选用适于全位置焊接的焊条。

(4)考虑施工条件和经济效益　在满足产品使用性能要求的情况下,应选用工艺性好的酸性焊条。在狭小或通风条件差的场合,应选用酸性焊条或低尘焊条。对焊接工作量大的结构,有条件时应尽量采用高效率焊条,如铁粉焊条、高效率重力焊条等,或选用底层焊条、立向下焊条之类的专用焊条,以提高焊接生产率。

2. 异种钢焊接时焊条选用要点

(1)强度级别不同的碳钢 + 低合金钢(或低合金钢 + 低合金高强钢)　一般要求焊缝金属或接头的强度不低于两种被焊金属的最低强度,选用的焊条熔敷金属的强度应能保证焊缝及接头的强度不低于强度较低侧母材的强度,同时焊缝金属的塑性和冲击韧性应不低于强度较高而塑性较差侧母材的性能。因此,可按两者之中强度级别较低的钢材选用焊条。

但是，为了防止焊接裂纹，应按强度级别较高、焊接性较差的钢种确定焊接工艺，包括焊接规范、预热温度及焊后热处理等。

（2）低合金钢＋奥氏体不锈钢　应按照对熔敷金属化学成分限定的数值来选用焊条，一般选用铬和镍含量较高的、塑性和抗裂性较好的 Cr25 – Ni13 型奥氏体钢焊条，以避免因产生脆性淬硬组织而导致的裂纹。但应按焊接性较差的不锈钢确定焊接工艺及规范。

（3）不锈复合钢板　应考虑对基层、复层、过渡层的焊接要求选用三种不同性能的焊条。对基层（碳钢或低合金钢）的焊接应选用相应强度等级的结构钢焊条；复层直接与腐蚀介质接触，应选用相应成分的奥氏体不锈钢焊条。过渡层（即复层与基层交界面）的焊接必须考虑基体材料的稀释作用，应选用铬和镍含量较高、塑性和抗裂性好的 Cr25 – Ni13 型奥氏体钢焊条。

第二节　焊　剂

随着工业技术的发展，焊接技术被广泛用于大型结构的制造中。为提高生产率、避免手弧焊可能带来的质量问题，自动化焊接手段在结构生产中占据着重要的地位。比如：埋弧焊、电渣焊等，而其使用的焊接材料之一就是焊剂。

焊剂是指焊接时能够熔化形成熔渣（或气体），对熔化金属起保护和冶金处理作用的一种颗粒状物质。

焊接时焊剂相当于焊条电弧焊的药皮，主要作用是造渣、造气以隔绝空气，对焊接区进行机械保护。焊接时焊剂需要与焊丝配合使用，通过化学冶金反应来控制焊缝金属的化学成分，保证焊缝金属的力学性能。

一、焊剂的分类

目前国产焊剂已有 50 余种，类别多种多样。焊剂的分类方法很多，对焊剂分类，可分别按用途、制造方法、化学成分、焊接冶金性能等特点进行，也可按焊剂的酸碱性、焊剂的颗粒结构来分类。但每一种分类方法都只是从某一方面反映了焊剂的特性，不能概括焊剂的所有特点。了解焊剂分类是为了更好掌握焊剂的特点，以便在生产中能正确的选择和使用，确保焊接质量。

（一）按焊剂的制造方法分类

1. 熔炼焊剂

把各种矿物性原料按配方比例混合配成炉料，然后在电炉或火焰炉中加热到 1300 ℃以上熔化均匀后出炉，经过水冷粒化、烘干、筛选得到的焊剂称为熔炼焊剂。

熔炼焊剂采用的原料主要有锰矿、硅砂、铝矾土、镁砂、萤石、生石灰、钛铁矿等矿物性原料，另外还加入了冰晶石、硼砂等化工产品。

焊剂在熔炼前，所用的原料应进行 150 ~ 200 ℃的烘干，以清除原料中的水分。因熔炼焊剂制造中要熔化原料，所以焊剂中不能加碳酸盐、脱氧剂和合金剂，制造高碱度焊剂也很困难。而且，熔炼焊剂经熔炼后不可能保持原料的原组分不变，所以熔炼焊剂是各种化合物的组合体。

熔炼焊剂按其颗粒结构又可分为玻璃状焊剂、结晶状焊剂和浮石状焊剂三种。玻璃状焊剂呈透明状颗粒，结晶状焊剂具有结晶体的特点，浮石状焊剂是泡沫状颗粒。玻璃状焊剂和结晶状焊剂的结构都较致密。

2. 非熔炼焊剂

将各种粉料按配方混合后加入黏结剂，制成一定粒度的小颗粒，经烘焙或烧结后得到的焊剂，称为非熔炼焊剂。

制造非熔炼焊剂所采用的原材料与制造焊条的原材料基本相同，但对成分和颗粒大小有严格要求。按规定配比配料，混合均匀后加入黏结剂（水玻璃）制成湿料，然后对湿料进行造粒，制成一定尺寸的颗粒（一般为0.5～2 mm）。造粒之后将颗粒状的焊剂送入干燥炉内固化、烘干以便去除水分，加热温度为150～200 ℃，最后送入烧结炉内烧结。根据烘焙温度的不同，非熔炼焊剂又可分类如下。

（1）黏结焊剂（陶质焊剂或低温烧结焊剂） 通常以水玻璃作为黏结剂，经350～500 ℃低温烘焙或烧结得到的焊剂。因黏结焊剂吸潮性大、颗粒强度低等缺点，目前在我国作为产品的供应量还不多。

（2）烧结焊剂 通常在较高的温度（700～1 000 ℃）烧结，烧结后粉碎成一定尺寸的颗粒复筛选后即可使用。烧结焊剂经高温烧结后，焊剂的颗粒度明显提高，吸潮性大大降低。

与熔炼焊剂相比，烧结焊剂熔点较高，松装密度（单位体积内焊剂的质量）较小，故此类焊剂适于大线能量焊接。一般来说，焊剂的粒度越大，其松装密度越小，透气性越大，焊缝金属中含氮量越多，保护效果越差。

烧结焊剂的碱度在较大范围内调节仍能保持良好的工艺性能，可以根据施焊钢种的需要，通过焊剂向焊缝过渡合金元素。

因烧结焊剂适用性强、制造简便，故近年来发展较快，应用较普及。

根据据不同的使用要求，还可以把熔炼焊剂和黏结焊剂混合起来使用，称为混合焊剂。

（二）按焊剂的化学成分或渣系分类

1. 按照焊剂的主要成分进行分类，焊剂可以分为以下几种类型。

（1）按（SiO_2）含量 可分为高硅焊剂（SiO_2含量大于30%）、中硅焊剂（SiO_2含量在10%～30%）、低硅焊剂（SiO_2含量小于10%）和无硅焊剂。

（2）按（MnO）含量 可分为高锰焊剂（MnO 含量大于30%）、中锰焊剂（MnO 含量在15%～30%）、低锰焊剂（MnO 含量在2%～15%）、无锰焊剂（MnO 含量低于2%）。

（3）按（CaF）含量 可分为高氟焊剂（CaF 含量大于30%）、中氟焊剂（CaF 含量在10%～30%）、低氟焊剂（CaF 含量小于10%）。

（4）按（SiO_2、MnO、CaF）含量进行组合分类 HJ431 可称为高锰高硅低氟焊剂，HJ350可称为中锰中硅中氟焊剂，HJ250 可称为低锰中硅中氟焊剂。

高锰高硅低氟焊剂属于酸性焊剂，焊接工艺性能良好，适于交、直流电源，主要用于焊接低碳钢及对韧性要求不高的低合金钢。

中锰中硅中氟焊剂属中性焊剂，焊接工艺性能和焊缝韧性均可，多用于低合金钢焊接结构。

无锰低硅高氟焊剂属碱性焊剂，焊接工艺性能较差，仅适用于直流电源，焊剂氧化性小，焊缝韧性高，可焊接不锈钢等高合金钢。

（5）按焊剂的主要成分与特性 此类分类方法直观性强，易于分辨焊剂的主要成分与特性，国内的烧结焊剂采用该种分类方法，其分类特点见表3－12。

表 3-12 按主要成分与特性对焊剂分类

焊剂类型代号	焊剂类型	主要成分	焊剂特点
M_s	锰-硅型	$MnO + SiO_2$ 含量大于 50%	与含锰量少的焊丝配合,可向焊缝过渡适量的锰和硅
CS	钙-硅型	$SiO_2 + MnO + CaO$ 含量大于 60%	因焊剂中含有较多 SiO_2,即使采用含硅量低的焊丝仍可得到含硅量较多高的焊缝,适于大电流焊接
AR	铝-钛型	$Al_2O_3 + TiO_2$ 含量大于 45%	适于多丝焊接和高速焊接
FB	氟-碱型	$CaO + MgO + CaF_2$ 含量大于 50%, SiO_2 含量小于等于 20%, CaF 含量小于等于 15%	SiO_2 含量低,减少了硅的过渡,可得到高冲击韧性的焊缝金属
AB	铝-碱型	Al_2O_3 + $CaO + MgO$ 含量大于 45%, $Al_2O_3 + TiO_2$ 含量约为 20%	性能介于铝-钛型氟-碱型焊剂之间
ST	特殊型	不规定	—

2. 按焊剂的渣系分类

(1)硅酸盐型　如氧化锰-二氧化硅型、氧化钙-二氧化硅型、氧化锆-二氧化硅型。

(2)铝酸盐型　如氧化铝-二氧化钛型、碱性氧化铝型。

(3)碱性氟化物型　如含氟化物的焊剂。

(三)按焊剂的化学性质分类

根据焊剂氧化性的强弱,可将焊剂分为以下三种类型。

1. 氧化性焊剂　焊剂对焊缝金属有较强的氧化作用。有两种类型的氧化性焊剂:一种是含有大量 SiO_2、MnO 的焊剂,另一种是含有 FeO 较多的焊剂。

2. 弱氧化性焊剂　焊剂含 SiO_2、MnO、FeO 等活性氧化物较少,焊剂对焊缝金属有较弱的氧化作用。

3. 惰性焊剂(中型焊剂)　焊剂里基本不含 SiO_2、MnO、FeO 等氧化物,焊剂对焊缝金属基本没有氧化作用。

(四)按溶渣的碱度分类

碱度是溶渣的最重要的冶金特征之一,对溶渣-金属相界面处冶金反应、焊接工艺性能和焊缝金属的力学性能有很大影响。焊剂碱度的计算表达式不统一,应用较广泛的是国际焊接学会(IIW)推荐的公式,根据计算结果作如下分类。

1. 酸性焊剂　具有良好的焊接工艺性能,焊缝成形美观,但可使焊缝金属增硅,焊缝金属含氧量高,低温冲击韧性较低。

2. 中性焊剂　熔敷金属的化学成分与焊丝的化学成分相近,焊缝含氧量有所降低。

3. 碱性焊剂　采用碱性焊剂得到的熔敷金属含氧量低,可以获得较高的焊缝冲击韧性,抗裂性好,但焊接工艺性能较差。高碱度焊剂,有除硫降硅的作用,焊缝金属的氧含量很低,低温冲击韧性值高。但是随着碱度提高,焊缝变得窄而高,容易产生咬边、夹渣等焊接缺陷。

(五)按焊剂的用途分类

1. 按焊剂的使用用途　可分为埋弧焊焊剂、堆焊焊剂、电渣焊焊剂。

2. 按所焊材料的种类　可分为低碳钢用焊剂、低合金钢用焊剂、不锈钢用焊剂、镍及镍合金用焊剂、钛及钛合金用焊剂等。

3. 按焊接工艺特点

(1)单道焊或多道焊焊剂,仅适用于单面单道焊、双面单道焊;

(2)高速焊焊剂,用于焊接速度大于 60m/h 的焊接场合;

(3)超低氢焊剂,熔敷金属中的扩散氢含量小于或等于 2mL/100 g,有利于消除焊接延迟裂纹;

(4)抗锈焊剂,对铁锈不敏感,有良好的抗气孔性能;

(5)高韧性焊剂,焊缝金属的韧性高,适用于焊接低温下工作的压力容器;

(6)单面焊双面成形焊剂,使焊缝背面根部成形满足需要,主要在造船业中使用。

二、焊剂的型号和牌号

(一)焊剂的型号

目前国内有关焊剂型号的国家标准主要有 GB/T5293－1999《埋弧焊用碳钢焊丝和焊剂》(取代原国标 GB/T5293－85《碳素钢埋弧焊焊剂》)、GB12470－90《低合金钢埋弧焊用焊剂》和 GB/T17854－1999《埋弧焊用不锈钢焊丝和焊剂》等。

1. 碳素钢埋弧焊用焊剂的型号

因新国标颁布不久,原标准 GB5293－85《碳素钢埋弧焊用焊剂》处于过渡期,许多生产领域仍在沿用,有必要对此进行说明。

(1) GB5293－85《碳素钢埋弧焊用焊剂》

在此标准中,对型号进行表示是根据埋弧焊焊缝金属的力学性能来划分的,因焊缝金属的力学性能与配用的焊丝有关,所以焊剂型号通常与其匹配的焊丝组合在一起来表示,其表示方法为 HJ$X_1X_2X_3$-HXXX,其中:"HJ"表示埋弧焊焊剂,由"焊剂"两个字汉语拼音和第一个字母组成;第一位数字"X_1"为 3、4 或 5,表示焊缝金属的拉伸力学性能,其抗拉强度、屈服强度及断后伸长率的指标见表 3－14;第二位数字"X"为 0 或 1,表示拉伸试样和冲击试样的状态,"0"表示焊态,"1"表示焊后热处理态。注意,焊后热处理按以下工艺参数进行:装炉时炉温不得高于 300 ℃;升温速度不应超过 220 ℃/h;升温至 620 ℃ ±15 ℃保温 1h 后炉冷;炉冷速度不得高于 175 ℃/h;炉冷至 300 ℃时可随炉冷却或空冷。第三位数字"" X 表示焊缝金属冲击韧性值不小于 34J 时的最低试验温度,见表 3－13。尾部"HXXX"表示焊接试板用的焊丝牌号,采用的焊丝应符合相应国家标准。

表 3－13　焊缝金属拉伸力学性能要求

焊剂型号	抗拉强度 σ_b/MPa	屈服强度 σ_s/MPa	伸长率 δ/%
HJ3X_2X_3—HXXX	410～550		≥22
HJ4X_2X_3—HXXX		＞330	≥22
HJ5X_2X_3—HXXX	480～530	4≥00	≥22

表 3-14 焊缝金属冲击韧度要求

焊剂型号	试验温度/℃	冲击韧度/(J·cm^{-2})
HJ$X_1X_2$0—HXXX	—	无要求
HJ$X_1X_2$1—HXXX	0	≥34
HJ$X_1X_2$2—HXXX	-20	≥34
HJ$X_1X_2$3—HXXX	-30	≥34
HJ$X_1X_2$4—HXXX	-40	≥34
HJ$X_1X_2$5—HXXX	-50	≥34
HJ$X_1X_2$6—HXXX	-60	≥34

例 HJ402-H10Mn2,表示埋弧焊剂配合 H10Mn2 焊丝,其试样状态为焊态时焊缝金属的抗拉强度为 410~550 MPa,屈服强度不小于 330 MPa,延伸率≥22%,在-20 ℃时的冲击韧度不小于 34 J/cm^2。

(2) GB/T5293-1999《埋弧焊用碳钢焊丝和焊剂》

GB/T5293-1999《埋弧焊用碳钢焊丝和焊剂》第一次将焊剂和焊丝在同一标准中编写。在该标准中的焊剂型号是根据焊丝-焊剂组合的熔敷金属力学性能、热处理状态进行划分的。焊剂型号具体表示方法为:FXXX-HXX。

字母"F"表示焊剂,第一位数字表示焊丝-焊剂组合的熔敷金属抗拉强度的最低值(表示方法和 GB5293-85 相同)。

第二位字母表示试件的热处理状态,"A"代表焊态,"P"代表焊后热处理状态。热处理应按规范工艺参数进行,即试件装炉时炉温不高于 300 ℃,加热时加热速度不超过 200 ℃/h。加热到 620 ℃并保温 1 h,保温后以不超过 190 ℃/h 的冷却速度炉冷至 320 ℃,然后炉冷或空冷至室温。如有特殊要求时可根据供需双方协议,采取其他热处理规范。

第三位数字表示熔敷金属冲击吸收功不大于 27 J 时的最低试验温度,具体数字所代表的温度值和 GB5293-85 相同。

"-"后面表示焊丝的牌号,执行标准为 GB/T14957,其中"H"表示焊丝,后面的两位数字表示焊丝中平均碳含量的万分之几。如果焊丝中含有其他化学成分,则在字母后用元素符合表示,牌号最后如标有 A、B、C 则表示焊丝的质量等级。

这种焊剂型号表示方法的特点是:每种型号的焊剂不特别规定其制造方法,说明焊剂可以是熔炼型,也可以是非熔炼型;每一种型号的焊剂是按照焊缝金属的力学性能划分的,并不是根据焊剂的化学成分或焊缝金属的化学成分来划分,但对 S、P 含量有所控制,这点与碳钢焊条型号划分原则相同。

例 F 4 A 0 -H08A

- -H08A:表示焊丝牌号
- 0:表示熔敷金属冲击吸收功不小于27J时的试验温度为0℃
- A:表示试件为焊态
- 4:表示熔敷金属抗拉强度的最小值410MPa
- F:表示焊剂

2. 低合金钢埋弧焊用焊剂的型号

执行国家标准GB12479－90《低合金钢埋弧焊用焊剂》规定，其型号是根据熔敷金属力学性能和焊剂渣系来划分的。

焊剂型号具体组合方法为：$FX_1X_2X_3X_4-HXXX$，其中：字母“F”表示低合金钢埋弧焊用焊剂。

第一位数字代号“X_1”分为5，6，7…，10六类，表示熔敷金属拉伸性能，每类均规定了抗拉强度、屈服强度及伸长率三项指标。

第二位数字代号“X_2”表示试件状态，用“0，1”表示，“0”表示焊态，“1”表示焊后热处理。热处理应按规范参数进行，即装炉时炉温不得高于300 ℃，然后加热，加热速度不得超过220 ℃/h。加热至620±15 ℃后保温1h后炉冷，炉冷速度不超过175 ℃/h，当冷却至300 ℃以下时炉冷、空冷均可。

第三位数字代号“X_3”可分为0，1，2…6，8，10，表示焊缝金属冲击吸收功不小于27J时的试验温度，具体数字代表温度数值同上。

第四位数字代号“X_4”分为1，2，3，…6，表示焊剂渣系，具体表示方法见表3－15。

表3－15　焊剂渣系分类及组成成分

焊剂渣系代号	主要成分/%	渣系
1	$CaO+MnO+MnO+CaF_2>50$，　$SiO_2\leqslant20$，　$CaF_2\geqslant15$	氟碱型
2	$Al_2O_3+CaO+MnO>45$，　$Al_2O_3+\geqslant15$	高铝型
3	$CaO+MnO+SiO_2>60$	硅钙型
4	$MnO+SiO_2>50$	硅锰型
5	$Al_2O_3+TiO_2>45$	铝钛型
6	不规定	其他型

3. 埋弧焊用不锈钢焊剂的型号

根据国标《埋弧焊用不锈钢焊丝和焊剂》的规定，埋弧焊用不锈钢焊丝和焊剂的熔敷金属中铬含量不大于11%，镍含量应小于38%。而焊丝和焊剂的型号分类是根据熔敷金属的化学成分及力学性能进行划分的，其表示方法为FX－HXXX。

其中字母“F”表示焊剂；“F”后面的数字表示熔敷金属种类代号，如有特殊要求的化学成分，用该元素的化学符号表示，并放在数字后面；“－”后面则表示焊丝的牌号。

（二）焊剂的牌号

1. 熔炼焊剂牌号的编制方法

（1）焊剂牌号前“HJ”表示埋弧焊和电渣焊用熔炼焊剂。

（2）焊剂牌号第一位数字表示焊剂中MnO的含量，其中“HJ1XX”表示无锰，“HJ2XX”表示低锰，“HJ3XX”表示中锰，而“HJ4XX”则表示高锰。

（3）焊剂牌号第二位数字表示焊剂中SiO_2、CaF_2的含量，可具体分为低硅低氟（1）、中硅低氟（2）、高硅低氟（3）、低硅中氟（4）、中硅中氟（5）、高硅中氟（6）、低硅高氟（7）、低硅高氟（8）及其他（9）等。

（4）牌号第三位数字表示同一类型熔炼焊剂的不同牌号，按0，1，2…，9顺序排列。

（5）对同一牌号生产两种颗粒时，在细颗粒焊剂牌号后加“X”区分。

例　HJ431X。表示埋弧焊及电渣焊使用,其成分为高锰、高硅、低氟,牌号编号为“1”的细颗粒熔炼焊剂。

2. 烧结焊剂牌号的编制方法

(1)牌号前“SJ”表示埋弧焊用的烧结焊剂。

(2)第一位数字表示焊剂熔渣的渣系类类型,可具体分为氟碱型(1)、高铝型(2)、硅钙型(3)、硅锰型(4)、铝钛型(5)及其他型(6)。

(3)牌号第二位、第三位数字表示同一渣系类型的烧结焊剂的不同牌号,按 01,02,…,09 顺序编排。

例　SJ501。表示牌号为 01,焊剂熔渣渣系为铝钛型的埋弧焊用烧结焊剂。

三、对焊剂的质量要求

焊接时,焊剂作为焊接材料的一部分,对焊接质量影响较大。为保证获得优质的焊接结构,对焊剂提出如下要求。

(一)焊剂应具有良好的冶金性能

焊接生产时,在制订合理的焊接工艺和匹配的焊丝基础上,焊缝金属应得到相适应的化学成分和符合要求的力学性能,并具备较强的抗裂纹能力。

(二)焊剂应具有良好的工艺性能

焊接时电弧应能燃烧稳定,焊接熔渣应具备适宜的熔点、黏度及表面张力,焊缝成形良好、容易脱渣,焊接作业时产生的有毒气体要少。

(三)焊剂的颗粒度应符合要求

每种焊剂均由不同颗粒度的粉末组成,其中不同颗粒度的粉末应按规定要求占有相应的比例。

(四)焊剂干燥程度、杂质含量要求

1. 焊剂含水量等于 0.10%;

2. 焊剂中机械夹杂物含量不大于 0.30%;

3. 焊剂的硫含量应小于等于 0.060%,磷含量应小于等于 0.80%。

四、焊剂性能及用途

(一)熔炼焊剂的性能及用途

1. 高硅焊剂

焊剂中 SiO_2 含量较高,成分大部分为硅酸盐,焊接时可向焊缝金属过渡硅。根据焊剂中 MnO 含量多少,又可分为高硅高锰焊剂、高硅中锰焊剂、高硅低锰焊剂和高硅无锰焊剂。通过焊剂中的 MnO,可向焊缝金属过渡一定数量的锰,但过渡效果与焊丝的含锰量有较大关系。一般情况下,焊丝中含锰量越低,通过焊剂向熔敷金属过渡锰的效果越好。

使用高硅焊剂焊接,焊缝金属中的硅一般通过焊剂过渡,所以不需要选择含硅量较高的焊丝。焊接低碳钢或某些低合金结构钢时,应按下列原则选配焊丝。

(1)高硅无锰焊剂或低锰焊剂应配合中锰焊丝(锰含量 1.5% ~1.9%)。

(2)高硅中锰焊剂应配合中锰焊丝(锰含量 0.8% ~1.5%)。

(3)高硅高锰焊剂应配合低碳钢焊丝或含锰丝,此配合多用于低碳钢结构的焊接生产,也是国内目前应用最广泛的一种配合方式。

高硅焊剂具有良好的焊接工艺性能，可采用交流电源。焊接时电弧稳定、易脱渣、焊缝成形美观，且对铁锈的敏感性较小，焊缝中扩散氢含量较低，抗裂纹能力较强。

2. 中硅焊剂

因焊剂中 SiO_2 含量较少，含较多的 CaO 和 MgO，所以焊剂的碱度较高。大多数中硅焊剂属于弱氧化性焊剂，故焊缝金属含氧量低，焊接过程中合金元素的烧损较少，配合适当的焊丝可保证强度。同时中硅焊剂与高硅焊剂相比，使焊缝金属的低温韧性得到一定程度提高，所以中硅焊剂主要用于低合金钢和高强度钢的焊接。因此类焊剂氧化性较强，焊接时合金元素烧损较多，焊缝金属强度略有下降，应配合合金元素含量较高的焊丝使用，施焊时最好采用直流反接电源形式。

3. 低硅焊剂

低硅焊剂主要由 CaO、MgO、Al_2O_3 及 CaF_2 组成。因焊剂中 SiO_2 含量较少，焊接时合金元素基本不被氧化。因焊缝中氧含量低，焊接高强度钢时可结合不同成分的焊丝，得到强度高、塑性好、低温冲击韧度高的焊缝金属。但低硅焊剂焊接工艺性能较差，因焊缝中扩散氢的含量高，抗冷裂能力较弱。生产中为提高产品质量，可通过高温下长时间烘焙焊剂来降低氢含量。为改善焊接工艺性能，可在焊剂中加钛、锰及硅的氧化物，但随氧化物的加入，焊剂氧化性加强，也会对焊接质量造成影响。需要注意的是，使用低硅焊剂必须采用直流电源形式。

4. 焊剂与焊丝配合

实际生产中，可根据被焊工件性质、质量要求及生产条件来选择不同的焊剂、焊丝配合方案。表 3－16 列出了国产焊剂的用途及常用的配用焊丝方案。

表 3－16　焊剂用途及配用焊丝

焊剂牌号	焊剂类型	配用焊丝	焊剂用途
HJ130	无锰高硅低氟	H10Mn2	低碳结构钢、低合金钢
HJ131	无锰高硅低氟	配 Ni 基焊丝	镍基合金薄板结构
HJ230	低锰高硅低氟	H08MnA、H10Mn2	低碳结构钢及低合金结构钢
HJ260	低锰高硅中氟	铬 19 镍 9 型焊丝	不锈钢及轧辊堆焊
HJ330	中锰高硅低氟	H08MnA、H08Mn2、H08MnSi	重要的低碳结构钢和低合金钢
HJ430	高锰高硅低氟	H08A、H10Mn2A、H10MnSiA	低碳结构钢及低合金钢
HJ431	高锰高硅低氟	H08A、H08MnA、H08MnSiA	低碳结构钢及低合金钢
HJ433	高锰高硅低氟	H08A	低碳结构钢
HJ150	无锰中硅中氟	配 2Cr13 或 3Cr2W8	堆焊轧辊及铜焊接
HJ250	低锰中硅中氟	H08MnMoA、H08Mn2MoA、H08Mn2MoVA	15MnV、14MnMoV、18MnMoNb、14MnMoVB
HJ350	中锰中硅中氟	配相应焊丝	锰钼、锰硅及含镍低合金高强度钢
HJ172	无锰低硅高氟	配相应焊丝	高铬铁素体热强钢或其他高合金钢

（二）烧结焊剂的性能及用途

烧结焊剂是继熔炼焊剂后发展的新型焊剂，国外已广泛应用于碳钢、高强度钢和高合金钢的焊接。

1. 烧结焊剂特点

（1）可连续生产，不需高温熔炼，劳动条件好，成本低。

（2）焊剂碱度调节范围较大，当碱度较高时仍具有良好的稳弧性及脱渣性，并可交、直流两用，焊接烟尘小。

（3）碱度高，冶金效果好，所以焊缝金属可达到较好的强度、塑性及韧性组合。

（4）可加入脱氧剂及其他合金成分。

（5）松装密度较小，焊接时焊剂消耗量少，可采用大电流焊接，适用于多丝大电流高速埋弧焊。

（6）烧结焊剂颗粒圆滑，在管道输送及回收时阻力较小。

（7）烧结焊剂对焊接参数的变动过于敏感，当焊接参数发生变化时，焊剂的熔化量也发生变化，会造成焊缝金属化学成分不均匀。

（8）吸湿性较大，容易增加焊缝金属氢的含量，给贮存、保管带来困难。

2. 烧结焊剂的性能和用途

（1）氟碱型烧结焊剂　属于碱性焊剂，焊剂中 SiO_2 含量低，可限制硅向焊缝中过渡，能得到冲击韧性高的焊缝金属。配合适当焊丝，可焊接低合金结构钢，并可用于多丝埋弧焊，特别适用于大直径容器的双面单道焊。

（2）硅钙型烧结焊剂　属于中性焊剂，焊剂中 SiO_2 含量较高，即使采用含硅量低的焊丝，仍会得到硅含量较高的焊缝金属，适用于多丝快速焊，特别适用于双面单道焊。大直径管道焊接时，焊道可平滑过渡。因其属于“短渣”，故可在小直径管线上进行全位置焊接。生产中配合适当焊丝，可焊接普通结构钢、锅炉用钢及管线用钢。

（3）硅锰型烧结焊剂　属于酸性焊剂，主要由 MgO 及 SiO_2 组成。此焊剂焊接工艺性能良好，具有较高的抗气孔能力。配合适当焊丝，用于低碳钢及某些低合金钢的焊接。

（4）铝钛型烧结焊剂　属于酸性焊剂，具有较强的抗气孔能力，对少量的铁锈膜及高温氧化膜不敏感。此类焊剂配合适当焊丝，可焊接低碳钢及某些低合金结构钢。可用于多丝快速焊，特别适用于双面单道焊。

（5）高铝型烧结焊剂　性能介于铝钛型和氟碱型焊剂之间。在生产中烧结焊剂具有许多优越性，所以近年来发展很迅速。目前，已研制出多种不同特性的新型产品，如抗潮焊剂、抗锈性焊剂、高碱度焊剂、双丝焊接用渣壳导电焊剂及横向埋弧用焊剂等。

第三节　焊　丝

焊丝是焊接时用来导电并作为填充金属的金属丝，是埋弧焊、电渣焊、气体保护焊的主要焊接材料。随着生产率及焊接能耗要求的不断提高，气体保护焊在某些生产领域已逐步取代了焊条电弧焊。

一、焊丝的分类

焊丝的分类方法很多，可分别按其适用的焊接方法、被焊材料、制造方法与焊丝的形状等从不同角度对焊丝进行分类。

（一）按其适用的焊接方法

可分为埋弧自动焊焊丝、电渣焊焊丝、CO_2焊焊丝、堆焊焊丝、气焊焊丝等。埋弧焊使用的焊丝有实芯焊丝和药芯焊丝两类，生产中普遍使用的是实芯焊丝，药芯焊丝只在某些特殊场合应用，CO_2气体保护焊目前已较多地采用了药芯焊丝。

（二）按被焊金属材料的不同

可分为碳素结构钢焊丝、低合金钢焊丝、不锈钢焊丝、镍基合金焊丝、铸铁焊丝、有色金属焊丝和特殊合金焊丝等。

（三）按制造方法与焊丝的形状

可分为实芯焊丝和药芯焊丝两大类，而药芯焊丝又可分为气体保护焊丝和自保护焊丝两种。

目前较常用的是按制造方法和其适用的焊接方法进行分类。

二、实芯焊丝

实芯焊丝是目前最常用的焊丝，由热轧线材经拉拔加工而成，为了防止焊丝生锈，须对焊丝（除不锈钢焊丝外）表面进行特殊处理。目前主要是镀铜处理，包括电镀、浸铜及化学镀铜处理等方法。

实芯焊丝包括埋弧焊、电弧焊、CO_2气体保护焊、氩弧焊、气焊以及堆焊用的焊丝。

（一）埋弧焊和电弧焊用焊丝

埋弧焊和电弧焊时焊剂对焊缝金属起保护和冶金处理作用，焊丝主要作为填充金属，同时向焊缝添加合金元素，二者直接参与焊接过程中的冶金反应，焊缝成分和性能是由焊丝和焊剂共同决定的。

根据被焊材料的不同，埋弧焊焊丝又分为低碳钢焊丝、低合金高强钢焊丝、Cr－Mo耐热钢焊丝、低温钢焊丝、不锈钢焊丝、表面堆焊焊丝等。

（二）气体保护焊用焊丝

气体保护焊分为惰性气体保护焊（TIG、MIG）和活性气体保护焊（MAG）。惰性气体主要采用Ar气，活性气体主要采用CO_2气体。MIG焊接时一般采用$Ar+2\%O_2$或$Ar+5\%CO_2$；MAG焊接时采用CO_2、$Ar+CO_2$或$Ar+O_2$。

根据焊接方法的不同，气体保护焊用焊丝分为TIG焊接用焊丝、MIG和MAG焊接用焊丝、CO_2焊接用焊丝等。

（三）自保护焊用实芯焊丝

利用焊丝中所含有的合金元素在焊接过程中进行脱氧、脱氮，以消除从空气中进入焊接溶池的氧和氮的不良影响。为此，除提高焊丝中的C、Si、Mn含量外，还要加入强脱氧元素Ti、Zr、Al、Ce等。

三、药芯焊丝

药芯焊丝是将药粉包在薄钢带内卷成不同的截面形状，经轧拔加工制成的焊丝，也称为粉芯焊丝、管状焊丝或折叠焊丝。主要用于气体保护焊、埋弧焊和自保护焊，是一种很有发展前途的焊接材料。药芯焊丝粉剂的作用与焊条药皮相似，区别在于焊药芯焊丝的粉剂被钢带包裹在芯部。

(一)分类

药芯焊丝可分为有缝焊丝和无缝焊丝两种,其中无缝焊丝可以镀铜,性能好、成本低,已成为今后发展的方向。除此之外还有很多分类方法。

1. 按是否使用外加保护气体分类

根据是否有保护气体,药芯焊丝可分为气体保护焊丝(有外加保护气)和自保护焊丝(无外加保护气)。气体保护药芯焊丝的工艺性能和熔敷金属冲击性能比自保护的好,但自保护药芯焊丝具有抗风性,更适合室外或高层结构现场使用。

药芯焊丝可作为熔化极(MIG、MAG)或非熔化极(TIG)气体保护焊的焊接材料。TIG焊接时,大部分使用实芯焊丝作填充材料。焊丝内含有特殊性能的造渣剂,低层焊接时不需充氩保护,芯内粉剂会渗透到熔池背面,形成一层致密的熔渣保护层,使焊道背面不受氧化,冷却后该焊渣很易脱落。

MAG 焊接是 CO_2焊和 Ar 加超过5%的 CO_2或超过2%的 O_2 等混合气体保护焊的总称。由于加入了一定量的 CO_2或 O_2,氧化性较强。MIG 焊接是纯 Ar 或在 Ar 中加入少量活性气体(不超过2%的 O_2或不超过5%的 CO_2)。

气电立焊用药芯焊丝是专用于气体保护强制成形焊接方法的一种焊丝。为了向上立焊,熔渣不能太多,故该焊丝中造渣剂的比例约为5% ~10%,同时含有大量的铁粉和适量的脱氧剂、合金剂和稳弧剂,以提高熔敷效率和改善焊缝性能。

2. 按药芯焊丝的横截面结构分类

药芯焊丝的截面形状对焊接工艺性能与冶金性能有很大影响。根据药芯焊丝的截面形状可分为简单断面的"O"形和复杂断面的折叠形两类,折叠形又可分为梅花形、T形、E形和中间填丝形等。

一般地说,药芯焊丝的截面形状越复杂、越对称,电弧越稳定,药芯的冶金反应和保护作用越充分。但是随着焊丝直径的减小,这种判别逐渐缩小,当焊丝直径小于2 mm时,截面形状的影响已不明显了。目前,小直径(不大于2.0 mm)药芯焊丝一般采用"O"形截面,大直径(不小于2.4 mm)药芯焊丝多采用E形、T形等折叠形复杂截面。

3. 按药芯中有无造渣剂分类

药芯焊丝芯部粉剂的成分与焊条药皮相类似,根据药芯焊丝内层填料粉剂中有无造渣剂可分成熔渣型(有造渣剂)和金属粉型(无造渣剂)两类。在熔渣型药芯焊丝中加入粉剂,主要是为了改善焊缝金属的力学性能、抗裂性及焊接工艺性能。

这些粉剂有脱氧剂(硅铁、锰铁)、造渣剂(金红石、石英等)、稳弧剂(钾、钠等)、合金剂(Ni、Cr、Mo等)及铁粉等。按照造渣剂的种类及渣的碱度可分为钛型(又称金红石型、酸性渣)、钛钙型(又称金红石碱型、中性或弱碱性渣)、钙型(碱型渣)。

钛型渣系药芯焊丝的焊道成形美观,全位置焊接工艺性能优良,电弧稳定,飞溅小,但焊缝金属的韧性和抗裂性稍差。钙型渣系药芯焊丝焊缝金属的韧性和抗裂性优良,但焊道成形和焊接工艺性稍差。钛钙型渣系介于上述二者之间。

金属粉型药芯焊丝几乎不含造渣剂,焊接工艺性能类似于实芯焊丝,但电流密度更大,具有熔敷效率高、熔渣少的特点,抗裂性能优于熔渣型药芯焊丝。这种焊丝粉芯中大部分是金属粉(铁粉、脱氧剂等),其造渣量仅为熔渣型药芯焊丝的1/3,多层焊可不清渣,使焊接生产率进一步提高。此外,还加入了特殊的稳弧剂,使其飞溅小,电弧稳定,而且焊缝扩散氢含量低,抗裂性能得到改善。

目前我国药芯焊丝产品品种主要有钛型气保护、碱性气保护和耐磨堆焊(主要是埋弧焊类)三大系列,适用于碳钢、低合金高强钢、不锈钢等,大体可满足一般工程结构焊接需求。在产品质量方面,用于结构钢焊接的 E71T-1 钛型气保护药芯焊丝产品质量已经有了突破性的提高,而碱性药芯焊丝的产品质量有待进一步提高。

在气体保护电弧焊中,以药芯焊丝代替实芯焊丝进行焊接,这在技术上是一大进步。

(二)特点

1. 与手工电弧焊焊条相比,可能实现高效焊接;

2. 容易实现自动化、机械化焊接;

3. 能直接观察到电弧,容易控制焊接状态;

4. 抗风能力较弱,存在保护不良的危险;

5. 与实芯焊丝相比,药芯焊丝具有比实芯焊丝更高的熔敷速度,特别是在全位置焊接场合,可使用大电流,提高了焊接效率;工艺性好,电弧柔软,飞溅很少;焊道外观平坦、美观;烟尘发生量较多。

近几年来全位置焊接用细直径药芯焊丝的用时急剧增加,这类焊丝多为钛型渣系,具有十分优异的焊接工艺性能。过去实芯焊丝难以解决的诸多问题,如飞溅大、成形差、电弧硬等,采用细直径药芯焊丝焊接时这些问题大多不复存在了。由于药芯焊丝具有高效率和良好的焊接工艺性能等特点,已得到各行各业部门的高度评价,成为最具有发展前途的焊接材料。

思考题

3-1　按用途可将焊条分为哪几种,分别是哪些?

3-2　焊条由哪几部分组成,对焊芯的化学成分有什么特殊要求?

3-3　酸性焊条和碱性焊条在冶金性能方面各有何特点?

3-4　焊条药皮有何作用?

3-5　什么是焊条的工艺性能选择焊条有何要点?

3-6　生产中对焊剂有何质量要求?

3-7　烧结焊剂和熔炼焊剂各有何特点?

3-8　药芯焊丝与实芯焊丝相比有何优点和缺点?

第四章 熔池凝固和焊缝固态相变

熔焊时，在高温热源的作用下，母材将发生局部熔化，并与熔化了的焊丝金属搅拌混合形成焊接熔池。与此同时，焊接熔池进行了暂短而复杂的冶金反应，当焊接热源离开以后，熔池金属便开始凝固（结晶）。

熔池凝固过程对焊缝金属的组织、性能具有重要的影响。焊接过程中，由于熔池中的冶金条件和冷却条件的不同，可得到性能差异较大的组织，同时有许多缺陷是在熔池凝固的过程中产生的，如气孔、夹杂、偏析和结晶裂纹等。另一方面，焊接过程是处于非平衡的热力学条件，因此熔池金属在凝固过程中会产生许多晶体缺陷，这些缺陷的发展、形成都严重影响焊缝金属的性能，也可能成为发生失效事故的隐患。

本章重点研究焊缝金属的结晶形态和相变组织，对了解接头各区的组织特征及其形成机制，提高接头性能具有重要的指导意义。

第一节 熔池凝固

焊接熔池是在高温热源的作用下，由熔化的局部母材和填加材料所组成的具有一定几何形状的液态区域。随着温度下降，熔池金属开始了从液态到固态转变的凝固过程（图 4－1）。焊缝是指熔池凝固后所形成的固态区域，并在继续冷却中发生固态相变。熔池的凝固与焊缝的固态相变决定了焊缝金属的结晶结构、组织与性能。在焊接热源的特殊作用下，大的冷却速度还会使焊缝的化学成分与组织出现不均匀的现象，并有可能产生焊接缺陷。

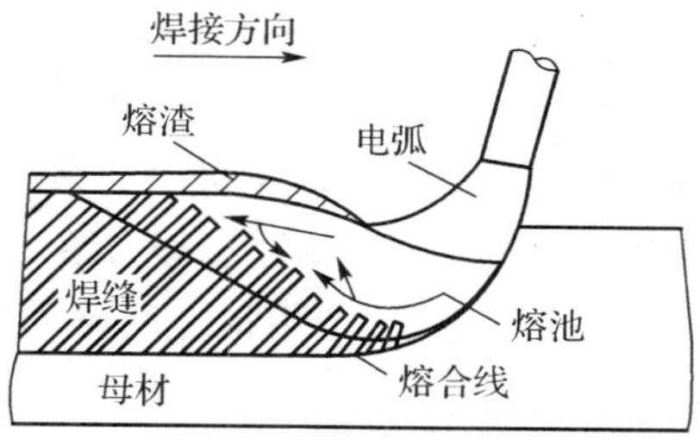

图 4－1 熔池的凝固过程

一、熔池凝固的条件和特点

焊接熔池虽小，但它的结晶规律与铸钢锭一样，凝固过程服从于金属结晶的基本规律。宏观上，金属结晶的实际温度总是低于理论结晶温度，即液体金属具有一定的过冷度是凝固的必要条件。微观上，金属的凝固过程由晶核不断形成和长大这两个基本过程共同构成。然而，由于焊接熔池的凝固条件不同，这个凝固过程还受到焊接热循环特殊条件的制约，与一般钢锭的结晶相比有如下的特点。

（一）熔池体积小、冷却速度大

在电弧焊的条件下，熔池的体积最大也只有 30 cm^3，质量不超过 100 g（单丝埋弧焊），而钢锭可达几吨至几十吨重。由于熔池的体积小，其周围被体积很大的母材金属所包围，熔池界面导热条件很好，故熔池冷却速度很快，其平均值可达到 100 ℃/s，约为铸造时的 10^4 倍。因此，对于含碳高、合金元素较多的钢种，焊接时容易产生淬硬组织，甚至焊道上产生裂纹。由于冷却很快，熔池中心和边缘有较大的温度梯度，致使焊缝中柱状晶得到很大发展。

(二)熔池过热、温度梯度大

焊接熔池中的液态金属处于过热状态，温度极不均匀，热源中心呈过热状态，一般钢可达2 300 ℃。如低碳钢的焊接熔池平均温度可达到1 870 ℃，远高于铸造时的最高平均温度1550℃，因此，熔池中的液态金属处于过热状态。同时，因为熔池体积小且温度高，使得熔池边界的温度梯度很大，可比铸造时大10^4倍。

由于液体金属的过热程度较大，合金元素的烧损比较严重，使熔池中非自发晶核的质点大为减少，这也是促使焊缝中柱状晶得到发展的原因之一。

(三)熔池在动态下结晶

熔池随焊接热源而移动，对凝固过程带来两方面的影响。一是熔池各部位在液态停留的时间非常短，而且，焊接熔池中金属的结晶和熔化是同时进行的。如图4－2所示，熔池前半部abc进行加热与熔化，而后半部cda则是冷却与凝固；二是随热源的运动及焊条的连续给进，熔池中不断有新的液体金属补充并进行搅拌。因此，熔池金属的凝固过程总是在新基础上开始，固液相界面以比铸锭高出10～100倍的速度向前推进，同时在运动中不断排出气体。焊条摆动与电弧吹力所产生的强烈搅拌作用，进一步促进气体和杂质的浮出，因而焊缝的凝固组织要比一般铸锭致密性好。

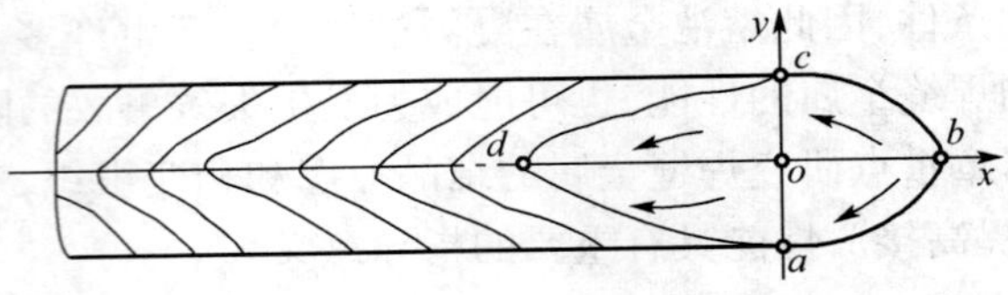

图4－2 熔池在运动状态凝固

(四)焊接熔池凝固以熔化母材为基础

在熔化母材基础上的凝固过程与熔池的形状、尺寸密切相关，并直接取决于焊接工艺。此外，母材形成的“壁模”与熔池之间不存在空气隙，因而具有较好的导热条件与形核条件。

二、熔池的结晶过程

焊接时，熔池金属的结晶与一般炼钢时钢锭的结晶一样，也是在过冷的液体金属中，首先形成晶核和晶核长大的结晶过程。然而，结合上述熔池的结晶的特殊性，在结晶过程中有一定的规律。

(一)熔池中晶核的形成

从金属学我们知道，生成晶核的条件是过冷度。在一定范围内过冷度越大，固液两相的自由能相差越多，越有利于形成晶核。焊接时的冷却速度高，容易获得较大的过冷度，有利于凝固过程的进行。

与铸锭一样，熔池中的晶核也是以异质晶核(非自发晶核)为主。熔池中存在有两种所谓现成表面：一种是合金元素或杂质的悬浮质点，由于温度高，可以成为异质晶核的难熔质点很少(在一般正常情况下所起作用不大)；另一种就是熔合区附近加热到半熔化状态基本金属的晶粒表面，这个半熔化晶粒的尺寸与构造最符合新相形成条件，而成为新相形核的表面。也就是说，熔池凝固时主要是以半熔化的母材晶粒为晶核并长大，如图4－3和图4－4所示。因此，熔池具备了有利的形核条件。

焊接时，为改善焊缝金属的性能，通过焊接材料加入一定量的合金元素(如铝、钒、钛、钼等)可以作为熔池中非自发晶核的质点，从而使焊缝金属晶粒细化。

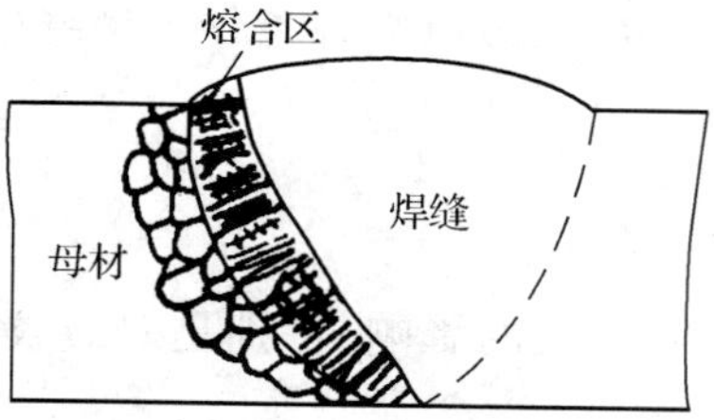

图4-3 熔合区母材晶粒上成长的柱状晶

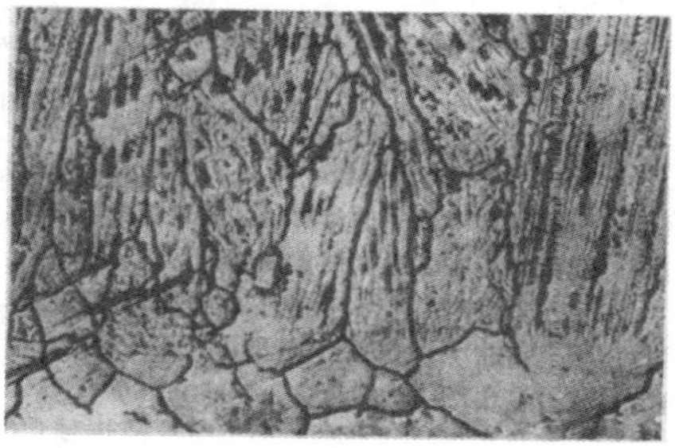

图4-4 奥氏体钢焊缝的联生晶

(二)熔池中的晶核长大

熔池凝固一般是从熔池边界开始的,非自发晶核就依附在母材半熔化晶粒的表面,沿着散热的反方向(即等温线的法线方向)以柱晶的形式由半熔化的母材晶粒向焊缝中心成长,而且成长的取向与母材晶粒相同。焊接金属的晶粒实际是母材半熔化晶粒的延伸,二者之间不存在晶界面(图4-3)。图4-4是不发生固态相变的奥氏体钢熔池凝固后的情况。可以看出焊缝与母材具有共同的晶粒,二者在微观上形成整体。这种依附于母材半熔化晶粒开始长大的结晶方式叫做联生结晶或交互结晶。联生结晶是焊接的重要特征,钎焊和粘接都不是联生结晶。

由于焊缝的柱状晶是从半熔化的母材晶粒开始成长的,半熔化区母材晶粒的尺寸就决定焊缝柱状晶的尺寸。为了防止因母材过热而导致焊缝的晶粒粗化,在生产中焊接对热比较敏感的材料时,应通过调整焊接参数等措施来控制近缝区母材的晶粒尺寸。

在熔池结晶过程中,尽管结晶总是从半熔化的母材晶粒开始联生成长,但不同方向上的成长趋势各不相同。结晶理论告诉我们,每一种晶体点阵都存在一个结晶速度最快的最优先结晶取向,而且温度梯度的方向对结晶速度也有极为重要的影响。对于呈体心或面心点阵的金属来说,只有最优结晶取向与温度梯度最大的方向(即散热最快的方向,亦即熔池边界的垂直方向)相一致的晶粒(图4-5中涂阴线的晶粒)才有可能持续成长,并一直长到熔池中心;而那些位向与散热方向不一致的晶粒,则长大较慢,最终受到排挤而中断。

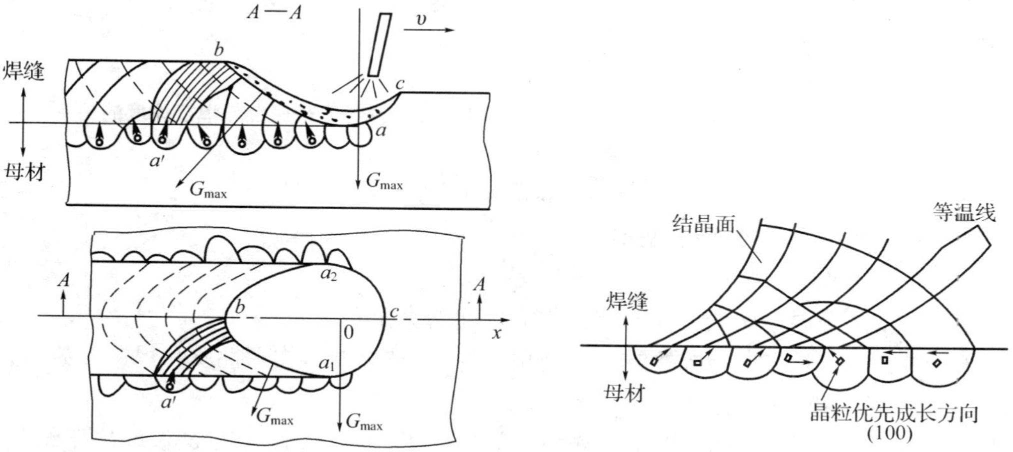

图4-5 柱状晶的选择长大 G_{max}—最大温度梯度

总之，焊缝的凝固组织（或称一次组织）属于铸造组织，凝固时从焊缝边界开始形核，以联生结晶的形式向中心成长。由于熔池体积小，冷却速度高，一般电弧焊条件下焊缝中看不到等轴晶粒。

三、结晶的速度和方向动态变化

实践证明，熔池的结晶方向和结晶速度对焊接质量有很大的影响，特别是对裂纹、夹杂、气孔等缺陷的形成影响更大。

如前所述，焊接熔池的外形是椭球状的曲面，这个曲面就是结晶的等温面的，熔池的散热方向是垂直于结晶等温面的，因此晶粒的成长方向也垂直于结晶等温面。由于结晶等温面是曲面，那么理论上讲，晶粒成长的主轴必然是弯曲的。这种理论上的推断早已被大量的实验所证实，如图4－6所示，晶粒主轴的成长方向与结晶等温面正交，并且以弯曲的形状向焊缝中心成长。

图4－6 弯曲状成长晶粒

（一）结晶速度的表达式

熔池结晶总是从熔池边界处半熔化的母材晶粒上开始形核并向焊缝中心成长的，设任意晶粒主轴、任意点的结晶等温面法线方向与焊接方向的夹角为 α，晶粒成长方向与焊接方向之间的夹角为 β，在 $\mathrm{d}t$ 时间内熔池边界的结晶等温面从 t 时刻的位置移到 $t+\mathrm{d}t$ 时刻的位置，如图4－7所示。若晶粒的成长速度（即结晶速度）为 R，焊接速度为 v，则 R 与 v 存在下列关系

$$R\mathrm{d}t\cos(\alpha-\beta)=v\mathrm{d}t\cos\alpha$$

将上式化简得到

$$R=\frac{v\cos\alpha}{\cos(\alpha-\beta)} \qquad (4-1)$$

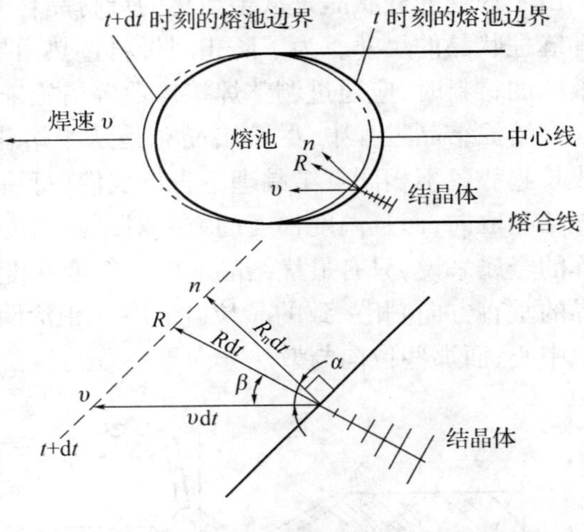

图4－7 晶粒成长速度与焊接速度的关系

当 α 与 β 的差别较小时，$\cos(\alpha-\beta)\approx 1$，$\cos\alpha\approx\cos\beta$，于是

$$R\approx\cos\alpha\approx\cos\beta \qquad (4-2)$$

式中 R——晶粒成长速度或结晶速度；

v——焊接速度；

α——结晶等温面法线方向与焊接方向之间的夹角；

β——晶粒成长方向与焊接方向的夹角，取决于被焊材料物理性质和焊接参数。

（二）成长速度和方向的变化

由式（4－2）可以看出，在焊接速度 v 一定的条件下，晶粒成长速度 R 仅取决于结晶等温面法线方向与焊接方向的夹角 α 或晶粒成长方向与焊接方向的夹角 β。因此，将 α 和 β 统称为晶粒成长的方向角。由于熔池边界上不同位置处的等温面法线方向不同，因而晶粒成长过程中其成长方向在不断发生变化，其成长速度也在发生变化。

晶粒成长过程中，在开始结晶的熔池两侧，$\alpha=90°$，$\cos\alpha=0$，$R\approx 0$，说明晶粒在开始成长时，其成长方向与焊接方向垂直，成长速度最小（即在熔合线上），接近于零；当晶粒成长到熔池中心时，$\alpha=0°$，$\cos\alpha=1$，$R=v$，说明晶粒成长到最后时，其成长方向与焊接方向一致，成长速度最大（在焊缝中心），接近于焊接速度。这就是说，当晶粒由熔池两侧开始结晶一直成长到最后的过程中，晶粒成长的方向和速度均随结晶进行而变化。

（三）焊接速度对成长速度和方向的影响

如第一章所述，焊接速度增加时，焊接温度场的范围变小，熔池形状变得细长。因此，焊接速度越大，晶粒成长的方向角越大，晶粒越向垂直于熔池中心线的方向成长，从而形成垂直于焊缝中心线的柱状晶，如图4-8(a)所示；反之，焊接速度较小时，晶粒的成长方向角可以由90°逐渐变小，并达到很小的数值，而形成弯曲的晶粒，如图4-8(b)所示。

图4-8　焊接速度对晶粒长大方向的影响

(a) 高速焊；(b)低速焊

熔池的结晶方向和结晶速度对焊接质量有很大的影响，例如对裂纹的影响，当晶粒主轴垂直于焊缝中心时，易形成脆弱的结合面。因此，采用过大的焊接速度时，常在焊缝中心出现纵向裂纹，如图4-9所示。对于焊接奥氏体钢和铝合金时应特别注意不能采用大的焊接速度。

焊接速度对晶粒成长速度的影响是非常明显的，如图4-10所示，其中y为到焊缝中心的距离。当功率不变的情况下，增大焊接速度，晶粒成长平均线速度（即结晶速度）也增大，结晶加快。不仅如此，焊接速度对结晶速度增长率也有影响，当焊速比较小时（0.1cm/s），结晶速度的增长率比较小，上升比较缓慢。当焊速增大时（1.0cm/s），结晶速度增长率比较大，上升比较急剧。

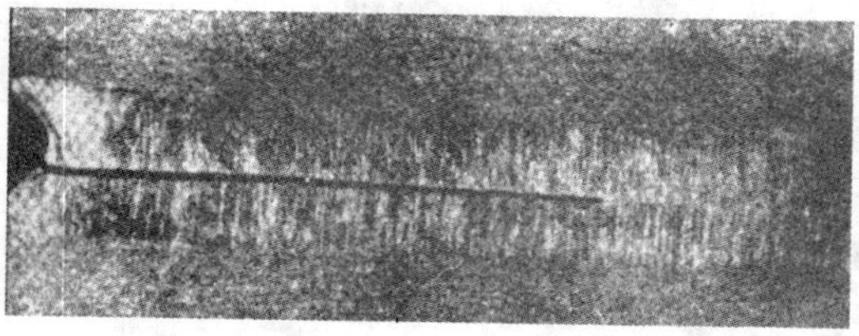

图4-9　大焊速时焊缝的纵向裂纹

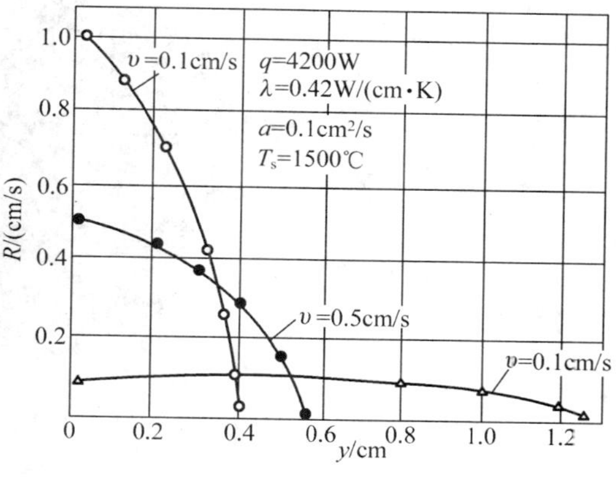

图4-10　焊接速度对晶粒成长速度的影响

应当指出，以上讨论的晶粒成长速度只是晶粒成长过程中晶粒主轴的平均成长速度。而实际上，由于熔池结晶过程的复杂性，晶粒成长速度会随结晶潜热释放和热源作用的周期性而波动。

四、焊接熔池的结晶形态

对熔池结晶后所形成的焊缝进行宏观观察发现，主要存在两种晶粒，即柱状晶粒和等轴晶粒。如果在显微镜下进行微观分析时，还可以发现在每个柱状晶内还有不同的结晶形态，如平面结晶、胞状结晶、胞状树枝结晶或树枝状结晶等，而等轴晶粒一般是通过树枝状结晶形成的。这些柱状晶或等轴晶内部的微观形状称为亚晶。本节所讨论的熔池结晶形态主要是指晶粒内部的亚晶形态，至于具体呈现何种结晶形态，取决于结晶期间固－液界面前沿成分过冷的程度。

（一）熔池结晶的典型形态

1. 平面结晶

当固－液界面前方液相中的温度梯度 G（即温度曲线的斜率 dT/dx）很大时，液相温度曲线 T 不与结晶温度曲线 T_L 相交，因而液相中不存在成分过冷区，如图 4－11(a)所示。由于固－液界面前方温度较高，一旦有向前凸出生长的晶芽，就将被较热的液态金属所熔化。因此，结晶过程只能以平面形式向前推进，从而形成平滑的结晶界面，如图 4－11(b)所示。

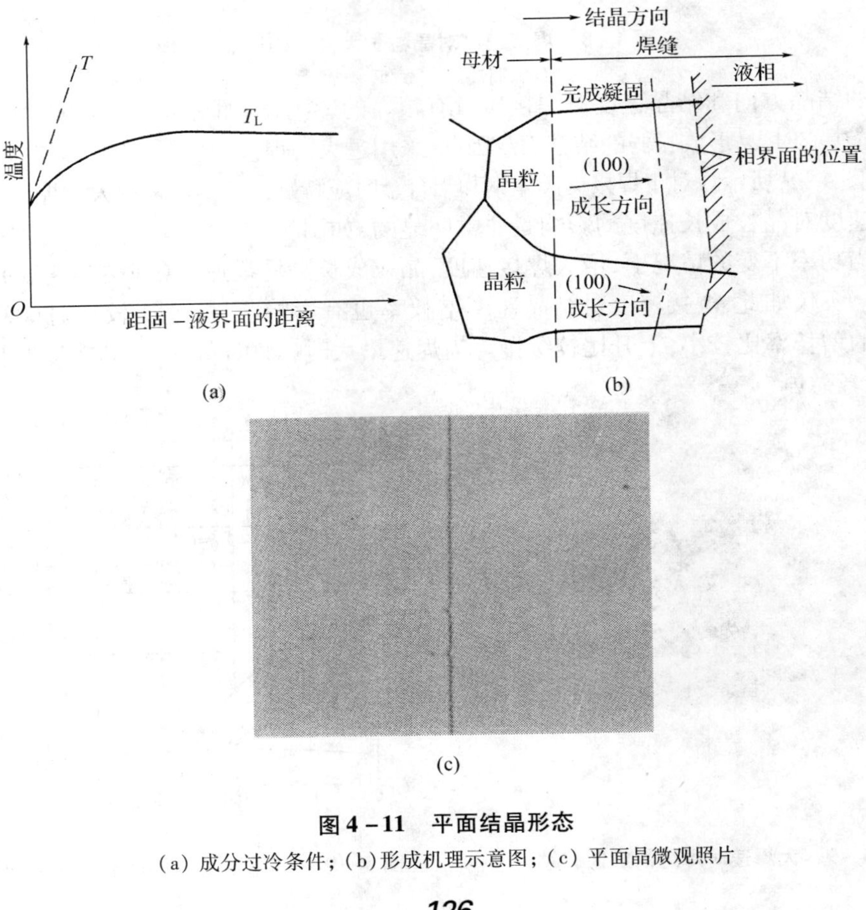

图 4－11　平面结晶形态

(a) 成分过冷条件；(b)形成机理示意图；(c) 平面晶微观照片

这种平面结晶形态多发生在高纯度金属的焊缝中，或位于温度梯度很高而结晶速度很小的焊缝边界层内，如图 4－11(c)所示。

2. 胞状结晶

当固－液界面前方液相中的温度梯度 G 较大时，液相温度曲线 T 与结晶温度曲线 T_L 在短距离 x 内相交，形成较小的成分过冷区，如图 4－12(a)所示。在此条件下，平面结晶界面处于不稳定状态，凝固界面长出许多平行束状的芽胞伸入过冷的液体内，并向前生长，于是在晶粒内部形成相互平行的胞状亚晶，其断面呈现六角形的胞状形态，如同细胞或蜂窝状，如图 4－12(b)、4－12(c)所示。

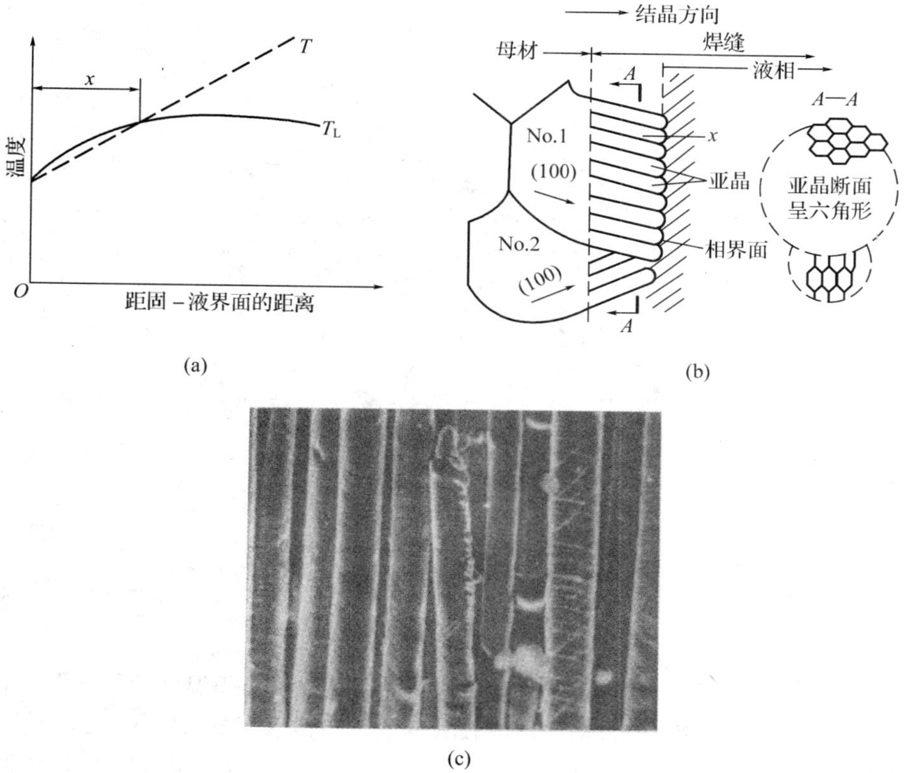

图 4－12 胞状结晶形态

(a) 成分过冷条件；(b)形成机理示意图；(c) 胞状结晶微观照片

3. 胞状树枝结晶

随固－液界面前方液相中的温度梯度 G 的减小，液相温度曲线 T 与结晶温度曲线 T_L 相交的距离 x 增大，所形成的成分过冷区增大，如图 4－13(a)所示。在此条件下，晶体成长加快，胞状晶前沿更向液相中凸出，并深入液相内部较长的距离，如图 4－13(b)。与此同时，凸出部分也向周围排除溶质，使其横向也产生成分过冷，并在主干的横向上长出短小的二次分枝。但由于主干的间距较小，因而二次分枝较短，从而形成了特殊的胞状树枝晶，如图 4－13(c)所示。

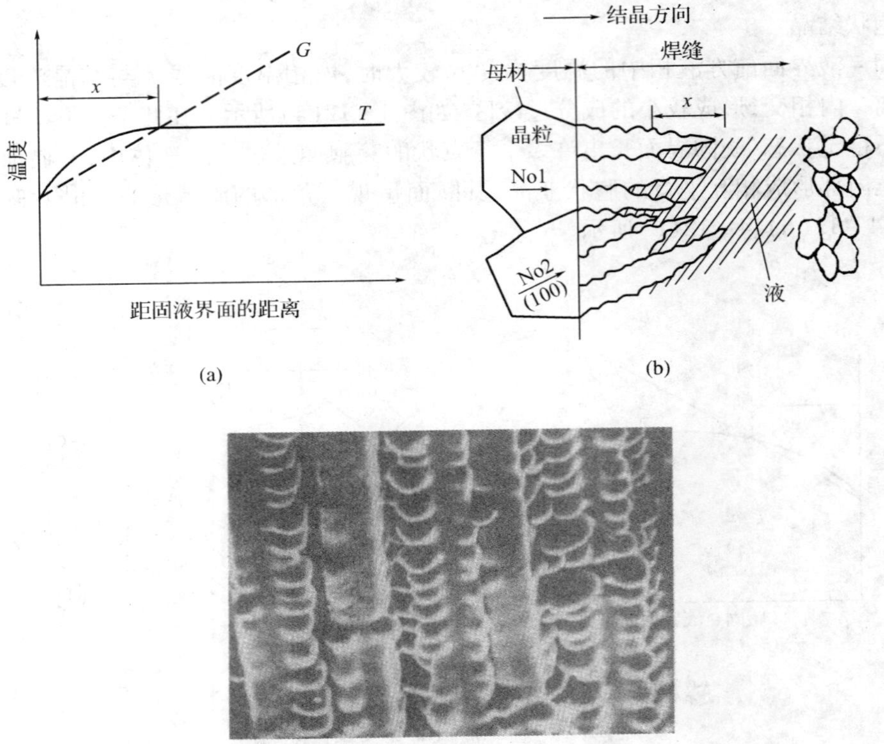

(a) (b) (c)

图4－13 胞状树枝结晶形态

(a) 成分过冷条件;(b)形成机理示意图;(c) 胞状树枝结晶微观照片

4. 树枝状结晶

当固－液界面前方液相中的温度梯度 G 进一步减小时,液相温度曲线 T 与结晶温度曲线 T_L 相交的距离 x 进一步增大,从而形成较大的成分过冷区,如图4－14(a)所示。此时晶体成长速度更快,在一个晶粒内部除产生一个很长的主干外,还向四周长出很多二次横枝,甚至在二次横枝上还长出三次横枝。这些横枝不断长大,直至邻近横枝接触为止,从而形成典型的树枝晶,如图4－14(b)、4－14(c)所示。

5. 等轴结晶

当固－液界面前方液相中的温度梯度 G 很小时,液相温度曲线 T 与结晶温度曲线 T_L 在很远处相交,从而在液相中形成很大的成分过冷区,如图4－15(a)所示。此时不但在结晶前沿出现树枝状结晶,而且在液相内部也能产生新的晶核。由于这些晶核周围所处状态相同,可以自由成长,因而形成了几何形状几乎对称的等轴晶粒,如图4－15(b)、(c)所示。

总之,焊接熔池的结晶形态主要取决于液相的成分过冷程度。随成分过冷程度的增大,依次出现平面晶、胞状晶、胞状树枝晶、树枝晶和等轴晶等结晶形态。由于成分过冷主要受熔池金属中溶质含量 w、熔池结晶速度 R 和液相温度梯度 G 的影响,因而可直接从 w、R 和 G 的综合作用来考察熔池结晶形态的变化规律,如图4－16所示。

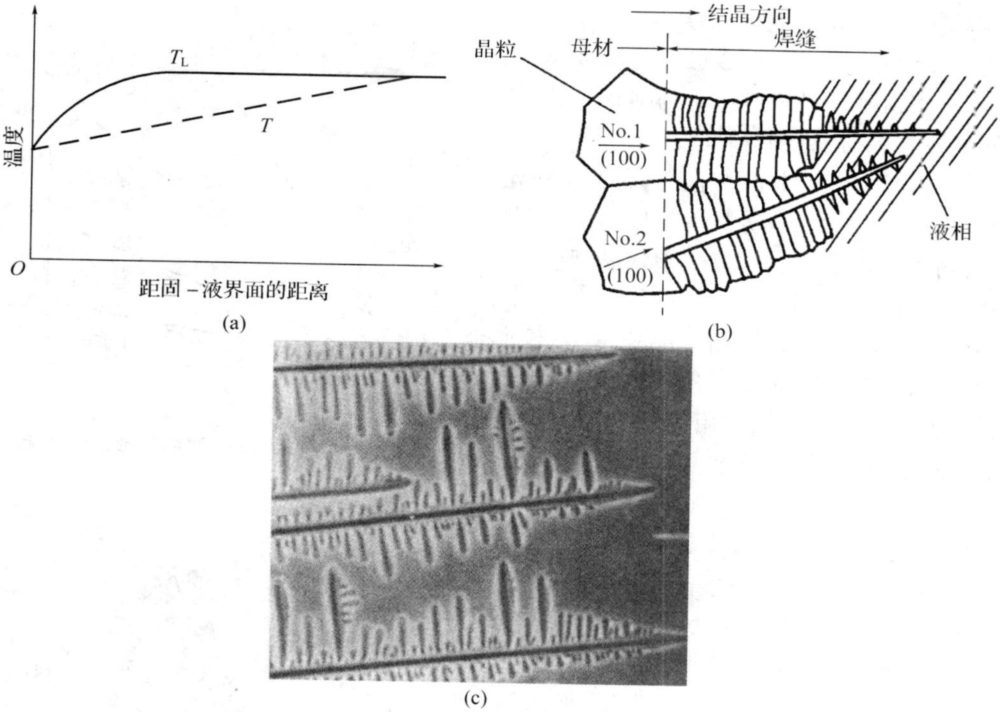

图 4－14　树枝结晶形态

(a) 成分过冷条件；(b)形成机理示意图；(c) 树枝结晶微观照片

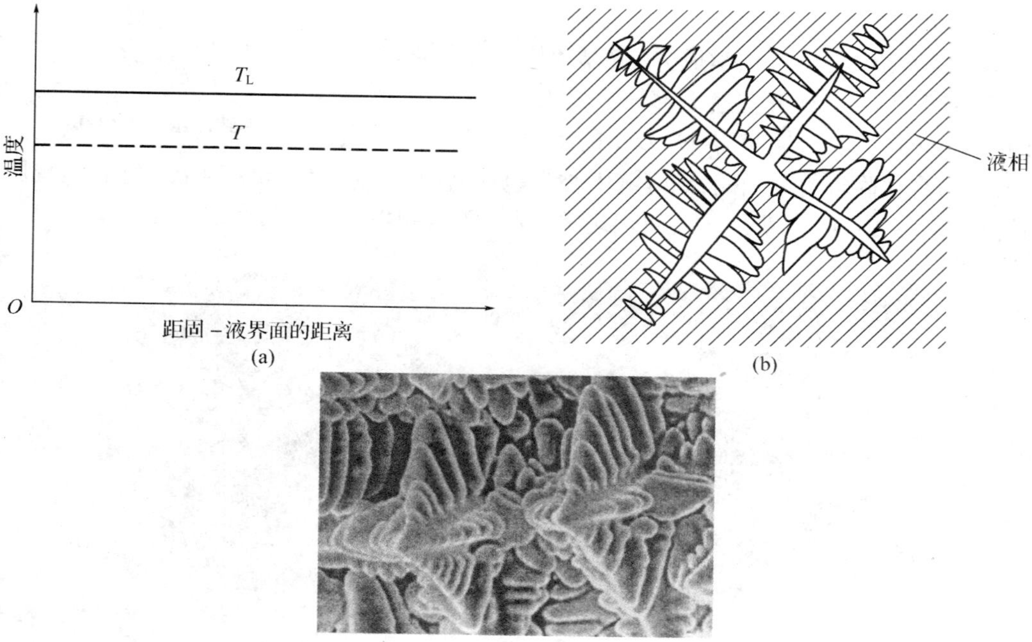

图 4－15　等轴结晶形态

(a) 成分过冷条件；(b)形成机理示意图；(c) 等轴结晶微观照片

在结晶速度 R 和温度梯度 G 一定的情况下，随溶质含量 w 的增加，成分过冷程度增大，结晶形态将由平面晶依次过渡到胞状晶、胞状树枝晶、树枝晶，最后到等轴晶。

同样，当溶质含量 W 和温度梯度 G 一定时，结晶速度 R 越快，成分过冷程度越大，结晶形态也将由平面晶依次过渡到胞状晶、胞状树枝晶、树枝晶和等轴晶。

然而，当溶质含量 w 和结晶速度 R 不变时，温度梯度 G 越大，成分过冷程度越小，结晶形态演变方向恰好相反，将由等轴晶依次演变到树枝晶、胞状树枝晶、胞状晶和平面晶。

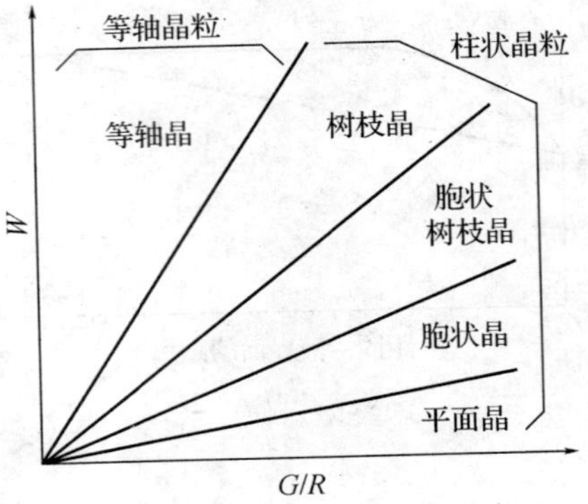

图 4－16　W、R 和 G 对结晶形态的影响

（二）焊接条件下的凝固（结晶）形态

焊接熔池中，不同部位具有不同的成分过冷，因此将会出现不同的结晶形态，如图 4－17 所示。在焊缝的熔化边界，由于温度梯度 G 较大，结晶速度 R 又较小，故成分过冷接近于零，所以平面晶得到发展。随着远离熔化边界向焊缝中心过渡，温度梯度 G 逐渐变小，而结晶速度逐渐增大，所以结晶形态将由平面晶向胞状晶、胞树枝状晶（柱状晶区），一直到等轴晶发展。

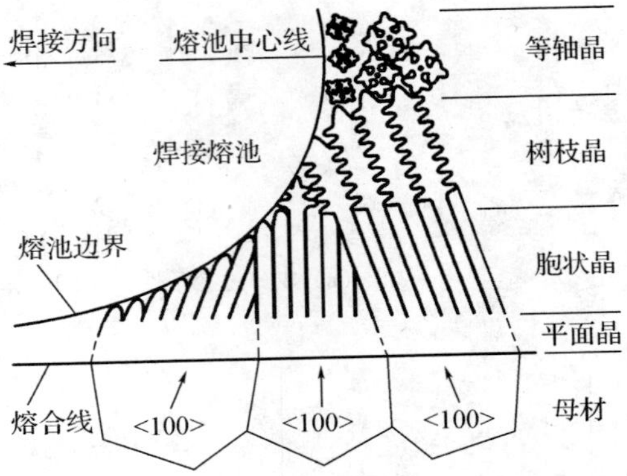

图 4－17　焊缝中结晶组织的分布

但实际焊缝中，由于化学成分、板厚和接头型式不同，不一定具有上述全部结晶形态。如图 4－18（a）所示，纯度为 99.99% 的铝焊缝中，在熔合线附近为平面晶，到焊缝中心为胞状晶；而纯度为 99.6% 的铝焊缝就出现胞状树枝晶（图 4－18（b）），焊缝中心可出现等轴晶（图 4－18（c））。

图 4－18　纯铝薄皮（1 mm）TIG 点焊焊缝凝固结晶组织形态

（a）平面晶—胞状晶；（b）胞状树枝晶；（c）等轴晶

此外，焊接工艺参数也有很大的影响。

(1)焊接速度的影响　当焊接速度增大，熔池中心的温度梯度下降很多，使熔池中心的成分过冷加大，因此快速焊接时，在焊缝中心往往出现大量的等轴晶(见图4－19(c))；而低速焊接时，在熔合线附近出现胞状树枝晶，在焊缝中心出现较细的胞状树枝晶(见图4－19(a)，(b))。

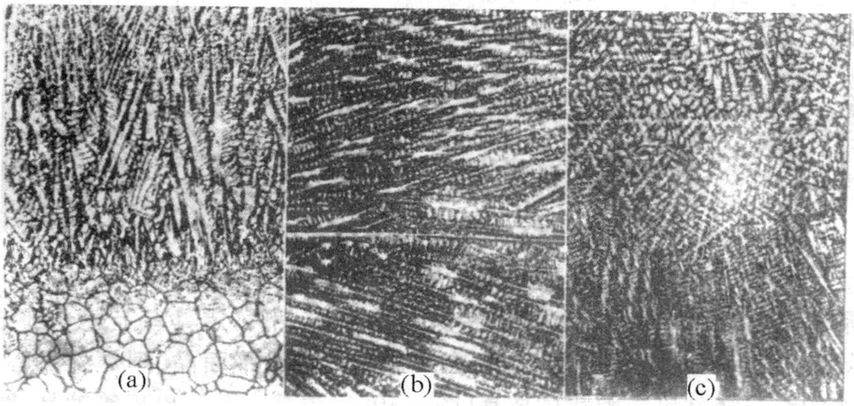

图4－19　蒙镍尔TIG焊焊缝结晶形态

(a)低焊速(16 cm/min)熔合线的胞状树枝晶；(b)低焊速(16 cm/min)焊缝中心的胞状树枝晶；(c)高焊速(64 cm/min)焊缝中心的等轴晶

(2)焊接电流影响　如表4－1所示。若焊接速度为50mm/min，当焊接电流由150A增加到300A直至450A时，焊缝的结晶组织将由胞状晶变成胞状树枝晶直至粗大的胞状树枝晶；若焊接电流为300A，当焊接速度由50mm/min增加到100mm/min时，焊缝的结晶组织将由胞状树枝晶变成细小的胞状树枝晶。

表4－1　焊接参数对HY－80钢焊缝结晶组织的影响

焊接速度/(mm/min)	焊接电流/A		
	150	300	450
50	胞状晶	胞树枝状晶	粗大胞树枝状晶
100	胞状晶	细小胞树枝状晶	粗大胞树枝状晶

五、偏析的形成及控制

焊缝结晶过程是一个不平衡的过程，快速冷却造成了各合金元素的分布是不均匀的。焊缝及熔合区中出现的这种合金元素分布不均匀的现象称为偏析，它是焊接热裂纹形成的重要原因之一。

(一)偏析的种类及形成原因

在熔池凝固过程中，由于冷速很高，合金元素来不及扩散，而在每个温度下析出的固溶体成分都要偏离平衡图固相线所对应的成分，同时先后凝固的固相成分又来不及扩散均匀。这种偏离平衡条件结晶(凝固)称为不平衡结晶。在不平衡结晶下得到的焊缝金属，其化学成分是不均匀的，即存在了偏析。

焊缝中的偏析主要有以下三种。

1. 显微偏析

根据金属学平衡结晶过程的理论可以知道，合金在结晶过程中，液、固两相的合金成分是在不断变化的。在熔池结晶的过程中，当温度降到液相线后，首先结晶形成的晶体含有的高熔点成分较多，也就是先结晶的固相比较纯，随着温度的不断下降和结晶过程的继续进行，剩余液相中的低熔点成分越来越多，并富集了较多的杂质。焊缝结晶后，由于冷却速度很快，焊缝金属中的合金元素来不及扩散，合金元素的分布是不均匀的，很大程度上保持着由于结晶有先后之分造成的偏析。这种在晶粒尺度上发生的化学成分不均匀的现象称为显微偏析，如图4－20所示。

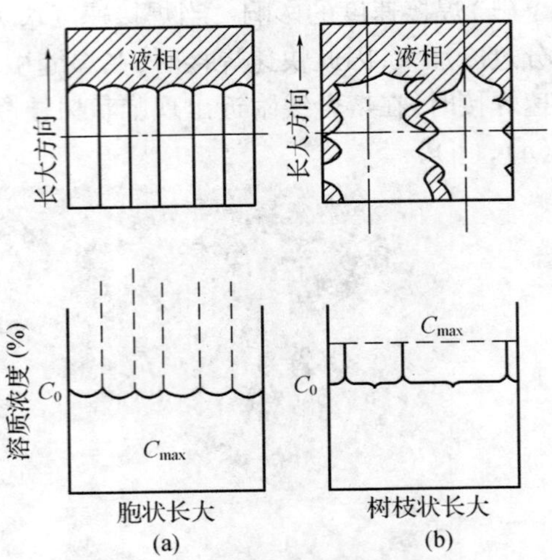

图4－20 胞状晶核树枝晶偏析

(a)胞状晶；(b)树枝晶

当焊缝的结晶固相呈胞状晶长大时，如图4－20(a)所示，在胞状晶体的中心，含低熔点溶质的浓度最低，而在胞状晶体相邻的边界上，低熔点溶质的浓度最高。

当固相呈树枝晶长大时，先结晶的树干含低熔点溶质的浓度最低，后结晶的树枝含低熔点溶质浓度略高，最后结晶的部分，即填充树枝间的残液，也就是树枝晶和相邻树枝晶之间的晶界上，低熔点溶质的浓度是最高的，如图4－20(b)。

利用电子探针测定溶质原子在晶界和晶内的分布时，发现在焊缝的晶界、晶内的亚晶界和树枝晶之间都存在着不同程度的显微偏析。如图4－21所示，是含有镍铬的合金结构钢树枝晶组织内，不同部位的镍、铬和锰的分布，其中 m 表示树枝干中心，I 表示树枝区域，A 和 M 表示树枝晶的间界。

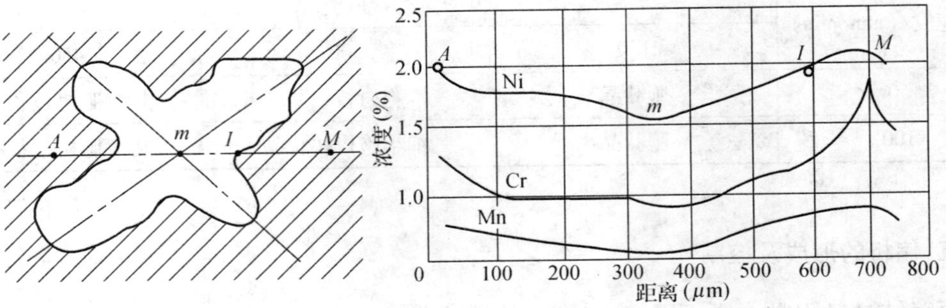

图4－21 含有Ni、Cr的钢中树枝晶偏析

焊缝中的组织由于结晶形态不同，也会具有不同的偏析程度。例如，低碳钢焊缝中，不同结晶形态时，锰的偏析如表4－2所示。从表4－2上的数据可知，树枝晶界的偏析较胞状晶界的偏析严重。

表4－2 不同结晶形态的偏析

位 置	Mn/%
树枝晶界	0.59
胞状晶界	0.57
胞状晶中心	0.47

此外，细晶粒的焊缝金属，由于晶界的增多，偏析分散，偏析的程度将会减弱。因此，就焊缝金属中的偏析而言，希望得到细晶粒的胞状晶。

2. 区域偏析

焊接时由于熔池中存在激烈的搅拌作用，同时焊接熔池又不断向前推移，不断加入新的液体金属，因此在焊缝凝固中，柱状晶前沿向前推进的同时，把低熔点物质（一般为杂质）排挤到焊缝中心，致使最后结晶的部位低熔点杂质的浓度最高，这种焊缝边缘到焊缝中心存在的化学成分不均匀的现象，称为区域偏析（图 4－22）。由于偏析是在宏观尺寸的范围内形成的，故又称为宏观偏析。杂质的集中使焊缝横截面中出现了低性能的区域，特别是当焊缝成形系数比较小时（图 4－22（a）），杂质集中在焊缝中心，在横向应力作用下就会沿焊缝纵向开裂。而成形系数较大时（图 4－22（b）），区域偏析对焊缝的抗裂能力影响较小。因此，在焊接对裂纹比较敏感的材料时，选择焊接参数应考虑对成形系数的要求。

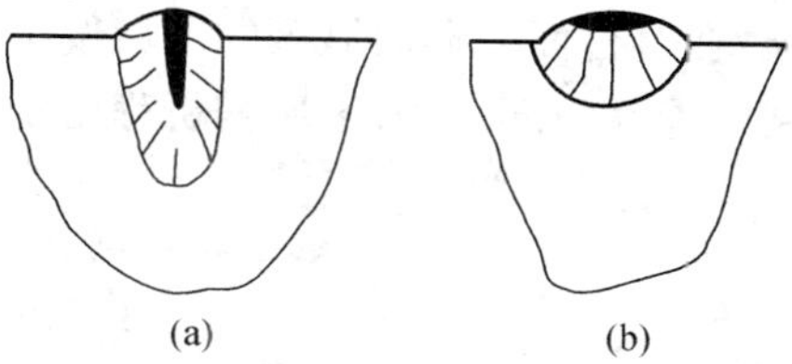

图 4－22　焊缝的区域偏析及成形系数的影响

（a）成形系数小；（b）成形系数小

当焊接速度较大时，成长的柱状晶最后都会在焊缝中心附近相遇，使溶质和杂质都聚集在那里，凝固后在焊缝中心附近出现区域偏析，在应力作用下，容易产生焊缝纵向裂纹。

3. 层状偏析

如果将焊缝断面经抛光浸蚀之后，可以明显地看出颜色不同的分层结构，层状线与熔合线轮廓相似，各层基本平行，但距离不等。实验证明，这些分层是由于结晶过程周期性变化而化学成分分布不均匀所造成的，因此称为层状偏析，如图 4－23 所示。因为溶质浓度不同的区域，对浸蚀剂的反应不同，浸蚀后的颜色就不一样。溶质浓度最高的区域的颜色最深，溶质为平均浓度的区域颜色较深，较宽的浅淡色区则为溶质贫化区。

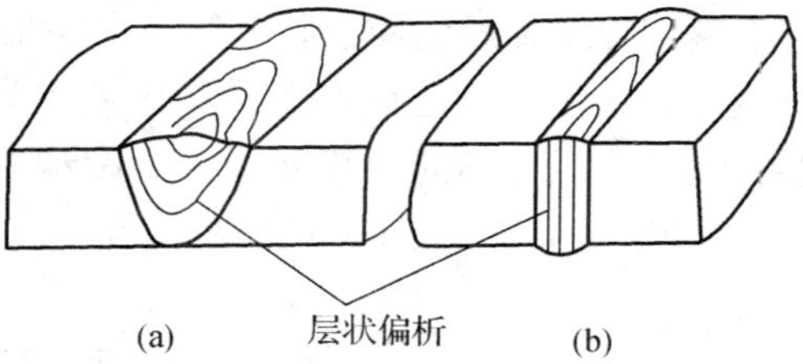

图 4－23　焊缝的层状偏析

（a）焊条电弧含；（b）电子束焊

熔池金属结晶时，在结晶前沿的液体金属中，溶质的浓度较高，同时也富集了一些杂质。当冷却速度较慢时，这一层浓度较高的溶质和杂质可以通过扩散而减轻偏析的程度。但冷却速度很快时，还没有来得及“均匀化”就已凝固，造成了溶质和杂质较多的结晶层。

由于结晶过程放出结晶潜热和熔滴过渡时热能输入的周期性变化，致使凝固界面的液体金属成分也发生周期性的变化。根据采用放射性同位素进行焊缝中元素分布规律的研究证明，产生层状偏析的原因是由于热的周期性作用而引起的。

试验证明，层状偏析常集中一些有害的元素（碳、硫、磷等），因而缺陷也往往出现在偏析层中。图 4－24 是由层状偏析所造成的气孔。层状偏析也会使焊缝

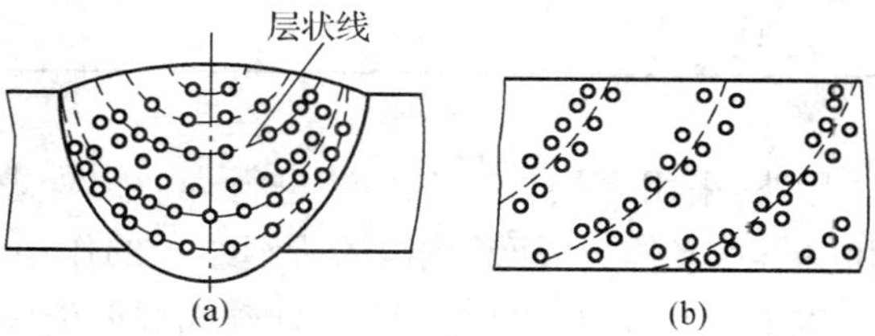

图 4－24　层状偏析与气孔

（a）横截面气孔的分布；（b）纵截面气孔的分布

的力学性能不均匀。抗腐性能下降，以及断裂韧性降低等，这些方面还需作系统的研究。

（二）偏析的控制措施

（1）细化焊缝晶粒　细晶粒的焊缝金属，由于晶界的增多，偏析分散，偏析的程度将会减弱。

（2）适当降低焊接速度　高速焊接时，熔池呈泪滴形，柱状晶近乎垂直地向焊缝轴线方向生长，在会合面处形成显著的区域偏析。而低速焊接时，熔池常成为椭圆形，柱状晶呈人字纹路向焊缝中部生长，区域偏析程度相应降低。

第二节　焊缝的固态相变

对于有同素异构转变的焊缝金属来讲，焊接熔池完全凝固后所形成的固态焊缝，在随后的连续冷却过程中还将发生相的转变，从而形成相变组织，亦即焊缝最终的组织。

焊缝金属的固态相变遵循一般钢铁固态相变的基本规律。就钢铁材料而言，相变组织主要取决于焊缝金属的化学成分和冷却条件。由于钢材的种类很多，这里仅对具有代表性的低碳钢和低合金钢的焊缝相变组织进行论述和分析。

一、低碳钢焊缝的固态相变

（一）铁素体和珠光体

低碳钢焊缝金属的固态相变组织主要是铁素体加少量的珠光体，这是因为其含碳量很低所致。铁素体一般是首先在原奥氏体边界析出，其晶粒十分粗大。然而，不同的冷却速度会得到晶粒尺寸不同的相变组织。冷却速度越快，焊缝金属中珠光体越多，而且组织细化，显微硬度增高，如表 4－3 所示。

表 4－3　低碳钢焊缝冷速对组织和硬度的影响

冷却速度 /(℃/s)	焊缝组织的体积分数/%		焊缝硬度 HV
	铁素体	珠光体	
1	82	18	165
5	79	21	167
10	65	35	185
35	61	39	195
50	40	60	205
110	38	62	228

此外，采用多层焊或对焊缝进行焊后热处理也可破坏焊缝的柱状晶，得到细小的铁素体和少量珠光体，从而起到改善焊缝组织的作用。一般使钢中柱状晶消失的临界温度约为 A_3 点以上 20～30℃，图 4－25 为低碳钢焊缝消失柱状晶的临界温度与加热温度和加热时间的关系。可以看出，约在 900℃以上短时间加热，即可使柱状组织消失。但在多层焊时由于受热的温度和时间不同，故柱状晶消失的程度不均匀，由图 4－26 可见，低碳钢单层焊缝受

不同温度的再加热时，使柱状晶的细化程度不同，因而具有不同的冲击韧度。由图可见，在900℃附近的加热效果最好，超过1100℃时则发生晶粒粗化，而在500～600℃加热时，由于焊缝金属中的碳、氮元素发生时效而使冲击韧度下降。

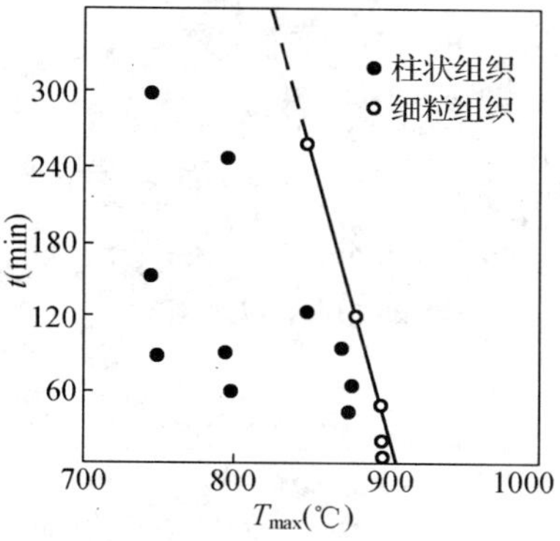

图4－25 低碳钢单层焊缝消失柱状晶的临界温度

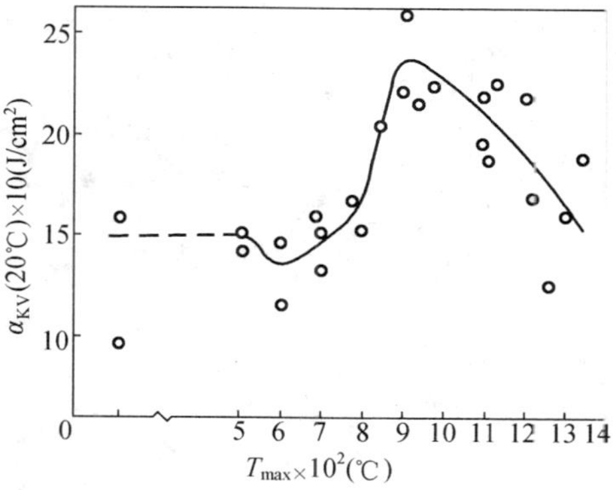

图4－26 低碳钢单层焊缝再加热时的冲击韧度变化

（二）魏氏组织

在过热的低碳钢焊缝中，还可能出现塑性和韧性很差的魏氏组织，如图4－27所示。它是焊缝含碳量和冷却速度处在一定范围内时产生的，更易在粗晶奥氏体内形成。

魏氏组织的特征是铁素体在原奥氏体晶界呈网状析出，或从原奥氏体晶粒内部沿一定方向呈长短不一的针状或片条状析出，直接插入珠光体晶粒之中。因此，一般认为魏氏组织是由先共析铁素体、侧板条铁素体和珠光体混合而成的多相组织。而在冷却速度特别大时，低碳钢焊缝中也可能出现马氏体组织。

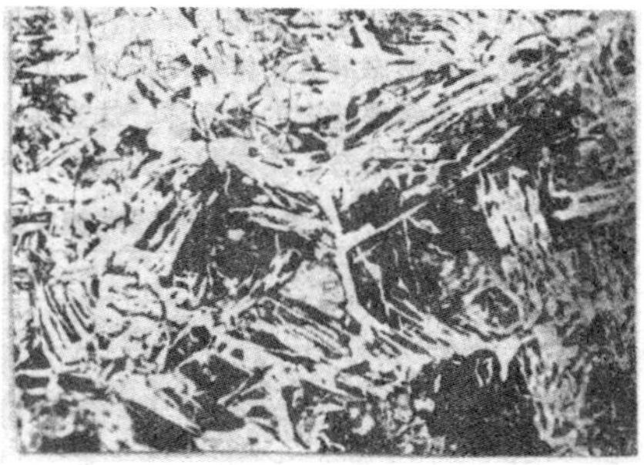

图4－27 低碳钢焊缝中魏氏组织

二、低合金钢焊缝的固态相变

低合金钢焊缝固态相变的情况比低碳钢复杂得多，随母材、焊接材料化学成分及冷却条件的不同而变化。固态相变除铁素体F与珠光体P转变外，还可能出现贝氏体B与马氏体M转变，它们对焊缝金属的性能具有十分重要的影响。应该指出，低合金钢焊缝中的铁素体、珠光体，与低碳钢焊缝中的铁素体、珠光体虽然在组织结构上相同，但在形态上却有很大的差别，从而具有不同的性能。

（一）铁素体F转变

低合金钢焊缝中的铁素体，具有比较复杂的形态。按其形态特征和出现的部位可以分为先共析铁素体GBF、侧板条铁素体FSP、针状铁素体AF和细晶铁素体FGF，典型形态如图4－28所示。

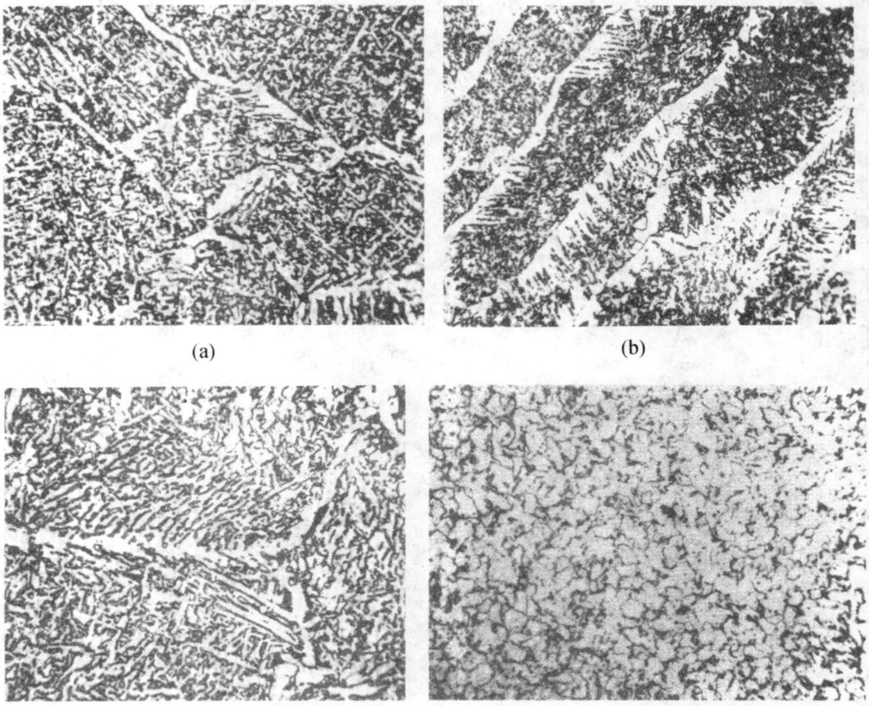

(a) (b) (c) (d)

图4－28　含有不同铁素体的低合金钢焊缝组织

(a) GBF; (b) FS P;(c) AF; (d) FGF

1. 先共析铁素体 GBF

先共析铁素体也称晶界铁素体，是焊缝冷却到770～680℃的较高温区内，沿奥氏体晶界首先析出的铁素体。其形态可以是沿晶扩展的长条形，也可以是沿晶分布的块状多边形。一般来讲，合金含量越低，高温停留时间越长，冷却速度越慢，先共析铁素体的数量越多。由于先共析铁素体为低屈服点的脆性相，因而使焊缝金属的韧性降低。

2. 侧板条铁素体 FSP

侧板条铁素体也称无碳贝氏体，其形成温度比先共析铁素体稍低，是焊缝冷却到700～550℃的较宽温区内，从先共析铁素体的侧面以板条状向原奥氏体晶内生长的铁素体。其形态如镐牙，长宽比在20以上。由于侧板条铁素体内部的位错密度比先共析铁素体高，因而使焊缝金属的韧性显著降低。

3. 针状铁素体 AF

针状铁素体的形成温度比侧板条铁素体还低，是在500℃附近的中等冷却速度下，在原奥氏体晶内以针状生长的铁素体。其宽度约为2μm，长宽比在3～5之间，常以某些弥散氧化物或氮化物质点为核心，呈放射性成长，使形成的针状铁素体相互制约而不能自由成长。虽然针状铁素体内部的位错密度更高，位错之间相互缠结，分布也不均匀，但对于屈服强度低于550MPa、硬度在175～225HV之间的焊缝来讲，针状铁素体的增加可显著改善焊缝金属的韧性。

4. 细晶铁素体 FGF

细晶铁素体也称贝氏铁素体，是介于铁素体与贝氏体之间的转变产物。它是在有细化晶粒的元素（如钛、硼等）中存在且在稍低于500℃的温度下，在原奥氏体晶内形成的晶粒尺寸较小的铁素体，而且在细晶之间有珠光体和渗碳体析出。

（二）珠光体 P

珠光体是铁素体和渗碳体的层状混合物，是低合金钢在接近平衡状态下（如热处理时的连续冷却过程），在 Ac_1 ~550℃温区内发生扩散相变的产物。根据珠光体中层片的细密程度，可将珠光体分为层状珠光体 P_L、粒状珠光体 P_r 和细珠光体 P_s，典型形态如图 4－29 所示。其中，粒状珠光体 P_r 又称托氏体，而细珠光体 P_S 又称索氏体。

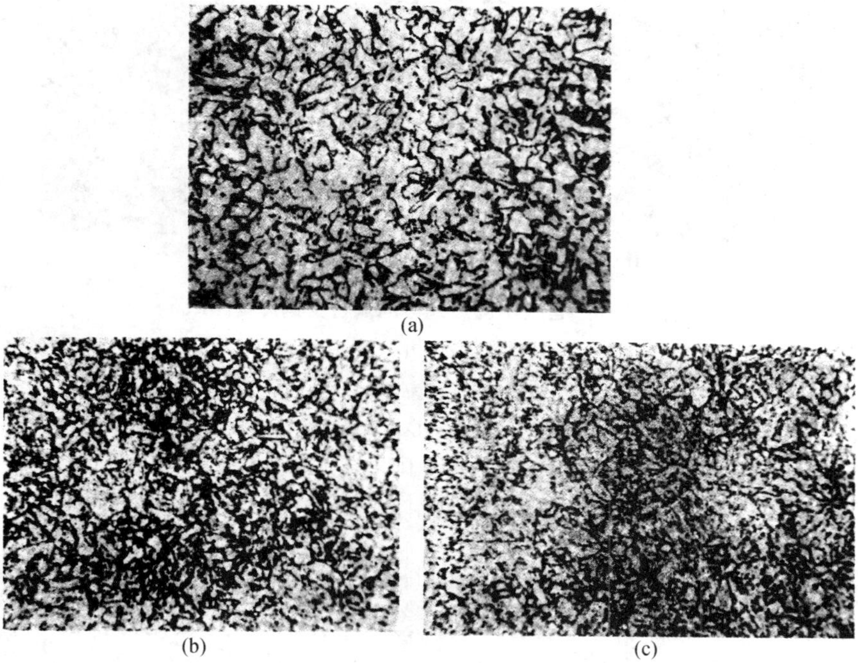

图 4－29　含有不同珠光体的低合金钢焊缝组织

(a) P_L; (b) P_r; (c) P_S

在焊接的非平衡状态下，原子不能充分扩散，抑制了珠光体的转变，扩大了铁素体和贝氏体的转变区域。特别是焊缝中含有硼、钛等细化晶粒的元素时，可完全抑制珠光体的转变，致使低合金焊缝中很少产生珠光体组织。只有在预热、缓冷及后热等使冷却速度变得极其缓慢的情况下，才能在焊缝中形成少量的珠光体，如图 4－29 所示。焊缝中的珠光体能增加焊缝的强度，但使其韧性降低。

（三）贝氏体 B

贝氏体转变属于中温转变，此时合金元素已不能扩散，只有碳还能扩散，它的转变温度在 550℃ ~ M_S。在焊接热循环条件下，易于发生贝氏体转变。根据贝氏体的形成温度区间及其特征，可将贝氏体分为上贝氏体 Bu 和下贝氏体 B_L 以及粒状贝氏体 B_G 和条状贝氏体 B_P 等，典型形态如图 4－30 所示。

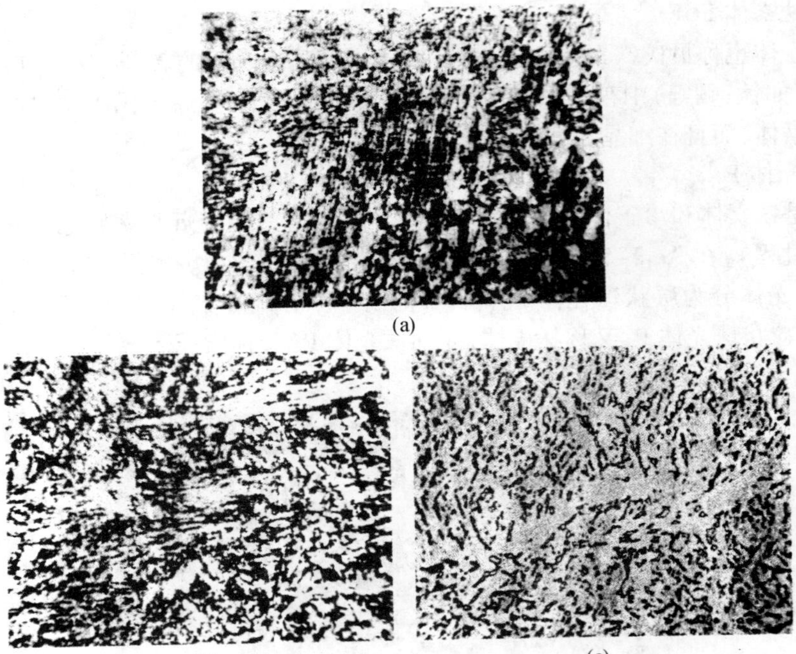

图 4－30　含有不同贝氏体的低合金钢焊缝组织

(a) Bu; (b) B_L; (c) B_G

1. 上贝氏体 B_u

上贝氏体是在550 ～450℃左右的温区内形成的，其特征是呈羽毛状沿原奥氏体晶界析出，其内平行的条状铁素体间分布有渗碳体。由于这些渗碳体断续地分布于铁素体条之间，使得裂纹易沿铁素体条间扩展，因而上贝氏体是各种贝氏体中韧性最差的一种。

2. 下贝氏体 B_L

下贝氏体是在450℃ ～M_s 左右的温区内形成的，其特征是内部许多针状铁素体和针状渗碳体机械混合，针与针之间成一定的角度，铁素体内还分布有碳化物颗粒。正是由于下贝氏体中铁素体针成一定交角，且碳化物弥散析出于铁素体内，使得裂纹不易穿过，因而具有良好的强度和韧性。

3. 粒状贝氏体 B_G 或条状贝氏体 B_P

粒状或条状贝氏体是在稍高于上贝氏体转变温度且中等冷却速度条件下形成的，其特征是块状铁素体上分布有富碳的马氏体和残余奥氏体，即 M－A 组元。它是在块状铁素体形成之后，由岛状分布其上的待转变的富碳奥氏体在一定的合金成分和冷却速度下转变而成的。当 M－A 组元以粒状分布在块状铁素体上时，对应的组织称为粒状贝氏体；而当 M－A组元以条状分布在块状铁素体上时，对应的组织则称为条状贝氏体。粒状贝氏体中的 M－A 组元也称为岛状马氏体，其硬度高，在载荷下可能开裂或在相邻铁素体薄层中引起裂纹而使焊缝韧性下降。

贝氏体转变可有多种形态，通常所遇到的魏氏组织出现，主要在低碳钢和低合金钢热影响区的过热部位，由于过热而引起的。

(四) 马氏体 M

马氏体是在 M_s 温度以下发生的相变产物。在快速冷却条件下，当焊缝金属的含碳量较高或所含合金元素较多时，将会发生由过冷奥氏体向马氏体的转变，从而形成不同形态的条状马氏体 M_D 和片状马氏体 M_T，如图 4－31 所示。

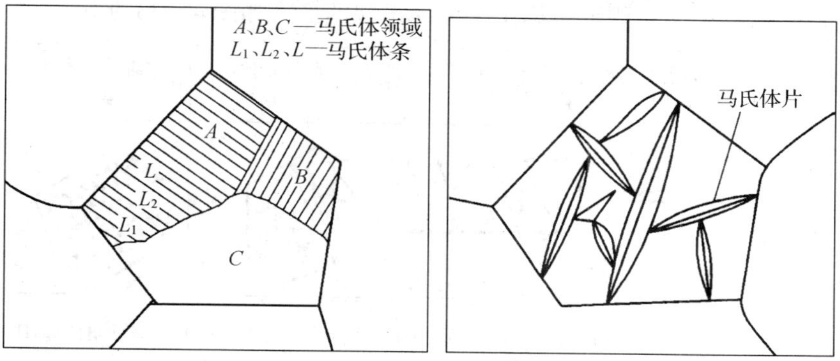

图 4－31　马氏体形态示意图

1. 板条马氏体 M_D

板条马氏体是低碳低合金焊缝在连续快冷条件下常出现的组织形态，其特征是在原奥氏体晶粒内部形成具有一定交角的马氏体板条，每个马氏体板条内部是平行生长的束状细条，如图 4－31(a)所示。由于条状马氏体含碳量低，其板条内存在许多位错，因而板条马氏体又称低碳马氏体或位错马氏体。板条马氏体不但具有较高的强度，而且具有良好的韧性，因而是综合性能最好的一种马氏体。一般低碳低合金钢焊缝中出现的马氏体主要是低碳马氏体。

2. 片状马氏体 M_T

片状马氏体是在焊缝含碳量较高(碳的质量分数超过 0.4％)且在连续快冷条件下形成的组织形态，它与条状马氏体的主要区别在于：马氏体片互不平行，初始形成的马氏体较粗大，往往贯穿原奥氏体整个晶粒，使以后形成的马氏体片受到阻碍，如图 4－32(b)所示。由于片状马氏体的含碳量较高，其内部亚结构存在许多细小平行的孪晶带，因而片状马氏体又称高碳马氏体或孪晶马氏体。片状马氏体硬度很高，而且很脆，容易产生冷裂纹，在焊缝中应尽量避免它的形成。

低碳板条马氏体与高碳孪晶马氏体在电镜下的组织特征如图 4－32 所示。

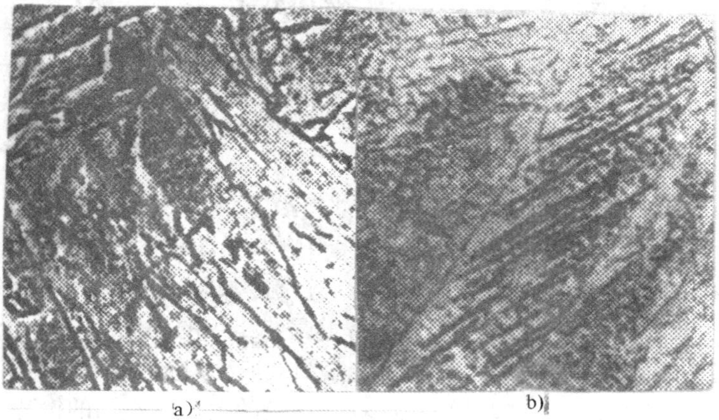

图 4－32　电镜下马氏体的形态

(a) 低碳板条马氏体 ×8000；(b) 高碳孪晶马氏体 ×20000

低合金钢焊缝的组织比较复杂，随化学成分和强度级别的不同，可出现不同的组织，一般情况下都是几种组织的混合存在。

根据上述讨论，低合金钢焊缝金属组织可能出现的形态如图 4－33 所示。

图 4－33　低合金钢焊缝相变组织的分类及形态

（五）焊缝最终组织的构成

以上介绍了低合金钢焊缝中可能出现的全部组织，但每个焊缝不可能完全包含这些组织，而只是由其中的几种组织所构成。焊缝具体由哪些组织所构成，是由焊缝的化学成分和冷却条件决定的。根据化学成分所建立的焊接连续冷却组织转变图（焊接 CCT 图），可以预测焊缝的组织及调节焊缝的性能，并可确定焊缝最终组织的构成。

焊接 CCT 图是焊接条件下连续冷却组织转变图的简称，它给出了一定成分的焊缝或热影响区组织（有时还有硬度）与冷却时间（或冷却速度）的关系。不同的钢种，由于其化学成分不同，其焊接 CCT 曲线的形状是不同的。除了钴之外，所有固溶于奥氏体的合金元素都使 CCT 曲线右移并使 M_s 点降低，即增加淬硬倾向。因此，化学成分不同的钢种，即使在同一冷却速度下，也会形成不同的组织，因而硬度也不同。

如图 4－34 所示，对于成分为 Fe＝0.11%，C＝1.44%，Mn＝0.31%，Si＝0.071% 的焊缝金属来讲，随着冷却条件的变化，焊缝组织主要有先共析铁素体 GBF，侧板条铁素体 FSP、针状铁素体 AF、细晶铁素体 FGF、贝氏体 B、少量马氏体 M 以及珠光体 P。当缓慢冷却时，焊缝组织由先共析铁素体 GBF 和珠光体 P 构成；而当快冷却时，焊缝组织变成针状铁素体 AF、细晶铁素体 FGF 和马氏体 M。

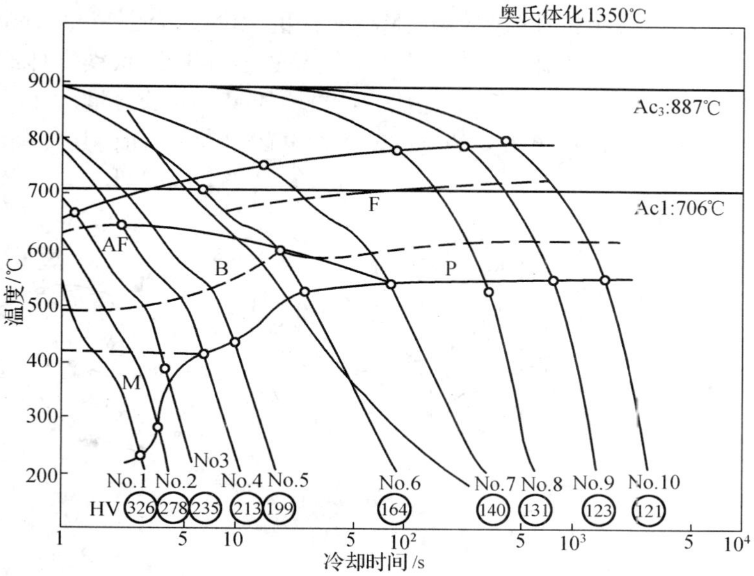

图 4－34　典型低合金钢焊缝的 CCT 图

第三节　焊缝性能的控制

控制焊缝性能是控制焊接质量的主要目标，优质的焊缝首先要保证性能满足使用要求。而焊缝性能是由化学成分与组织决定的，具有相同化学成分的焊缝金属，由于结晶形态和组织不同，性能上会有很大的差别。因此焊缝性能控制的任务必然落在焊缝组织的控制上。在焊接生产中，通过控制焊缝组织，不但要保证焊缝具有足够高的强度，而且还要保证焊缝具有足够高的韧性，就是使焊缝具有良好的综合力学性能。总的来看，焊缝组织的控制主要通过冶金方面和工艺方面的控制来实现。

一、冶金方面的控制

改善焊缝金属凝固组织的有效方法之一就是向焊缝中添加某些合金元素，起固溶强化和变质处理的作用。根据目的和要求的不同，可加入不同的合金元素，以改变凝固组织的形态，从而提高了焊缝金属的性能，特别是近年来采用了多种微量合金元素，大幅度地提高了焊缝金属的强度和韧性。

近年来的研究表明，通过焊接材料（焊条、焊丝和焊剂等）向熔池中加入细化晶粒的合金元素，如 Mo、V、Ti、Nb、B、Zr、Ai 和稀土等，可以改变结晶形态，使焊缝金属的晶粒细化，既可提高焊缝的强度和韧性，又可改善抗裂性能。

（一）锰和硅的作用

锰和硅是低碳钢和低合金钢焊缝中不可缺少的合金化元素，它们不仅能脱氧而使焊缝得到强化，还能改变焊缝组织形态而影响焊缝的韧性。当其含量合适时，可使焊缝的韧性得到提高。

对锰－硅系焊缝金属来讲，当焊缝中锰和硅的含量较低时，焊缝组织为粗大的先共析铁素体，其韧性较低；而当焊缝中锰和硅的含量较高时，焊缝组织为侧板条铁素体，其韧性也较低。经研究表明，低合金钢埋弧焊焊缝，Mn、Si 含量无论过多还是过少，韧性均下降，只有当锰和硅的含量处于适中范围时，才能得到由细晶铁素体和针状铁素体组成的焊缝组织，冲击吸收功能最高，如图 4－35 所示。由图看出，增加 Mn、Si 的含量，可以降低焊缝中的含氧量但对韧性并不有利，这里更重要的是改变了焊缝的组织，从而使其具有较高的韧性。

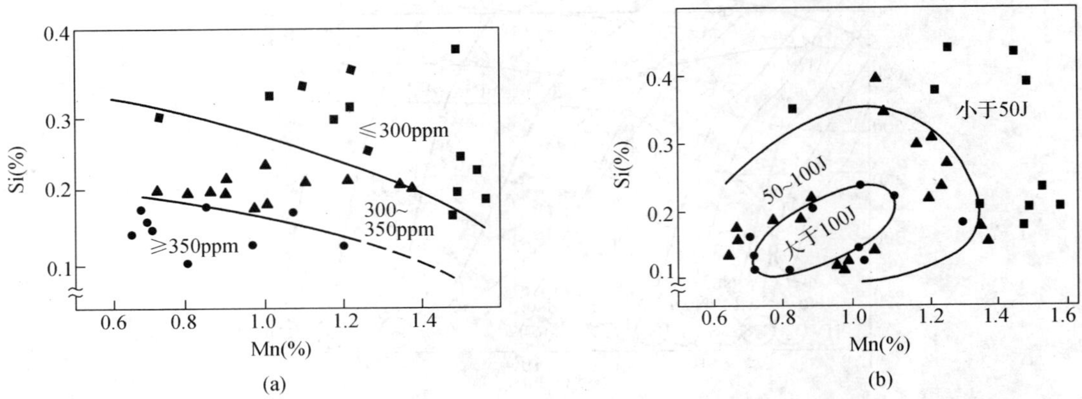

图 4－35 锰和硅的含量对含氧及冲击吸收功影响

（A_{KV} －20℃）的影响（埋弧焊：▲、■、●代表不同含氧量及不同冲击吸收功）

（a）Mn、Si 含量对含氧量的影响；（b）Mn、Si 含量对冲击吸收功的影响

变化 Mn、Si 含量对焊缝金属的组织和冲击功的影响见表 4－4。

表 4－4 Si，Mn 焊缝金属的显微组织与夏比冲击性能大关系

化学成分	Si	低（＜0.01%）	中（0.10～0.25%）	高（＞0.25%）
	Mn	低（＜0.8%）	中（0.8～1.0%）	高（＞1.0%）
主要纤维组织		粗大铁素体晶粒	细小铁素体＋针状铁素体（板条状细结构）	针状铁素体（板条状结构）
γ→α 转为温度（℃）		高（800～700）	中（750～600）	低（≤650）
裂纹传播方式			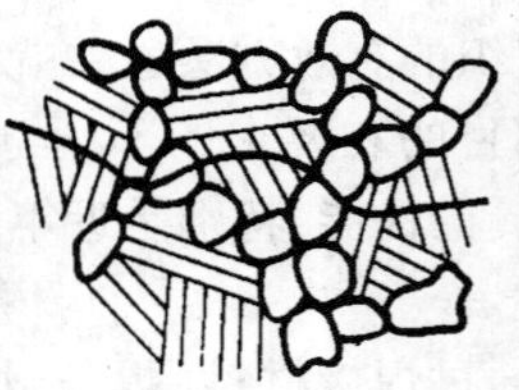	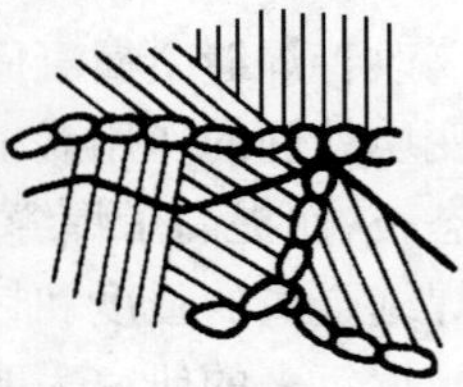
－20℃ A_{KV}		低（＜100J）	高（＞100J）	低（＜100J）

由表4-4可以看出,当焊缝中含Mn小于0.8%,含Si小于0.1%时,组织为粗大的先共析铁素体,而当含Mn大于1.0%,含Si大于0.25%时,组织为侧板条状铁素体,这两种组织的韧性都比较低。只有当含Mn为0.8%~1.0%,含Si为0.1%~0.25%时,得到细晶铁素体和针状铁素体的组织,才能有良好的韧性。而当锰和硅的含量超出这个范围时,无论较高还是较低,焊缝的韧性均下降。

但应指出,单纯采用锰和硅来提高焊缝的韧性是有限的,特别是在采用大线能量进行焊接时,难以避免焊缝产生粗大的先共析铁素体和侧板条铁素体,此时必须向焊缝中加入其他晶粒细化元素,以进一步改善焊缝的组织和韧性。

（二）铌和钒对焊缝韧性的影响

经研究表明,适量的Nb和V可以提高焊缝的冲击韧性,因为Nb和V在低合金钢焊缝金属中可固溶,从而推迟了冷却过程中奥氏体向铁素体的转变,能抑制焊缝中先共析铁素体(包括GBF和FSP)的产生,而激发形成细小的AF组织。另外,Nb和V还可以与焊缝中的氮化合成氮化物(NbN, VN),从而固定了焊缝中的可溶性氮,这也会使焊缝金属提高韧性。但应指出,采用Nb和V来韧化焊缝,当焊后不再进行正火处理时,V和Nb的氮化物,以微细共格沉淀相存在,导致焊缝的强度大幅度提高,致使焊缝的韧性下降。

根据上述情况,一般不通过焊接材料向低合金钢焊缝中加入Nb和V,只有经过正火处理的焊缝,才能使V、Nb和N的析出脱离与基体的共格关系,以便改善韧性和降低强度。也就是说,只有在这种情况下才可以通过焊接材料向焊缝添加Nb或V。

（三）钛和硼的作用

在焊缝中加入微量的钛和硼等活性元素,能明显起到细化焊缝组织的作用,从而显著提高焊缝的韧性。这种活性元素对焊缝组织的细化作用不但体现在熔池结晶过程中,而且体现在焊缝相变过程中。

钛能与硼、氮和氧形成TiB_2、TiN和TiO等微小颗粒,在焊接熔池结晶过程中作为非自发形核的质点而细化结晶组织;在结晶后由δ铁素体向γ奥氏体转变过程中,这些微颗粒作为位于晶粒边界的"钉子"而阻碍奥氏体晶粒的长大;在此转变之后由γ奥氏体向α铁素体转变过程中,这些微小颗粒能促进针状铁素体的大量形核,从而形成细小均匀的针状铁素体。因此,改善了焊缝的韧性。

硼是表面活性元素,而且原子半径很小,在钛的保护作用下得以自由存在,高温下极易向奥氏体晶界扩散。随着硼在奥氏体晶界的聚集,晶界能不断降低,奥氏体的稳定性增强,于是抑制了先共析铁素体和条状铁素体的形核与长大,使奥氏体向铁素体转变的开始温度向低温方向推移,促进了针状铁素体的生成,因而改善了焊缝的韧性。

图4-36给出了钛和硼的含量对成分为Fe=0.11%~0.14%、C=1.2%~1.5%、Mn=0.2%~0.35%、Si=0.027%~0.032%、O=0.0028%~0.0055%的低合金钢焊缝金属韧性的影响。可以看出,当焊缝中钛和硼的含量适中时,即Ti=0.01%~0.02%、B=0.002%~0.006%时,焊缝具有很高的韧性。

因此,为改善焊缝组织和性能加入的钛和硼,其含量是存在最佳范围的,而且这个范围受到焊缝其他元素含量的影响。当钛和硼的含量过高时,会使奥氏体的分解温度过分降低,导致低温产物上贝氏体甚至马氏体的生成,从而使焊缝韧性降低。

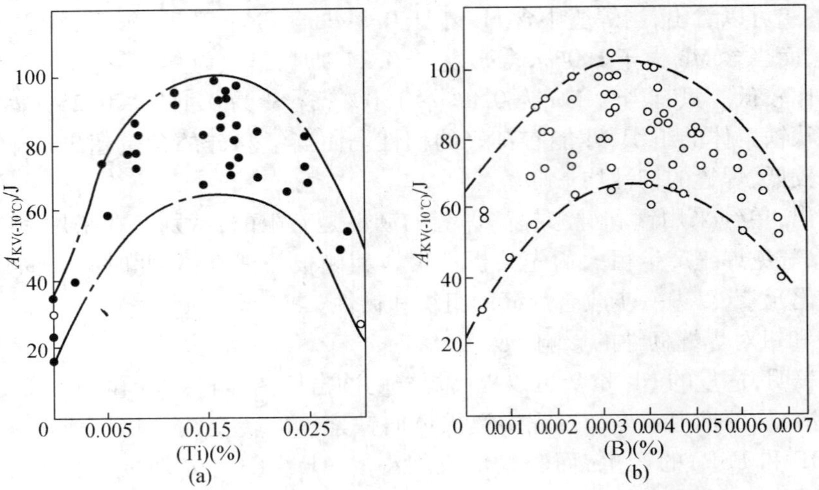

图 4-36 钛和硼的含量对焊缝金属韧性的影响

(a)钛含量的影响；(b)硼含量的影响

(四)钼的作用

在低合金钢焊缝中只要加入少量的钼，就能降低奥氏体的分解温度，抑制先共析铁素体的形成，从而提高焊缝的强度和韧性。但其含量也有一个最佳的范围，只有在这个范围内，其作用效果才最佳。

如图 4-37 所示，当焊缝中钼的含量过低时(Mo <0.2%)，奥氏体向铁素体的转变温度提高，焊缝组织为粗大的先共析铁素体，其韧性较低；而当焊缝中钼的含量过高时(Mo >0.5%)，转变温度过分降低，形成板条状的无碳贝氏体组织，导致韧性降低；只有当钼的含量处于最佳范围，即 Mo 在 0.2% ~0.35% 时，才能得到细晶铁素体和针状铁素体组织，从而使焊缝具有较高的韧性。

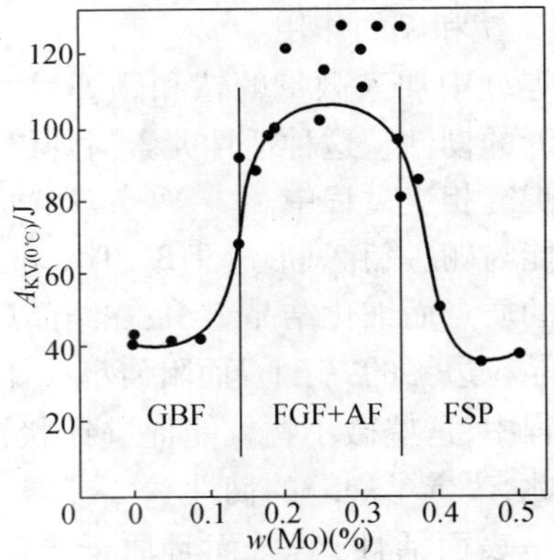

图 4-37 钼含量对焊缝金属韧性的影响

应当指出，在向焊缝加入适量钼的同时，若再加入微量的钛，更能发挥钼的有益作用。此时，可使奥氏体在中等温度分解，缩小整个分解温度区间，得到均一的细晶铁素体组织，显著提高焊缝的韧性。即使热输入大的埋弧焊焊缝，在 0℃时的夏比冲击吸收功也能达到 100J 以上。

(五)稀土元素的作用

稀土是化学活性极强的元素，能与钢中的合金元素发生相互作用，改善焊缝的组织以及夹杂物的形态和分布，从而提高焊缝的韧性。我国稀土资源丰富，而且在这方面进行了大量研究工作，取得了很好的效果。

如图 4-38 所示，通过焊条药皮向焊缝中过渡一定量的重稀土元素钇(Y)，能明显提高焊缝的韧性。但钇的加入量存在一个最佳的范围，否则焊缝韧性的改善效果将降低，而且这个范围会受到焊条渣系、钇的加入形态以及试验条件等影响。

在焊缝中加入的轻稀土元素铈(Ce),可以富集在硅酸盐夹杂物中而使其球化,并弥散分布,从而促进针状铁素体的形核,抑制先共析铁素体的生成,细化了焊缝组织,提高了焊缝金属的韧性。

向焊缝中过渡微量的稀土元素碲(Te)或硒(Se),再配合少量的钇或铈,可使钢液表面活化,降低焊缝含氢量,在使夹杂物球化并弥散分布的同时,进一步细化晶粒,改善焊缝组织,提高焊缝金属的韧性。

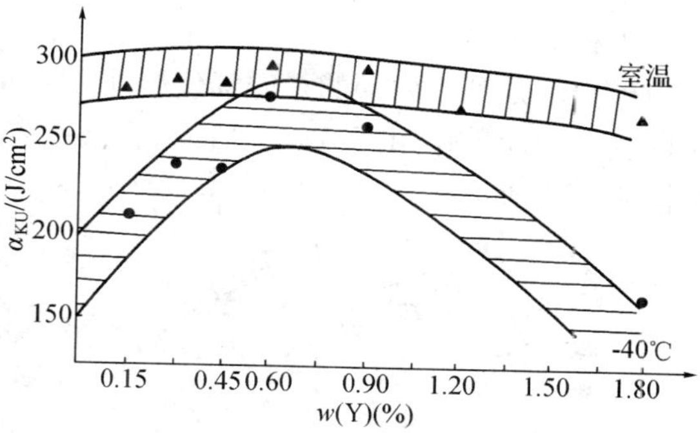

图 4-38 药皮中钇的加入量对焊缝韧性的影响

二、工艺方面的控制

除了冶金方面的控制之外,工艺方面的控制也是焊接生产中行之有效的控制方法。所谓工艺方面的控制,主要是指通过焊接工艺优化和采取辅助工艺措施来改善焊缝金属的组织和性能。

(一)焊接工艺优化

1. 工艺参数调整

在焊接结构和材料一定的情况下,工艺参数调整是控制焊缝组织和性能唯一可行的方法。首先,通过调整焊接参数,可以控制焊接热输入,防止半熔化母材晶粒的过分粗化,控制熔池的尺寸及温度梯度,进而控制熔池的结晶形态、晶粒的大小及成长方向,以期获得晶粒细小的结晶组织,提高焊缝的强度和韧性。

其次,通过调整焊接工艺参数,能够控制冷却速度,进而控制焊缝的固态相变过程及其相变组织。对于低合金高强度钢的焊缝来讲,通过控制冷却速度,可以抑制先共析铁素体的形核与长大,增加针状铁素体的含量,同时避免 M-A 组元及马氏体的形成,达到提高焊缝强韧性的目的。

2. 采用多层焊接

在板材厚度和坡口形式一定的条件下,采用小截面焊道的多层焊能显著提高焊缝金属的性能。这是因为采用多层焊工艺后,由于每层焊缝截面变小而降低了所需的焊接热输入,减小了熔池的过热,改善了结晶条件,细化了晶粒;同时,每个后一层焊缝对前一层焊缝都具有附加的热处理作用,改善了焊缝的相变组织。

(二)振动结晶与锤击处理

1. 振动结晶

振动结晶是指采用机械振动、超声振动或电磁振动等方法,破坏正在成长的晶粒,增加非自发形核的质点,从而获得细小的结晶组织。

机械振动的频率一般在 10 kHz 以下,振幅小于 2 mm,可使熔池中正在成长的晶粒遭到破碎,并产生强烈的搅拌作用,促进夹杂物的上浮及成分的均匀化,改善熔池的结晶组织,提高焊缝的性能。

超声振动的频率在 20kHz 以上,振幅只有 0.1μm 左右,但可有足够能量使正在成长的晶粒受到拉压交替的应力而破碎,增加结晶的核心,细化焊缝的晶粒。同时也有消除气孔、减少夹杂以及降低结晶裂纹倾向的作用，而且效果好于机械振动，但由于成本较高而限制了它的工程应用。

电磁振动是利用外加的强磁场使熔池中的液态金属发生强烈的搅拌，使正在成长的晶粒不断受到剪应力作用而破碎，从而打乱了结晶方向，改善了结晶形态，细化了晶粒，其效果如图 4－39 所示。

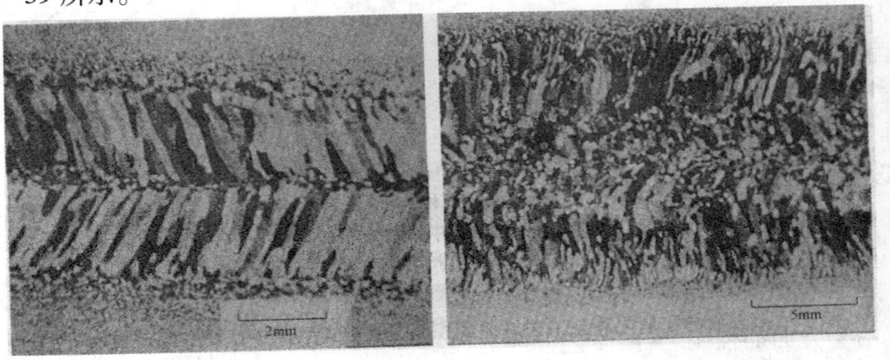

图 4－39　电磁振动对铁素体不锈钢焊缝组织的影响

(a) 无电磁振动；(b) 有电磁振动

2. 锤击处理

锤击处理是指通过锤击焊缝表面来改善焊缝的组织和性能。在多层焊中，锤击每一层焊缝（或坡口）表面，都可以使表面晶粒破碎。这在细化本层晶粒的同时，还使其后层焊缝在结晶时发生细化。因此，逐层锤击每层焊缝就能改善整个焊缝的组织和性能。

此外，锤击产生的塑性变形还可降低残余应力，从而提高焊缝的韧性及疲劳性能。锤击焊缝的方向及顺序如图 4－40 所示。

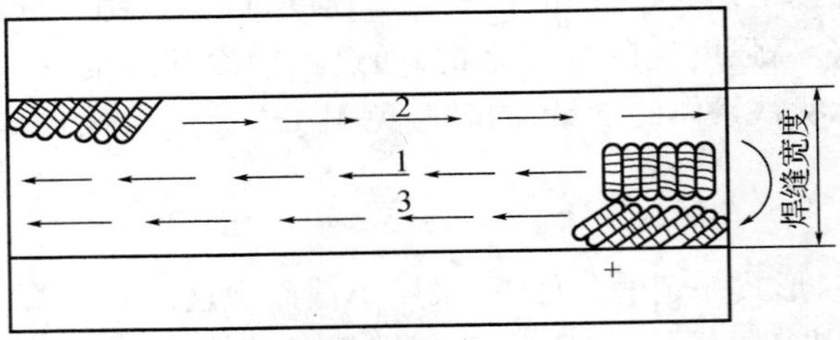

图 4－40　锤击焊缝的方向及顺序

3. 焊后热处理

(1) 跟踪回火　就是在焊完每道焊缝后用气焊火焰在焊缝表面跟踪加热。加热温度为 900～1000 ℃，可对焊缝表层下 3～10 mm 深度范围内不同深度的金属起到不同的热处理作用。以焊条电弧焊为例，每一层焊缝的平均厚度为 3 mm，跟踪回火对表层下不同深度金属的热作用分别为：最上层加热温度为 900～1000 ℃，相当于正火处理；中间深度为 3～6 mm 的一层加热温度 750 ℃左右，相当于高温退火；最下层 6～9 mm 则相当于进行 600 ℃左右的回火处理。这样，除了表面一层外，每层焊道都相当于进行了一次焊后正火及不同次数的回火，组织与性能将有明显的改善。

跟踪回火使用中性焰，将焰心对准焊道作“Z”形运动（图 4－41），火焰横向摆动的宽度大于焊缝宽度 2～3 mm 。

大型结构或补焊件，采用跟踪回火还可以显著提高熔合区的韧性。

(2)焊后热处理　要求严格的焊接结构，焊后采用整体或局部热处理。按热处理规范不同，焊后热处理可分别起到改善组织、性能、消除残余应力或排除扩散氢的作用。例如珠光体耐热钢的电站设备，电渣焊的厚板结构，以及中碳调质钢的飞机起落架等，焊后都要进行不同的热处理(回火、正火或调质)，以改善焊缝的组织与性能。具体的选用应根据母材的成分、焊接材料、产品的技术条件及焊接方法而定。有些产品(如大型或在工地上装焊的结构)进行整体热处理有困难，也可采用局部热处理。例如电站锅炉的过热器，使用12Cr3MoVSiTiB(Ⅱ11)钢管，规格为 ϕ38mm × 6mm，手工电弧焊(使用专用焊条)，焊后可以采用局部热处理来改善焊缝的性能，硬度从351HV降至221HV，弯曲角从23°提高到180°。当然，焊后热处理不单纯针对焊缝，对提高整个焊接接头的性能都是有利的，但这种方法比较麻烦，而且耗能耗资都比较大，不是在所有情况下都是可取的。

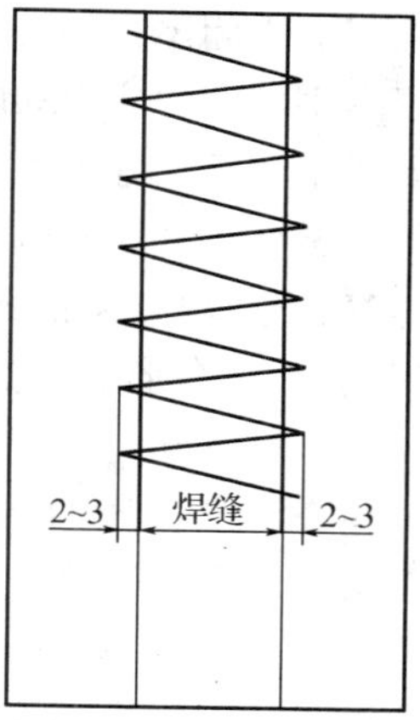

图4－41　跟踪回火运行轨迹

第四节　焊缝中的气孔和夹杂

气孔和夹杂是焊接生产中经常遇到的典型焊接缺陷，它不仅削弱焊缝的有效工件断面，同时也会带来应力集中，显著降低焊缝金属的强度和韧性，对动载强度和疲劳强度更为不利。在个别情况下，气孔和夹杂还会引起裂纹。因此，在焊接生产中对气孔和夹杂的问题都十分重视。

一、焊缝中的气孔

焊接时熔池中的气泡在凝固时未能逸出而残留下来所形成的空穴叫做气孔。在焊接生产中遇到气孔问题是十分普遍的，从碳钢到高合金钢、有色金属，都存在产生气孔的可能。例如焊条、焊剂烘干不足，被焊金属和焊丝表面有锈、油污或其他杂质，焊接工艺不够稳定(电弧电压偏高、焊速太大和电流太小等)，以及焊接区保护不良等都会不同程度地出现气孔。

(一)气孔的类型及其分布特征

按气孔的形状，焊缝中的气孔可分为球形气孔、条形气孔和虫形气孔等；按照气孔的聚集形态，可分为均布气孔、局部密集气孔和链状气孔等；按表面现象来看，可分为表面气孔和焊缝内部气孔；按照产生气孔的气体来源，可分为析出型气孔和反应型气孔；按照产生气孔的气体种类，可分为氢气孔、氮气孔和一氧化碳气孔等。

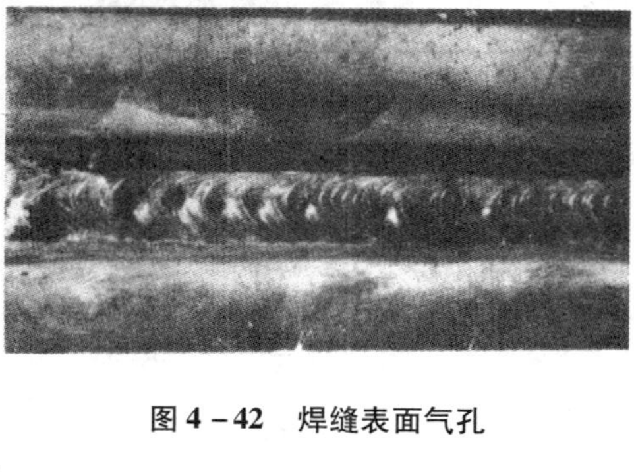
图4－42　焊缝表面气孔

如图4－42和图4－43所示，电渣焊低碳钢时,由于脱氧不足在焊缝内部出现的气孔;手弧焊时因有锈在焊缝表面出现的气孔。

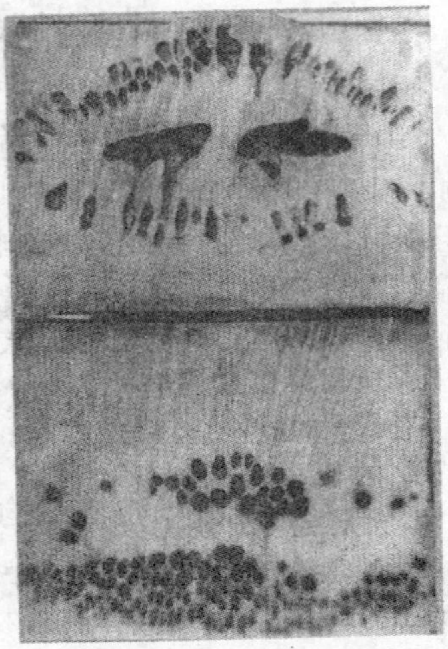

图4-43　焊缝的内部气孔

根据多年的研究,焊缝中产生气孔的根本原因是由于高温时金属溶解了较多的气体(如氢气、氮气);另外,在进行冶金反应时又产生了相当多的气体(如一氧化碳和水蒸气),这些气体在焊缝凝固过程中来不及逸出而残留在焊缝中,就会形成气孔。

1. 析出型气孔

气体在液态金属的溶解度是随温度而变化的,熔池凝固时溶解度急剧下降。因溶解度差而造成过饱和状态的气体的析出所形成的气孔,称为析出型气孔。这类气体主要是由外部侵入熔池的氢和氮。

对于低碳钢和低合金钢的焊接来讲,在大多数情况下,氢气孔出现在焊缝的表面上,气孔的断面形状如同螺钉状,在焊缝的表面上看呈喇叭口形,而气孔的四周有光滑的内壁,如图4-44所示。但这类气孔在个别的情况下也会出现在焊缝的内部。如焊条药皮中含有较多的结晶水,使焊缝中的含氢量过高,因而在凝固时来不及上浮而残存在焊缝内部,对于铝、镁合金的氢气孔也常出现在焊缝内部。

由于氢在液态金属(如Fe,Al)中溶解度很高,在高温时熔池和熔滴就有可能吸收大量的氢。而当温度下降时,溶解度随之下降,熔池开始凝固后,氢的溶解度要发生突变。随着固相增多,液相中氢的浓度必然增大,并聚集在结晶前沿的液体中。这样,树枝晶前沿,特别是在相邻树枝晶粒的凹陷深处的液体金属中,氢的浓度不仅超过了熔池中的平均浓度,而且超过了饱和浓度。氢在枝晶间浓度分布情况如图4-45所示,最大浓度可达到平均浓度的2.2倍。随着凝固的继续,氢在液相中的浓度将不断上升。当谷底处氢的浓度高到难以维持过饱和溶解状态时,就会形成气泡。如在谷底部形成的气泡,由于各种阻力的作用未能在熔池完全凝固前浮出,则形成气孔。

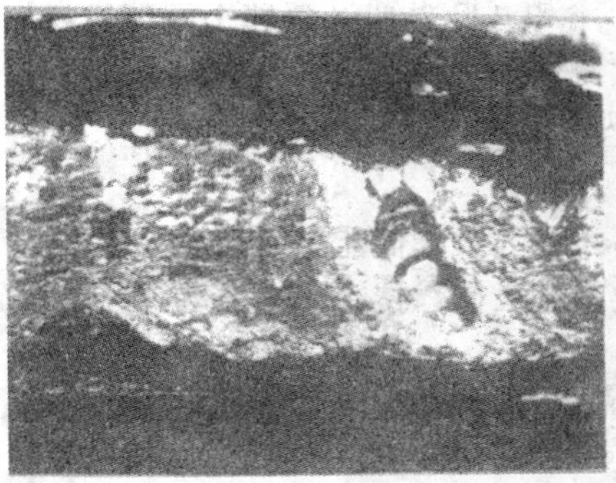

图4-44　氢气孔的特征

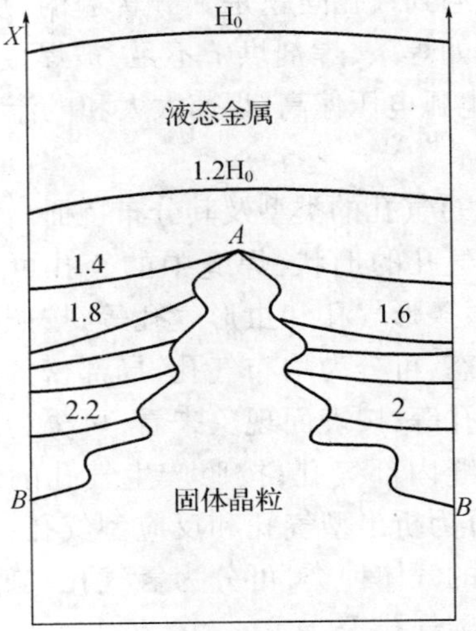

图4-45　熔池凝固中某瞬间时氢的分布

综上所述，在凝固过程中首先在枝晶间凹陷最深处形成气泡；气泡形成后，一方面氢本身的扩散能力促使其浮出，另一方面又受到晶粒的阻碍与液态金属黏度的阻力，二者综合作用形成氢气孔，最后形成了具有喇叭口形的表面气孔。

关于氮气引起的气孔，其机理一般认为与氢气孔的类似，也多在焊缝表面，但多数情况下是成堆出现，与蜂窝相似。在焊接生产中由氮引起气孔较少。氮的来源，主要是由于保护不好，有较多的空气侵入熔池所致。

2. 反应型气孔

熔池中除外部入侵而溶入的气体氢或氮之外，还会由于冶金反应而生成所谓反应性气体，这类气体主要是一氧化碳、水蒸气，均为根本不溶于金属的气体。由这类反应性气体所造成的气孔，称为反应型气孔。

各种结构钢中总是含有一定量的碳，在焊接过程中，与 FeO、O_2 或其他氧化物通过冶金反应会生成大量的一氧化碳，即

$$
\begin{gathered}
[C]+[O]=CO \\
[FeO]+[C]=CO+[Fe] \\
[MgO]+[C]=CO+[Mg] \\
[SiO_2]+[C]=CO+[SiO]
\end{gathered}
\tag{4-3}
$$

碳对氧的亲和力随温度升高而增大，高温下碳比铁、锰、硅等元素对氧的亲和力都大些。因此，上述反应主要发生在熔滴区和熔池头部。CO 不溶于液态铁中，在高温形成后很容易形成气泡并迅速排出，不仅不会形成气孔，而且气泡析出时使熔池沸腾，有助于其他气体和杂质排出。

生成气孔的 CO 是在冶金反应后期形成的。熔池开始凝固后，液体金属中的碳和 FeO 的浓度随固相增多而加大，造成二者在液体金属某一局部富集，浓度增加促进了式(4-3)的反应进行，一氧化碳气体增多。随着结晶过程的进行，熔池温度不断降低，熔池金属的黏度不断增大，此时产生的一氧化碳不易逸出。特别是在树枝状晶体凹陷最低处产生的一氧化碳更不容易逸出，而被围困于树枝晶粒间。此外，式(4-3)的反应是吸热过程，促使冷速加大，对气体析出更为不利，从而形成一氧化碳气孔。由于一氧化碳气孔是在结晶过程中产生的，因此气孔沿结晶方向分布，并呈现条虫形。

由于 CO 气泡浮出的速度比氢气泡浮出速度低，因而 CO 气孔多在焊缝内部，沿结晶方向分布，呈条虫状，内壁有氧化颜色。

各种气孔的分布特点不是固定不变的。在某些情况下也会有例外情况。但上述规律对判断气孔的成因有一定的参考价值。

另外，气泡中的气体并不一定是单一的，根据对气泡中气体成分的分析，往往是几种气体的并存。可以认为，在一定条件下，某一种气体对气孔的形成起主要作用，而在各种气体共同作用下气泡得以迅速长大。

(二)气孔的形成机理

产生气孔的过程是由三个相互联系而又彼此不同的阶段所组成的，即气泡的生核、长大和上浮。

1. 气泡的生核

气泡的生核需要两个方面的条件：首先液态金属中要有过饱和气体，其次要能满足气泡生核的能量条件。焊接过程中从外界侵入熔滴和熔池中的过饱和气体(或不能溶解的气

体）的存在，满足了气泡生核的物质条件。能量条件计算结果表明，在纯液态金属中气泡是很难生核的，但焊接熔池中存在大量半熔化晶粒及悬浮质点等现成表面，如高熔点的固态质点表面、熔渣与液态金属的接触表面、熔池底部正在生长的树枝状晶粒表面等，气泡在这些现成表面上生核所消耗的能量远远低于自发生核所消耗的能量，因此气泡很容易在这些部位生核。特别是相邻树枝晶之间的凹陷处，是气泡最容易生核的地方。

2. 气泡的长大

气泡生核后，要长大，需要两个条件：一是气泡的内压足以克服其所受的外压；二是长大要有足够的速度，以保证在熔池凝固前到达一定的宏观尺寸。

作用于气泡的外压，包括大气压力、液体金属与熔渣的静压力及表面张力所形成的附加压力等，其中影响较大的是附加压力 P_C。P_C 作用使气泡表面积缩小，阻碍气泡长大，它的大小与气泡半径 r 成反比。计算表明当 $r=10^{-4}$ cm 时，$P_C \approx 20$ 大气压。在这样大的外压作用下，自发生核的气泡由于体积小、表面曲率半径小，所以很难长大。而在熔池现成表面上生核的气泡，由于现成表面的存在，使气泡的形状呈椭圆形，增大了曲率半径，所以大大降低了 P_C。同时形核的现成表面对气体有吸附作用，使局部的气体浓度大大提高，缩短了气泡长大所需的时间，所以比较容易长大。

3. 气泡的上浮

生核、长大后的气泡是否会在焊缝中形成气孔，取决于气泡上浮情况，气泡上浮由两个过程组成，首先气泡必须脱离所依附的现成表面，其难易程度与气泡和表面的接触情况有关。

气泡与现成表面的浸润形态和脱离现成表面的过程如图 4－46 所示。由图看出，当气泡与现成表面成锐角接触时（$\theta<90°$），则气泡尚未成长到很大尺寸，便完全脱离现成表面，有利于气泡的逸出（图 4－46（a））。而当气泡与现成表面成钝角接触时（$\theta>90°$），气泡长大过程中形成细颈需要时间，当气泡长大到脱离现成表面时，仍会残留一个不大的气泡核，它可以作为新的气泡核心（图 4－46（b））。当结晶速度较大的情况下，气泡来不及逸出而形成气孔。

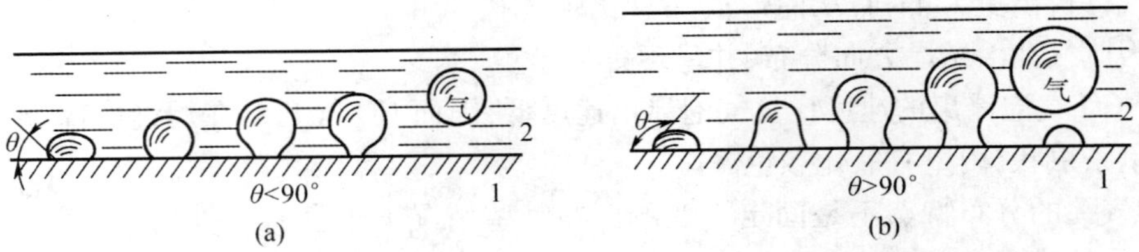

图 4－46　气泡脱离现成表面示意图

a）θ＜90°（b）θ＞90°

决定接触情况的重要因素是气体的性质。而氧、氢、碳都是可以改善基础情况的物质，对气泡脱离表面有利。

除此之外，还应考虑熔池的结晶速度，当结晶速度较小时，如图 4－47（a）所示，气泡可以有充分的时间逸出，易得到无气孔的焊缝。当结晶速度较大时，气泡有可能来不及逸出而形成气孔，如图 4－47（b）所示。

结晶速度越大越易引起气孔，这只是问题的一个方面。实际上气泡逸出的速度对产生气孔也有很大的影响，如果在结晶过程中，即使是速度很大，而气泡的逸出速度更大，那么

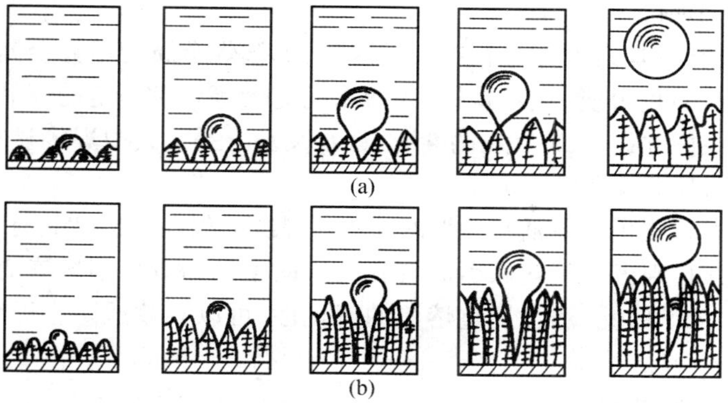

图 4-47 不同结晶速度对形成气孔的影响

焊缝中也不会产生气孔。

气泡脱离现成表面后，上浮的速度决定能否形成气孔的最终条件。决定于气泡上浮逸出速度和熔池金属结晶速度的对比关系。产生气孔的条件为

$$v_{泡} \leqslant R \tag{4-4}$$

式中 $v_{泡}$——气泡上浮出速度；

R——熔池结晶速度。

气泡浮出的速度可以表达为

$$v_{泡} = \frac{2(\rho_1 - \rho_2)}{9\eta} g r^2 \tag{4-5}$$

式中 g——重力加速度($9.8\ m/s^2$)；

η——液态金属的黏度(Pa·s)；

r——气泡的半径(cm)；

ρ_1——液态金属的密度(g/cm^3)；

ρ_2——气体的密度(g/cm^3)。

由式(4-1)可知，熔池结晶速度 R 对气孔的产生有很大的影响。在其他条件一定的情况下，结晶速度越大，越不利于气泡的浮出，因而越易于形成气孔。金属导热性好，会造成接头具有较大的冷却速度，于是提高了熔池的结晶速度，从而增大了气孔的敏感性。

液态金属的黏度 η 对气孔影响也很大。液态金属迅速进入结晶阶段后，由于黏度急剧增大，气泡浮出困难，易于形成气孔。有的合金，如镍及其合金在液态时的流动性较差，即具有较大的黏度值，所以具有较大的气孔敏感性。

由于气体密度 ρ_2 远小于液态金属的密度 ρ_1 因而气泡的浮出速度主要取决于液态金属的密度 ρ_1，其值越小，气泡浮出速度越小。因此，低密度金属(如铝、镁等)焊接时易于产生气孔。

(三)影响气孔生成的因素

气孔形成的各个环节都要受一定因素的制约，这些制约因素必将对气孔的生成产生不同的影响，有时是几种因素共同作用的结果。实际应用中一般将影响气孔形成的因素归纳为冶金和工艺两方面，而工艺因素往往是通过冶金反应来起作用的，所以解决气孔问题，冶金因素的作用更为重要。

1. 冶金因素的影响

冶金因素主要指与焊接冶金过程有关的因素，如被焊金属与填充金属的成分、熔渣的组成与性质、电弧气氛的种类，以及铁锈、吸收水的有无等。对一定的产品来说，则主要是焊接材料的成分、保护方式、保护介质的性质、铁水及水分等。其中焊接材料的氧化性与还原性的平衡情况，对焊缝气孔影响很显著。

(1)熔渣氧化性的影响　熔渣氧化性的大小对焊缝的气孔敏感性具有很大的影响。当熔渣的氧化性增大时，则由一氧化碳引起气孔的倾向增加；相反，当熔渣的还原性增大时，则氢气孔的倾向增加。因此，适当调整熔渣的氧化性，可以有效地防止焊缝中的这两类气孔。

不同类型的焊条试验结果如表4－5所示。由表4－5中可以看出，无论酸性焊条还是碱性焊条焊缝中，产生气孔的倾向都随熔渣氧化性的增加而出现CO气孔。并随氧化性的减小(或还原性增加)，CO气孔也减少，当达到一定程度时，又出现了由氢引起的气孔。

表4－5　不同类型焊条的氧化性对气孔倾向的影响

焊条类型	焊缝中含量			氧化性	气孔倾向
	[O](%)	$[C]\times[O]\times10^{-4}/\%$	[H]/(mL/100g)		
结424－1	0.0046	4.37	8.80	↓	较多气孔(氢)
结424－2	—	—	6082		个别气孔(氢)
结424－3	0.0271	23.03	5.24		无气孔
结424－4	0.0448	31.36	4.53		无气孔
结424－5	0.0743	46.07	3.47		较多气孔(CO)
结424－6	0.1113	57.88	2.70	增加	更多气孔(CO)
结507－1	0.0035	3.32	3.90	↓	个别气孔(氢)
结507－2	0.0024	2.16	3.17		无气孔
结507－3	0.0047	4.06	2.80		无气孔
结507－4	0.0160	12.16	2.61		无气孔
结507－5	0.0390	27.30	1.99		更多气孔(CO)
结507－6	0.1680	94.08	0.80	增加	密集大量气孔(CO)

从表4－5上的数据还可以看出，酸碱性熔渣对气孔的敏感性不同，碱性焊条对CO气孔与氢气孔都更为敏感。因此，在碱性焊条焊接时，需要更严格地控制气体的来源。

(2)焊条药皮和焊剂的影响　焊条药皮和焊剂的成分比较复杂，因此对产生气孔的影响也很复杂。我们仅对低碳钢和低合金钢的焊条、焊剂进行讨论。

一般碱性焊条药皮中均含有一定量的氟石(CaF_2)，焊接时它直接与氢发生反应，产生大量的HF，这是一种稳定的气体化合物，即使高温也不易分解。由于大量的氢被HF占据，因此可以有效地降低氢气孔的倾向。

在低碳钢及一些低合金钢埋弧焊用的焊剂中，也含有一定量的氟石和较多的SiO_2，当熔渣中SiO_2和CaF_2同时存在时，对消除氢气孔最有效。

另外，药皮和焊剂中适当增加氧化性组成物，如SiO_2、MnO和FeO等，对消除氢气孔也是有效的，因为这些氧化物在高温时能与氢化合生成稳定性仅次于HF的OH，而OH也不溶于液态金属，可以占据大量的氢而消除氢气孔。

酸性焊条药皮中不含 CaF_2，控制氢主要依靠药皮中有较强氧化性的组成物，以防止氢气孔的产生。

碱性焊条药皮中除了含有 CaF_2 外，常含有一定量的碳酸盐（如 $CaCO_3$、$MgCO_3$ 等），加热分解生成 CO_2，它是具有氧化性的气氛，在高温时可与氢形成 OH 和 H_2O。但 CO_2 的氧化性强，如还原不足时，又可能产生 CO 气孔。

(3) 铁锈及水分对产生气孔的影响　在焊接生产中由于焊件或焊接材料不洁而使焊缝出现气孔的现象十分普遍。影响较大的是铁锈、油类和水分等杂质，尤其铁锈的影响特别严重。

铁锈是钢铁腐蚀以后的产物，它的成分为 $mFe_2O_3 \cdot nH_2O$（$Fe_2O_3 \approx 83.28\%$，$FeO \approx 5.7\%$，$H_2O \approx 0.70\%$），可以看出，铁锈中含有较多的是 Fe_2O_3（铁的高级氧化物）和结晶水，对熔池金属一方面有氧化作用，另一方面又析出大量的氢。加热时，铁锈将进行下列反应：

$$Fe_2O_3 = 2Fe_3O_4 + O$$

$$2Fe_3O_4 + H_2O = 3Fe_2O_3 + H_2$$

$$Fe + H_2O = FeO + H_2$$

由于增加氧化作用，在结晶时就会促使生成 CO 气孔。铁锈中的结晶水（H_2O），在高温时分解出氢气，从而增加了生成氢气孔的可能性。由此可见，铁锈是一个极其有害的杂质，对于两类气孔均有敏感性。

此外，在钢板上的氧化铁皮（主要是 Fe_3O_4，少量 Fe_2O_3）虽无结晶水，但对产生 CO 气孔还是有较大的影响。所以，在生产中应尽可能清除钢板上的铁锈、氧化铁皮等杂质。

至于焊条受潮或烘干不足而残存的水分，同样起增加气孔倾向的作用，所以对焊条的烘干应给以重视。一般碱性焊条的烘干温度为 350～450℃，酸性焊条为 200℃左右。

(4) 保护气体的影响　钢材焊接时可选用的保护气体包括 CO_2 和 CO_2 + Ar 混合气。有色金属焊接时，保护气体主要采用惰性气体 Ar 或 He，有时会在 Ar 中添加少量活性气体 CO_2 或 CO_2。从防止气孔产生的角度考虑，活性气体优于惰性气体。因为活性气体可以促使降低氢的分压和限制溶氢，同时还能降低液态金属的表面张力，增大其活性，有利于气体的排除。

(5) 焊丝成分的影响　焊丝与焊剂或保护气体可以有各种各样的组合，因而会有不同的冶金反应，从而造成不同的熔池和焊缝金属成分。在许多情况下，希望形成充分脱氧的条件，以抑制反应性气体的生成。

采用 MAG 焊方法焊接钢时，气氛中的 CO_2 在电弧作用下会发生分解反应

$$2CO_2 = 2CO + O_2$$

具有强烈的氧化性。如果焊丝中没有足够的脱氧元素，则必然发生铁的氧化

$$[Fe] + CO_2 = CO\uparrow + [FeO]$$

熔滴金属与熔池金属中由于增加了 FeO，将发生反应，于是创造了形成一氧化碳气孔的条件。

2. 焊接工艺对气孔的影响

(1) 焊接工艺参数的影响　焊接工艺参数主要包括焊接电流、电压、焊接速度等参数，是通过影响电弧周围气体向熔融金属中的溶入及熔池中气体的逸出而对气孔的形成产生影响的。焊接工艺条件不正常，电弧不稳定或失去正常保护作用，均促使增大外在气体的

溶入，从而增大气孔的倾向。

一般希望在正常的焊接工艺参数下施焊。电流增大虽能增长熔池存在时间，有利于气体的逸出，但使熔滴变细，比表面积增大，高温时熔滴将吸收更多的气体，反而增加了气孔倾向。对于一般不锈耐热钢焊条，当焊接电流增大时，焊芯的电阻热增大，会使药皮中的某些组成物（碳酸盐）提前分解，因而也增大了气孔倾向。

手工电弧焊时，如电弧电压太大，弧长增加，使熔滴过渡的距离加长，并影响气体的保护效果，会使空气中的氮、氢侵入熔池，同样也会吸收较多的氢气（或氮气），因而出现氢气孔和氮气孔。

焊接速度太大，往往由于增加了结晶速度，使空气残留在焊缝中而出现气孔。

（2）电源的种类、极性和所用焊接参数对气孔的形成也有重要作用　一般来讲，交流焊接时的气孔倾向大于直流焊，直流正接时的气孔倾向大于直流反接，降低电弧电压可以减小气孔倾向。

产生这种现象的原因初步认为与氢向金属中的溶解形态有关。许多实验表明，氢是以质子的形式向液态金属中溶解的，在形成质子的同时，由原子中释放出一个电子，即

$$H \rightleftharpoons [H^+] + e \tag{4-6}$$

当液态金属的表面上电子过剩时，可使上述反应向左进行，即阻碍氢向金属溶解。直流反接时，因工件是负极，即熔池为阴极，熔池表面上的电子过剩，促使式（4-6）向左进行，H^+减少，不利于产生氢质子的反应，相应溶入熔池的氢减少，所示直流反接时氢气孔的倾向最小。当直流正接时，熔池为阳极，熔池表面容易形成生 H^+，但生成的 H^+ 并未完全进入熔池，而有一部分在电场力的作用下向阴极运动，因此气孔倾向虽大于反接但仍不很大。当用交流焊接时，在电流通过零点的瞬时，质子可以顺利溶入熔池，因而气孔的倾向最大。

（3）熔池存在时间对气体的溶入与排出有明显的影响 存在时间长有利于气体排出，但也会增加气体的溶入。对于反应性气体而言，显然应着眼于创造有利的排除条件，即应适当增大熔池的存在时间。因此，增大热输入是有利的，适当预热也是有利的。对于氢和氮等析出性气体而言，既要考虑气体的溶入，也要考虑气体的逸出。因此，焊接参数的影响存在最佳值，而不是简单地增大或减小。

四、气孔的防止措施

针对上面分析的影响气孔形成的诸多因素，在焊接中可以采取如下措施来防止气孔的产生。

1. 消除气体来源

（1）加强焊接区保护，焊接过程中不能破坏正常的防护条件。如药皮不得脱落；焊剂或保护气体不能中断送给；气体保护焊时，必须防风，气体的成分也必须控制。

（2）对焊接材料进行防潮与烘干。焊条与焊剂必须防潮，使用前进行烘干并应放在专用烘箱或保温桶中保管，做到随用随取。

（3）采取适当的表面清理方法，清除工件及焊丝表面的氧化膜、铁锈及油污等。对于铁锈一般采用机械清理方法，对于有色金属的氧化膜常采用化学清洗与机械清理并用的方法。

2. 正确选用焊接材料

（1）适当调整熔渣的氧化性。如为减小 CO 气孔的倾向，可适当降低熔渣的氧化性；而为减小氢气孔的倾向，可适当增加熔渣的氧化性。

(2)焊接有色金属时,在 Ar 中添加氧化性气体 CO_2 或 O_2。但 CO_2 或 O_2 的数量必须严格控制,数量少时不会有效果,数量多时会使焊缝明显氧化。

(3)CO_2 焊时,必须充分脱氧,即使是焊接低碳钢,也必须采用合金钢焊丝。

五、焊缝中的夹杂

焊缝或母材中有夹杂物存在时,不仅降低了焊缝金属的韧性,增加低温脆性,同时也增加了热裂纹和层状撕裂的倾向。

(一)焊缝中夹杂物的种类及其危害性

1. 氧化物

焊接金属材料时,氧化物夹杂是普遍存在的,在手工电弧焊和埋弧自动焊低碳钢时,氧化物夹杂主要是 SiO_2,其次是 MnO、TiO_2 及 Al_2O_3 等,一般多以硅酸盐的形式存在。这种夹杂物如果密集地以块状或片状分布时,在焊缝中会引起热裂纹,在母材中也易引起层状撕裂。图4-48是14MnMoVN 钢采用 E5016(即 J506)焊条焊接时焊缝中硅酸盐夹杂物引起的裂纹。

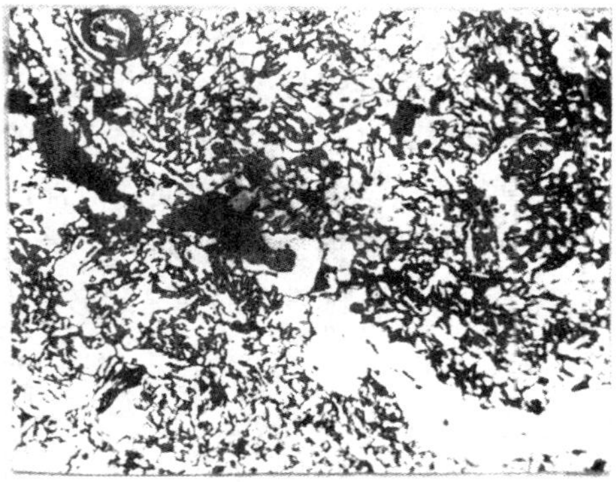

图 4-48　硅酸盐夹杂引起的裂纹

焊接过程中熔池的脱氧越完全,焊缝中氧化物夹杂物越少。实践证明,这些氧化物夹杂主要是在熔池进行冶金反应时产生的,如 SiO_2、MnO 等,只有少量夹杂物是由于操作不当而混入焊缝中。

2. 氮化物

焊接低碳钢和低合金钢时,氮化物夹杂主要是残 N。残 N 是焊缝在时效过程中由过饱和固溶体中析出的,并以针状分布在晶粒上或贯穿晶界(图 4-49)。

由于 Fe_4N 是一种脆硬的化合物,会使焊缝的硬度增高,塑性、韧性急剧下降。一般焊接条件下焊缝很少存在氮化物夹杂,只有在保护不好时才可能发生。

图 4-49　焊缝中的氮化物

应当指出,由于氮化物具有强化作用,从20世纪40年代开始已把氮作为合金元素加入钢中。例如,钢中含有 Mo、V、Nb、Ti 和 Al 等合金元素时,若能与氮形成弥散状的氮化物,从而在不过多损失韧性的条件下,大幅度地提高强度。经过热处理后(如正火),可使钢具有良好的力学性能,如15MnVN 钢、06AlNbCuN 钢等。

3. 硫化物

硫化物夹杂主要来源于焊条药皮或焊剂,经冶金反应转入熔池的。但也有时是由于母材或焊丝中含硫量偏高而形成硫化物夹杂。

硫在铁中的溶解度随温度而有较大的变化。高温时,硫在 δ 铁中的溶解度为 0.18%,

而在 γ 铁中的溶解度只有0.05%，所以在冷却过程中，硫便从过饱和固溶体中析出而成为硫化物夹杂。

焊缝中的硫化物夹杂，主要有两种，即 MnS 和 FeS。MnS 的影响较小，而 FeS 的影响较大。因 FeS 是沿晶界析出，并与 Fe 或 FeO 形成低熔共晶(988℃)，它是引起热裂纹的主要原因之一。

关于硫化物夹杂的危害性近年来有不同的看法是值得注意的。从实验中发现，当钢中的含硫量极低(S≈O)，反而会引起裂纹。当有微量的硫化物，以弥散状态分布于金属，它具有溶氢的作用，使氢不易聚集，降低了氢的有害作用，因而提高了抗裂性能。

(二)防止焊缝中夹杂物的措施

防止焊缝中产生夹杂物的最重要方面就是正确选择焊条、焊剂，使之更好的脱氧、脱硫等。其次是注意工艺操作，具体如下。

(1)选用合适的焊接工艺参数，以利于熔渣的浮出；

(2)多层焊时，应注意清除前层焊缝的熔渣；

(3)焊条要适当的摆动，以便熔渣浮出；

(4)操作时注意保护熔池，防止空气侵入。

应注意，如果原材料中的夹杂物较多(包括母材和焊丝中)，势必造成焊缝中产生夹杂物。

思考题

4-1　焊接熔池结晶有哪些特点，为什么？焊接速度对熔池结晶有何影响？

4-2　什么叫联生结晶，它给焊接带来哪些优点？

4-3　试述熔池的结晶速度与焊接速度的关系。

4-4　为什么低合金钢焊缝在固态相变中很容易发生珠光体转变？

4-5　焊接熔池结晶的形态有哪几种类型，是由哪些因素决定的？

4-6　说明焊缝结晶组织的一般分布规律及其影响因素。

4-7　低合金钢的焊缝相变组织有哪些类型，其形成条件是什么？

4-8　论述焊缝组织和性能的控制方法和途径。

4-9　焊接热影响区加热和冷却过程中的组织转变特点是什么？

4-10　低合金钢的焊缝相变组织有哪些类型，其形成条件是什么？

4-11　论述焊缝组织和性能的控制方法和途径。

4-12　焊缝的偏析有几种？它们形成的原因是什么？

4-13　焊缝中气孔的危害是什么？它是怎样形成的？如何防止？

4-14　用一分为二的观点分析夹杂物对焊缝金属性能的影响。

第五章 焊接热影响区的组织和性能

熔焊时在集中热源的作用下，不仅焊缝要发生从熔化到固态相变等一系列的变化，而且焊缝两侧未熔化的母材也要经历一定的热循环而发生组织的转变。焊接过程中，焊缝两侧未熔化的母材受热的影响，而发生组织和性能变化的区域称为“热影响区”（英文缩写为 HAZ）或称“近缝区”。焊接热影响区是焊接接头的重要组成部分，一般认为，焊接接头是由焊缝、熔合区和焊接热影响区三个部分组成的，如图 5－1 所示。

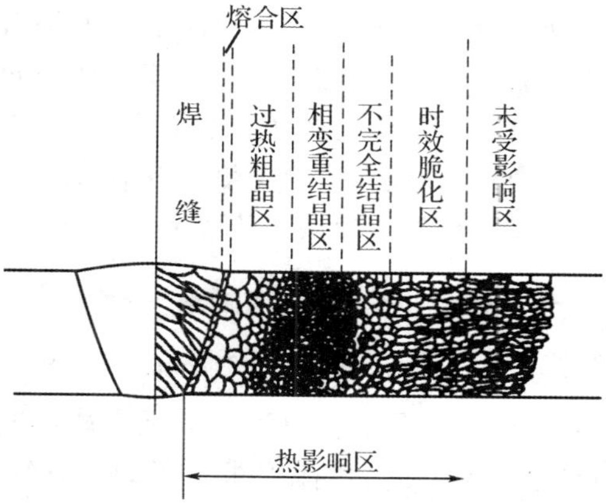

图 5－1 焊接热影响区的示意图

在焊接发展的初期，焊接结构主要采用低碳钢制造，焊接的质量问题大都出现在焊缝区域，只要焊缝不出问题，焊接热影响区也不会出问题。所以，当时人们把主要注意力集中在焊缝上。随着焊接技术和生产规模的不断发展，大容量、高负荷、高参数的成套设备不断增多，各种高温、耐压、耐蚀、低温的容器、深水潜艇、宇航装备，以及核动力装置、管道等也不断建造，所采用的金属材料自然就被各种高强钢、不锈钢、耐热钢以及某些特种材料所代替（如铝合金、钛合金、镍基合金、复合材料和陶瓷等）。在这种情况下焊接质量不仅仅决定于焊缝，同时也决定于焊接热影响区，有些金属焊接热影响区存在的问题比起焊缝更为复杂。

仅以低合金高强钢焊接为例，随钢种强度级别的提高，热影响区的脆化和裂纹倾向也越严重，例如，抗拉强度为 800MPa 的钢种，焊接热影响区在不同温度下的断裂韧性（COD）及可能出现的各种裂纹如图 5－2 所示。由此可见，在某些情况下，焊接热影响区可能成为焊接接头的薄弱地带。因此，许多国家对焊接热影响区都给以很大的重视。

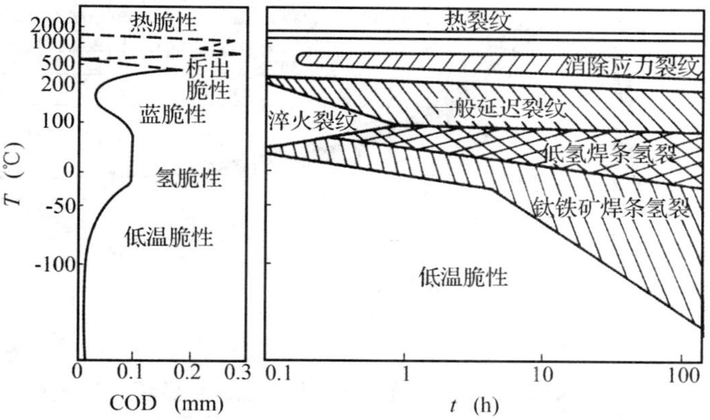

图 5－2 热影响区的断裂韧性及可能出现的各种裂纹

本章主要根据低合金高强钢焊接过程中，由于快速不均匀加热和冷却引起热影响区组织性能的变化，进行系统地讨论。

第一节 焊接热循环

焊接热循环讨论的对象是焊件上某一点的温度与时间的关系。这一关系决定了该点的加热速度、保温时间和冷却速度，对焊接接头的组织与性能都有十分明显的影响。因此，研究热影响区在焊接热循环作用下组织和性能的变化规律，对于解决焊接问题，提高焊接质量具有十分重要的意义。本节主要以具有代表性的低合金高强度钢的焊接接头为例进行分析，重点论述在快速加热和冷却条件下组织转变的特点，热影响区组织和性能的变化，以便为制定合理的焊接工艺奠定基础。

一、焊接热循环的基本概念

焊件上某一点从焊接开始起，随着热源运动，温度迅速上升达到最大值；热源远离后，温度逐渐下降，最后恢复到与周围介质相同的温度。在焊接热源作用下，焊件上某一点的温度随时间的变化，叫做焊接热循环。热循环一般用温度－时间曲线表示。它是描述焊接过程中热源对被焊金属的热作用。距焊缝不同距离的各点，所经历的热循环是不同的，如图 5－3 所示。另外，由于焊接方法不同，热循环曲线的形状也发生较大的变化，如图 5－4 所示。可见，焊接是一个不均匀加热和冷却过程，也可以说是一种特殊的热处理，从而使热影响区产生不均匀的组织和性能，同时也会产生复杂的应力与应变，给焊接结构的安全稳定性带来许多复杂的问题。

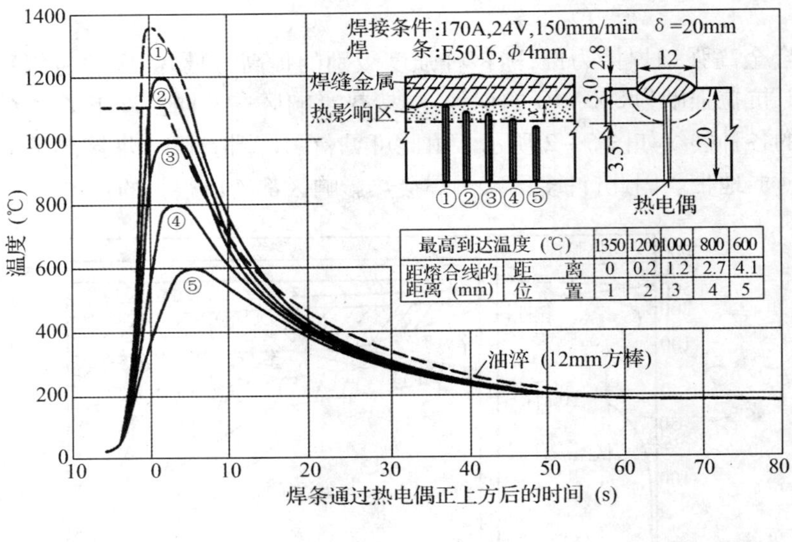

最高到达温度（℃）		1350	1200	1000	800	600
距熔合线的距离（mm）	距离	0	0.2	1.2	2.7	4.1
	位置	1	2	3	4	5

图 5－3 距焊缝不同距离各点的热循环

（低碳钢，板厚 20 mm，手弧焊）

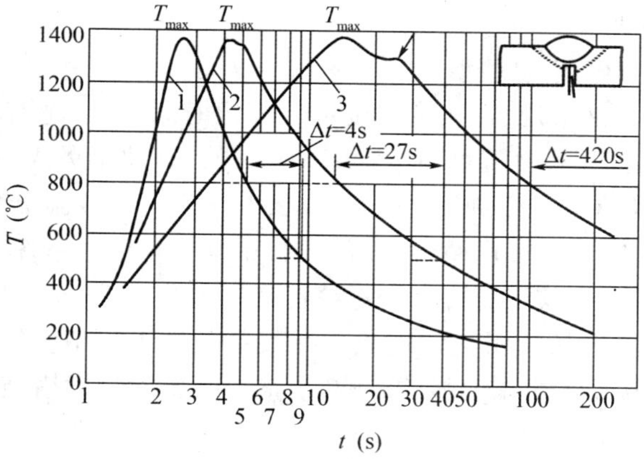

图 5-4 不同焊接方法的焊接热循环

1—手弧焊；2—埋弧焊；3—电渣焊

二、焊接热循环的基本参数

根据焊接热循环对组织性能的影响，主要考虑以下四个参数，如图 5-5 所示。

(一)加热速度(v_H)

在集中的高温热源作用下，焊接时的加热速度比其他热加工时要高得多。在相变温度附近的加热速度，对相变温度值及相变的完全程度都有显著的影响。随着加热速度的提高，相变温度也随之提高，同时奥氏体的均质化和碳化物的溶解也越不充分。因此，必然会影响到焊接热影响区冷却后的组织与性能。

加热速度与许多因素有关，例如不同的焊接方法、焊接线能量、板厚及几何尺寸，以及被焊金属的热物理性质等。

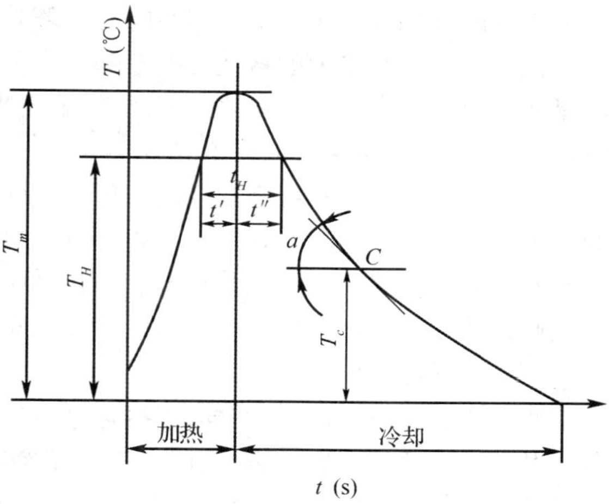

图 5-5 焊接热循环曲线及特征

T_C—C 点瞬时温度；T_H—相变温度

(二)最高加热温度(T_m)

金属组织和性能除化学成分的影响之外，主要与加热的最高温度和冷却速度有关。最高加热温度是焊接热循环中最重要的参数之一，又称为峰值温度。焊接时，焊件上各点的峰值温度不同，取决于该点至焊缝中心的距离。一般来讲，焊缝位置的峰值温度高于液相线温度，而热影响区部位的峰值温度低于固相线温度，峰值温度越高，晶粒长大倾向越严重。由于焊件上各点的峰值温度不同，冷却后各点的组织与性能分布也不一样。在研究焊接接头的组织变化时，就是按最高加热温度划分区域的。

图 5-3 为熔焊时在一定工艺条件下测得的低合金钢焊件上各点的热循环曲线。其中焊缝的 T_m 可达 1 800 ~2 000 ℃，远远高于钢铁冶炼时的最高温度。紧邻焊缝处的母材 T_m 亦在 1 300 ℃以上，也比一般热处理要高得多。由于温度高(1 300 ~1 350 ℃)，晶粒将发生

严重长大，从而使韧性严重下降。

（三）相变温度以上停留的时间（t_H）

对一般低碳低合金钢来说，在相变温度以上停留时间越长，越有利于奥氏体化过程的充分进行。所以，在略高于相变温度 A_{c_3} 保温一定时间，有助于奥氏体的均质化过程，但温度过高（如超过 A_{c_3} 300 ℃以上），则将发生晶粒长大现象。加热温度越高，晶粒长大所需的时间越短。在热处理时，由于对热循环有所控制，正常条件下一般不会发生因晶粒长大而使产品性能下降的现象。但焊接时，由于近缝区必然要在相变温度以上的高温停留，热影响区中不可避免地会发生晶粒粗化的现象。在某些条件下（如电渣焊或大线能量的埋弧焊），晶粒粗化会对焊接质量带来明显的影响，须采取必要的辅助措施加以防止，因此，研究焊接热循环时 t_H 也是一个重要的参数。

为了便于分析研究，把高温停留时间 t_H 分为加热过程停留时间 t' 和冷却过程停留时间 t''，即 $t_H = t' + t''$，如图 5－5 所示。

（四）冷却速度 v_C 或冷却时间 $t_{8/5}$、$t_{8/3}$、t_{100}

冷却速度是描述工件温度降低快慢程度的参量。在焊接过程中，冷却速度就是热循环曲线下降段的斜率。由于不同的冷却阶段具有不同的冷却速度，因而常常采用一定温度范围内的平均冷却速度或者冷却至某一温度时的瞬时冷却速度（参见图 5－5）。例如，对于低合金钢的焊接来讲，常选用熔合区附近冷却到 540 ℃左右时的瞬时冷却速度。

冷却速度对热影响区的组织和性能有显著的影响。从某种意义上讲，控制热影响区的组织和性能就是控制热影响区的冷却速度。然而，在试验研究和实际工作中，冷却速度难以测量或者说测量存在较大误差。因此，常采用冷却时间来代替冷却速度作为研究焊接热影响区组织、性能和抗裂性的评价参数。

冷却时间是指由某一特定温度冷却到另一特定温度所经历的时间，例如，从 800 ℃冷却到 500 ℃所经历的时间称为 $t_{8/5}$，从 800 ℃冷却到 300 ℃所经历的时间称为 $t_{8/3}$，而从峰值温度冷却到 100 ℃所经历的时间称为 t_{100}。对于低碳钢和低合金钢来讲，从影响质量考虑，最重要的则是相变温度范围内的冷却速度。实际应用中具体选择哪一时间，应根据不同材料焊接时所存在的问题而定。

应当指出，像焊接温度场一样，焊接热循环也受到焊接方法、焊接参数、母材种类、板材厚度以及周围介质等因素的影响，因而热循环参数在不同的焊接条件下是不同的。表5－1给出了低合金钢焊接时的某些热循环参数数据，由此可以清楚地看到热循环参数随焊接条件的变化。

表 5－1　单层电弧焊和电渣焊低合金钢时近缝区热循环参数

板厚 /mm	焊接方法	焊接线能量/(J·cm⁻¹)	900 ℃时的加热速度/(℃·s⁻¹)	900 ℃以上的停留时间/s		冷却速度/(℃·s⁻¹)		备注
				加热时 t'	冷却时 t''	900 ℃	540 ℃	
1	钨极氩弧焊	840	1700	0.4	1.2	240	60	对接开 I 坡口
2	钨极氩弧焊	1680	1200	0.6	1.8	120	30	对接开 I 坡口
3	埋弧焊	3780	700	2.0	5.5	54	12	对接开 I 坡口，有焊剂垫
5	埋弧焊	7140	400	2.5	7	40	9	对接开 I 坡口，有焊剂垫
10	埋弧焊	19320	200	4.0	13	22	5	V 形坡口对接，有焊剂垫

续表 5－1

板厚/mm	焊接方法	焊接线能量/(J·cm^{-1})	900 ℃时的加热速度/(℃·s^{-1})	900 ℃以上的停留时间/s		冷却速度/(℃·s^{-1})		备注
				加热时 t'	冷却时 t''	900 ℃	540 ℃	
15	埋弧焊	42000	100	9.0	22	9	2	V 形坡口对接，有焊剂垫
25	埋弧焊	105000	60	25.0	75	5	1	V 形坡口对接，有焊剂垫
50	电渣焊	504000	4	162.0	335	1.0	0.3	双丝
100	电渣焊	672000	7	36.0	168	2.3	0.7	三丝
100	电渣焊	117600	3.5	125.0	312	0.83	0.28	板极
220	电渣焊	966000	3.0	144	395	0.8	0.25	双丝

三、多层焊热循环的特点

在实际焊接生产中，多层多道焊应用十分普遍，特别是厚板结构有时要焊几十层，甚至上百层。多层焊接实质上是由许多单层焊接热循环迭加而成，在相邻焊层之间彼此具有热处理的作用，因此，从提高焊接质量来看，多层焊比单层焊更为优越。因此，讨论多层焊接热循环具有一定的实际意义。

在实际生产中，根据要求不同，多层焊分为“长段多层焊”和“短段多层焊”。

（一）长段多层焊焊接热循环

所谓长段多层焊，即每道焊缝的长度在 1 m 以上的多层焊称为长段多层焊。由于焊缝较长，这样在焊完前一层后再焊后一层时，前一层焊缝已基本冷却至较低的温度（一般在 100～200℃以下），其焊接热循环的变化如图 5－6 所示。由图 5－6 可以看出，前一层焊道对后一层可起到预热作用，而后一层焊道对前一层则起到了后热作用，即相邻各层之间有依次热处理的作用。为防止最后一层焊缝金属因冷速过大而淬硬，可多加一层“退火焊道”，从而使焊接质量有所改善。

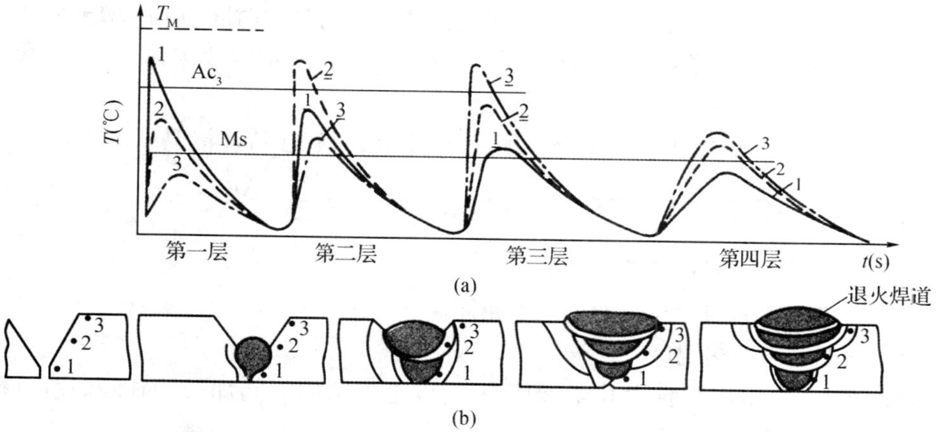

图 5－6　长段多层焊焊接热循环

（a）敷焊各层时，近缝区 1、2、3 各点热循环；（b）各层焊缝断面示意图应当指出，对于一些淬硬倾向较大的钢种，不适于长段多层焊接。因为这些钢在焊前一层以后，焊接后一层之前，近缝区或焊缝由于淬硬倾向较大而有产生裂纹的可能。所以焊接这种钢时，应特别注意与其他工艺措施的配合，如焊前预热、层间温度控制，以及后热缓冷等。

（二）短段多层焊焊接热循环

每道焊缝长度为 50～400mm 时，称为短段多层焊。在这种情况下，未等前一层焊缝冷却到较低温度就开始焊接后一道焊缝。短段多层焊的热循环如图 5－7 所示。

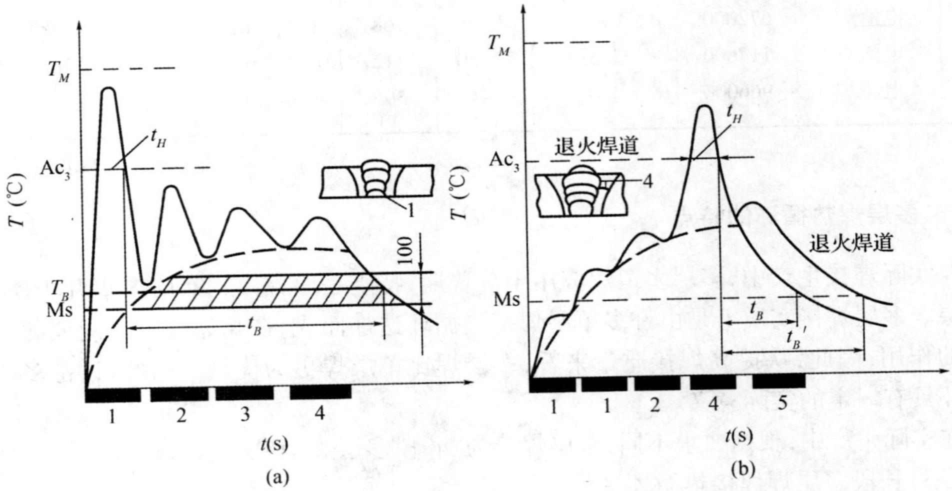

图 5－7 短段多层焊焊接热循环

（a）1 点的热循环；（b）4 点的热循环 t_B—由 A_3 冷至 M_S 的冷却时间（s）

由图 5－7 可以看出，近缝区 1 点和 4 点所经历的焊接热循环是比较理想的。对于 1 点来讲，一方面使该点在 Ac_3 以上停留时间较短，避免了晶粒长大；另一方面减缓了 A_{c_3} 以下的冷却速度，从而防止淬硬组织产生。对于 4 点来讲，它是在预热的基础上开始焊接的，如焊缝的长度控制合适，那么 A_{c_3} 以上停留的时间仍可很短，使晶粒不易长大。为了防止最后一层产生淬硬组织，可多一层退火焊道，以便增长奥氏体的分解时间（由 t_B 增至 t_B'）。

由此可见，短段多层焊对焊缝和热影响区组织都具有一定的改善作用，适于焊接晶粒易长而又易于淬硬的钢种。

但是，短段多层焊的操作工艺十分繁琐，生产率低，只有在特殊情况下才能采用。

四、影响焊接热循环的基本因素及调整方法

（一）影响焊接热循环的因素

影响焊接热循环的因素与温度场基本相同。

1. 焊接线能量与预热温度

线能量增大，最高加热温度升高，相变温度以上停留的时间加长，而冷却速度降低，提高预热温度的效果与之相同。

2. 焊接方法

不同焊接方法的热源特性不同。在线能量相同时，因所用电流与焊速之匹配不同，所

形成的焊缝形状及熔深明显不同，必将对焊件上各点所经历的热循环产生影响。

不同焊接方法及线能量的热循环参数见表5－1。

3. 焊件尺寸

图5－8所示为线能量不变，改变焊件宽度 b 和板厚时对 $t_{8/5}$ 的影响。可以看出，板厚 δ 比较小时，改变板宽 b 可使 $t_{8/5}$ 有较大幅度的变化；而 δ 较大时（如 $\delta>30$ mm），b 对 $t_{8/5}$ 的影响不明显。此外，板宽 b 增大到150 mm以后，当板厚变化时，$t_{8/5}$ 的大小与板宽 b 无关，仅随 δ 而变化。可以认为，板宽增加到一定限度后，继续增加板宽对金属内部导热不产生影响，此时冷却速度（时间）仅与板厚有关。

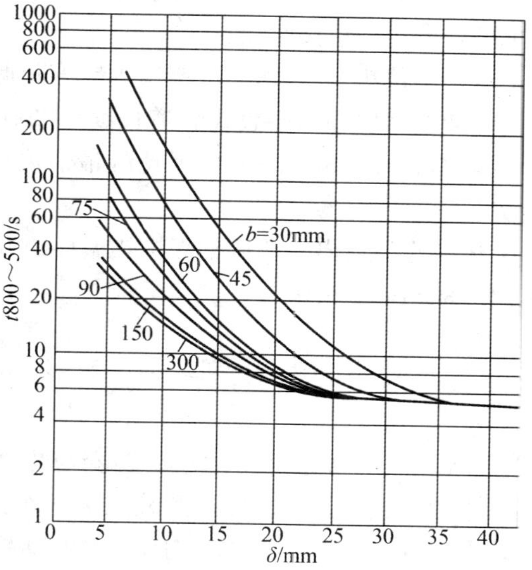

图5－8　焊件宽度 b 和板厚 δ 对 $t_{8/5}$ 的影响

实验条件：焊条电弧焊，未预热，焊条直径 $\varphi=4$ mm，$I=140$ A，$U=30$ V，$v=14.5$ cm/min，焊件长度110 mm

4. 接头形式

接头形式不同，导热情况存在了差异。例如，同样板厚的V形坡口对接接头与角接头相比，后者的冷却速度要比前者大得多。不同接头形式对 $t_{8/5}$ 的影响如图5－9所示。

5. 焊道长度

焊道长度对冷却速度的影响如图5－10所示。在接头形式与焊接条件相同时，焊道越短，其冷却速度越大。焊道长度小于40 mm时，冷却速度急剧提高，而且弧坑处的冷却速度最高，约为焊缝中部的二倍，比引弧端也要大20%左右。

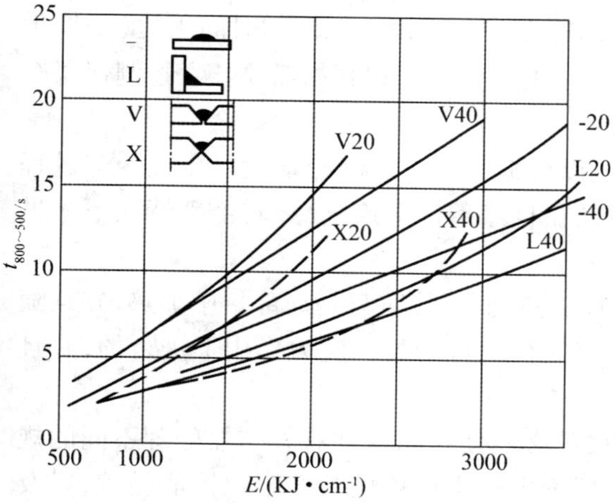

图5－9　接头与坡口形式对 $t_{8/5}$ 的影响

（图中符号后的数字表示板厚 δ）

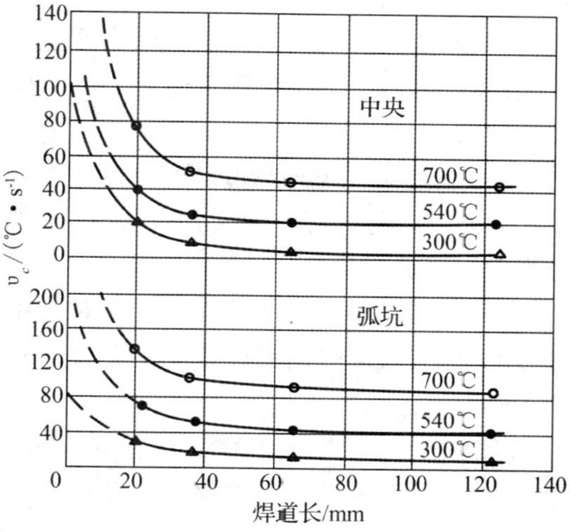

图5－10　焊道长度对不同温度下冷却速度的影响

（二）调整焊接热循环的方法

根据影响焊接热循环的因素，在产品一定时，可以通过某些工艺措施来调整焊接热循环，从而达到改变接头的组织与性能的目的。工艺措施的应用，必须充分考虑被焊金属的化学成分、物理性能及热处理状态等因素，可以从以下几方面入手：

（1）根据被焊金属的成分和性能选择适用的焊接方法；

（2）合理选用焊接参数；

（3）采用预热、焊后保温或缓冷等措施降低冷却速度；

（4）调整多层焊的层数或焊道长度，控制层间温度。层间温度 $T_i(t_i)$ 系指多层焊时在施焊后续焊道前其相邻焊道应保持的最低温度。在实际生产中可通过保温或加热等措施调整 T_i。

上述措施仅指出一些调整焊接热循环的方向，在实际焊接生产中要结合被焊结构具体情况而采取相应的措施。

第二节　焊接热循环条件下的金属组织转变特点

根据研究，焊接条件下的组织转变与热处理条件下的组织转变，其基本原理上是一致的。新相的形成也是通过生核和核长大两个过程，符合经典的结晶理论，组织转变过程进行的动力也取决于系统中的热力学条件，即新相与母相的自由能之差。但是，由于焊接过程具有本身的特点，这就给焊接时的组织转变带来了特殊性。焊接本身的特点概括起来有以下五点：

（1）加热的温度高　一般热处理情况下，加热温度都不超过 A_{c3} 以上 100 ~ 200 ℃，而在焊接时，近缝区熔合线附近可接近金属的熔点，对于低碳钢和低合金钢来讲，一般都在 1 350 ℃左右。显然，二者相差甚大；

（2）加热的速度快　焊接时由于采用的热源强烈集中，故加热的速度比热处理时要快的多，往往超过几十倍甚至几百倍；

（3）高温停留时间短　焊接时由于热循环的特点，在 A_{c3} 以上保温的时间很短（一般手工电弧焊约为 4 ~ 20s，埋弧焊时为 30 ~ 100s），而在热处理时可以根据需要任意控制保温时间；

（4）自然条件下连续冷却　在热处理时，可以根据需要来控制冷却速度或在冷却过程中不同阶段进行保温。然而在焊接时，一般都是在自然条件下连续冷却，个别情况下才进行焊后保温或焊后热处理；

（5）局部加热　热处理时工件是在炉中整体加热，而焊接时只是局部集中加热，并且随热源的移动，被加热的范围也随之移动。这样就使组织转变是在应力作用下进行的，并且这种转变的过程是不均匀的。

综上所述，在焊接条件下有它本身的特点，就必然使组织转变有着与热处理不同的规律。由此可见，不能完全根据金属学热处理的理论去解决焊接接头的组织性能问题，以及进行焊接工艺参数和工艺规程的制定。必须根据焊接热循环的特点，建立焊接条件下的金属学理论才能得出正确的结论。

应该指出的是，研究焊接条件下的相变机理和组织性能变化的规律是十分复杂的。

一、焊接时加热过程组织转变的特点

由于焊接热影响区受热的瞬时性，即升温速度快、高温停留时间短及冷却速度快，使得与扩散有关的过程都难于进行，从而影响到组织转变的过程及其进行的程度，由此出现了与等温过程和热处理过程的组织转变明显不同的特点。

(一)组织转变向高温推移

焊接时加热的速度很快，各种金属的相变温度比起等温转变时发生很大的变化，对于低碳钢和低合金钢焊接时，不同焊接方法的加热速度如表 5－2 所示。

表 5－2　不同的焊接方法相变温度附近的加热速度

焊接方法	δ/ mm	加热速度 v_H/(℃ · s^{-1})
焊条电弧焊和 TIG 焊	5 ~ 1	200 ~ 1000
单层埋弧焊	25 ~ 10	60 ~ 200
电渣焊	200 ~ 50	3 ~ 20

由于焊接加热速度快，导致钢铁材料的相变温度 A_{c_1} 和 A_{c_3} 升高。这就是说，焊接加热过程中的组织转变不同于平衡状态的组织转变，转变过程已向高温推移。

由表 5－3 可以看出，加热速度越快，A_{c_1} 和 A_{c_3} 越高，而且 A_{c_1} 和 A_{c_3} 之间温差也越大。当钢中含有较多的碳化物形成元素时，A_{c_1} 和 A_{c_3} 升高得更显著。

表 5－3　加热速度 v_H 对相变温度 A_{C1} 和 A_{C3} 的影响

钢材牌号	相变温度/℃	加热速度 v_H/(℃ · s^{-1})				
		平衡状态	6 ~ 8	40 ~ 50	250 ~ 300	1400 ~ 1700
45 钢	A_{C1}	730	770	775	790	840
	A_{C3}	770	820	835	860	950
	A_{C3}—A_{C1}	40	50	60	70	110
40Cr	A_{C1}	740	735	750	770	840
	A_{C3}	780	775	800	850	940
	A_{C3}—A_{C1}	40	40	50	80	100
23Mn	A_{C1}	735	750	770	785	830
	A_{C3}	830	810	850	890	940
	A_{C3}—A_{C1}	95	60	80	105	110
30CrMnSi	A_{C1}	740	740	775	825	920
	A_{C3}	820	790	835	890	980
	A_{C3}—A_{C1}	80	50	60	65	60
18Cr2WV	A_{C1}	710	800	860	930	1000
	A_{C3}	810	860	930	1020	1120
	A_{C3}—A_{C1}	100	60	70	90	120

焊接加热过程中组织转变向高温推移是由奥氏体化过程的性质决定的。由铁素体或珠光体向奥氏体转变的过程是扩散重结晶过程，需要有孕育期。在快速加热的条件下，来不及完成扩散过程所需的孕育期，必然造成相变温度提高。当钢中含有碳化物形成元素（Cr、W、Mo、V、Ti、Nb等）时，由于它们的扩散速度慢（比碳小1 000～10 000倍），而且本身还阻止碳的扩散，因而大大地减慢了奥氏体的转变过程，促使转变温度升得更高。

（二）奥氏体均质化程度降低、部分晶粒严重长大

奥氏体均质化程度也是扩散过程，由于焊接加热速度快，高温停留时间短，不利于扩散过程的进行，因而使奥氏体均质化程度降低。同时，熔合线附近的热影响区峰值温度很高（T_m = 1 300～1 350 ℃），接近于焊缝金属的熔点，因而造成晶粒过热而严重长大。

二、焊接冷却过程的组织转变特点

对焊接热影响区组织性能的分析，主要是根据金属学理论中组织转变的规律进行评价。但是，由于焊接热影响区所经历的热过程与热处理条件下有显著不同，因此冷却过程的组织转变也必然会带来很大差异，这一点已越来越多地被大量实验证实。由于焊接热影响区熔合线附近是整个焊接接头的薄弱地带，所以这里都是以此区的冷却过程组织转变作为主要研究对象。这里将焊接条件下和热处理条件下奥氏体转变进行比较，来说明在这两种不同热过程条件下组织转变的差异。

（一）组织转变向低温推移、可形成非平衡组织

在奥氏体均质化程度相同的情况下，随着焊接冷却速度的加快，钢铁材料的相变温度A_{c_1}、A_{c_3}以及A_{cm}均降低。这就是说，焊接冷却过程中的组织转变也不同于平衡状态的组织转变，转变过程已向低温推移。同时，在快冷却的条件下，共析成分也发生变化，甚至得到非平衡状态的伪共析组织。

这种组织转变特点也是因为奥氏体向铁素体或珠光体的转变是由扩散过程控制的结果。但应指出，由于奥氏体均质化程度受到焊接加热过程的影响，因而加热过程也会对冷却过程的组织转变产生影响，对此必须给予充分注意。否则，在分析具体问题时，可能得出不准确的结论。

（二）马氏体转变临界冷速发生变化

在焊接热循环的作用下，一方面，熔合线附近的晶粒因过热而粗化，增加了奥氏体的稳定性，使淬硬倾向增大；另一方面，钢中的碳化物合金元素（如Cr、Mo、V、Ti、Nb等）只有充分溶解在奥氏体的内部，才能增加奥氏体的稳定性（即增加淬硬倾向）。很显然在热处理条件下，可以有充分的时间使碳化物合金元素向奥氏体的内部溶解。而在焊接条件下，由于加热速度快、高温停留时间短，所以这些合金元素不能充分地溶解在奥氏体中，因此降低了奥氏体的稳定性，使淬硬倾向降低。

正是由于这两方面的共同作用，使冷却过程中马氏体转变临界冷速发生变化，亦促使焊接连续冷却组织转变图（焊接CCT图）上M_s点附近的曲线右移或左移。

表5－4是45钢和40Cr钢在焊接和热处理时同样冷却速度条件下的组织百分比。

表 5－4 焊接及热处理条件下的组织百分比

钢种	冷却速度/(℃/s)	组 织/%		
		铁素体	马氏体	珠光体及中间组织
45 钢	4	5(10)	0(0)	95(90)
	18	1(3)	90(27)	9(70)
	30	1(1)	92(69)	7(30)
	60	0(0)	98(98)	2(2)
40Cr	4	1(0)	75(95)	24(5)
	14	0(0)	90(98)	10(2)
	22	0(0)	95(100)	5(0)
	36	0(0)	100(100)	0(0)

注：1. 有( )号者为热处理时的百分比；
2. 中间组织包括贝氏体、索氏体和托氏体。

由图 5－11、图 5－12 和表 5－3 证明了上述的分析，45 钢在焊接条件下比在热处理条件下的 CCT 曲线稍向右移（主要考虑 M_S 附近）。说明在相同冷却速度条件下，焊接时比热处理时的淬硬倾向大。如冷却速度为 30℃/s，焊接时可得到 92% 的马氏体，而热处理时只得到 69% 的马氏体。

相反，40Cr 钢在焊接条件下的 CCT 曲线比热处理条件下 CCT 曲线向左移动，也就是在同样冷却速度下焊接时比热处理时的淬硬倾向小。例如，焊接条件下当冷却速度为 36 ℃/s 时，可得到 100% 的马氏体，而热处理条件下只要 22 ℃/s 即可得到 100% 的马氏体。

根据上述讨论，焊接条件下的组织转变特点不仅与等温转变不同，也与热处理条件下连续冷却组织转变不同。因此，不能机械地利用热处理条件下的相变理论来解决焊接条件下的组织转变问题。

三、热影响区组织的确定方法

由上述分析可知，由于焊接加热的高温性、瞬时性以及冷却的快速性，使焊接条件下的组织转变不仅与等温转变不同，而且与热处理条件下的连续冷却转变也不同。因此，必须采用焊接 CCT 图（连续冷却组织转变图）来分析和确定焊接热影响区的组织和性能。

焊接工作者十分重视这项工作，常在新钢种投产之前就测定出该钢种的 CCT 图，从而比较方便地查出在一定焊接工艺条件下焊接热影响区的组织和性能，并能作为选择焊接线能量、预热温度和制定焊接工艺的依据。但建立 CCT 图的工作比较复杂，需要作大量的实验工作。

由于焊接热循环参数不同会导致奥氏体均质化程度以及晶粒粗化程度的不同，因而焊接 CCT 曲线的形状也会发生变化。一般来讲，热循环的峰值温度提高，奥氏体晶粒粗化，晶

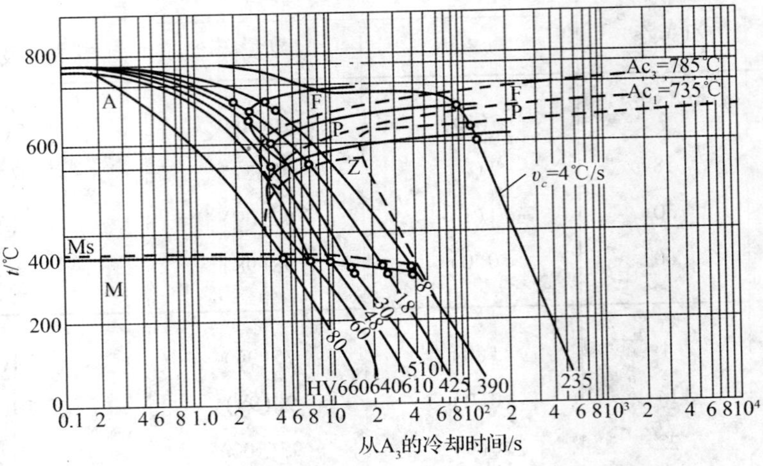

图 5-11　45 钢连续冷却转变曲线

F—铁素体；P—珠光体；Z—中间组织（包括贝氏体）；A—奥氏体；M—马氏体

实线—焊接（t_{max} = 1 350 ℃），虚线—热处理（t_{max} = 1 050 ℃）

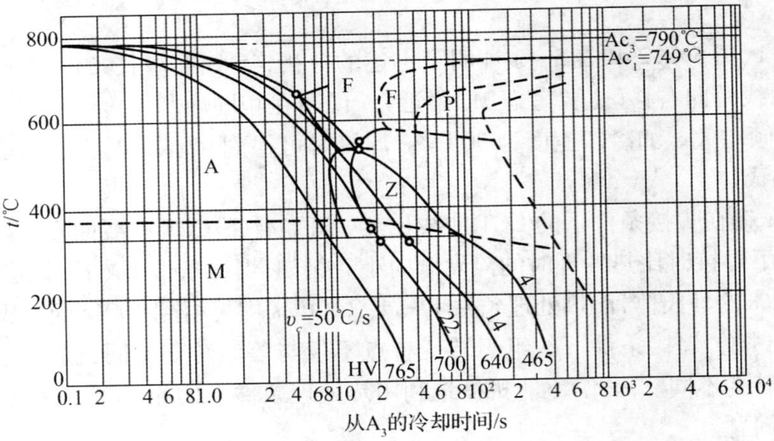

图 5-12　40Cr 钢连续冷却转变曲线

实线—焊接（t_{max} = 1 350 ℃），虚线—热处理（t_{max} = 840 ℃）

界总面积减小，形核机会减少，奥氏体的稳定性增强，因而淬硬倾向增大，CCT 曲线右移，如图 5-13(a)所示；加热速度越快，高温停留时间越短，碳化物在奥氏体中的溶解越不充分，奥氏体的稳定性越弱，因而淬硬倾向降低，CCT 曲线左移，如图 5-13(b)所示。因此，在分析焊接热影响区的组织和性能时，应尽量选择与实际情况相近的 CCT 图。

焊接 CCT 图描述的是组织随冷却时间的变化，而冷却时间是由焊接工艺参数（如焊接热输入及预热温度等）决定的。因此，在应用焊接 CCT 图时，需要通过冷却时间这个媒介，建立起组织与焊接工艺参数的联系，从而进行组织预测或制定焊接工艺。具体应用包括两个方面：一是预测给定工艺条件下接头的组织和性能；二是根据接头组织和性能的要求制定相应的焊接工艺。此外，也可判定钢种的淬硬倾向及产生冷裂纹的可能性。

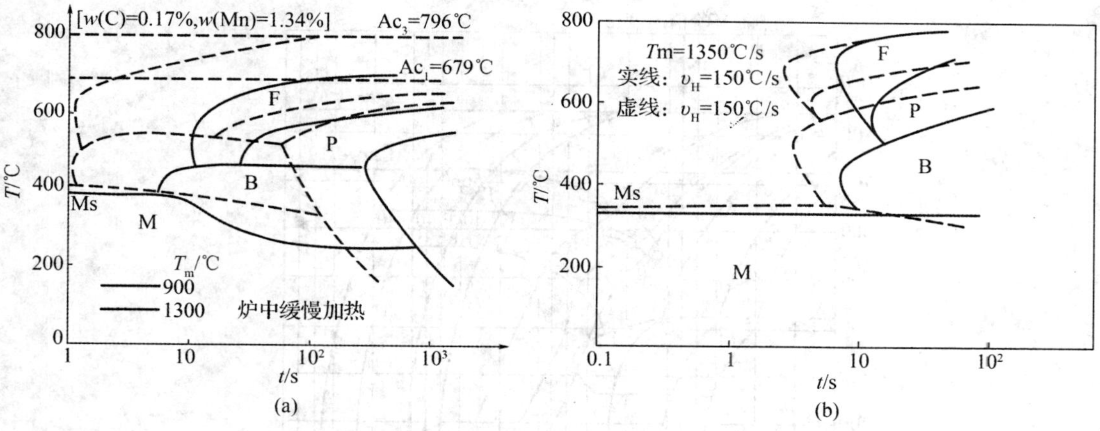

图 5-13 热循环参数对 CCT 曲线的影响

(a) T_m 的影响；(b) v_H 的影响

一般来讲，对组织起主要作用的冷却时间是从某一特定温度冷却到另一特定温度所经历的时间。对于低合金钢来讲，这个特定的冷却时间往往选定相变温度范围内的冷却时间，亦即从 800 ℃冷却到 500 ℃所经历的时间 $t_{8/5}$。采用解析或作图方法可以确定 $t_{8/5}$ 与焊接参数的关系，其中作图法简便易行。

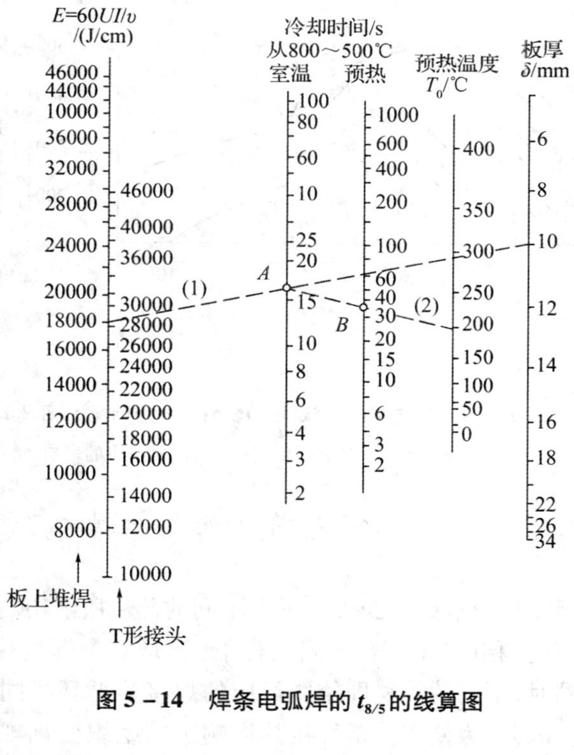

图 5-14 焊条电弧焊的 $t_{8/5}$ 的线算图

图 5-14 给出了焊条电弧焊时 $t_{8/5}$ 与焊接工艺参数关系的线算图，据此可以确定给定焊接工艺参数下的 $t_{8/5}$，也可以按照 $t_{8/5}$ 的要求确定所需焊接工艺参数。例如，在板厚 $\delta = 10$ mm、焊接热输入 $E = 18\ 000$ J/cm 和预热温度 $T_0 = 200$ ℃时，确定 $t_{8/5}$ 的步骤是：根据 $\delta = 10$ mm 和 E = 18 000 J/cm 连接直线(1)与室温下的 $t_{8/5}$ 线交于 A 点，再根据 A 点和 $T_0 = 200$ ℃连接直线(2)与预热温度下的 $t_{8/5}$ 线交于 B 点，B 点的数值就是所求的 $t_{8/5}$，即 $t_{8/5} = 36$s。

图 5-15 给出了 Q345 (16Mn) 钢的 CCT 图及 $t_{8/5}$ 对组织和硬度的影响，据此可以确定给定 $t_{8/5}$ 时热影响区的组织及硬度，也可以按照热影响区组织及硬度的要求确定所需的 $t_{8/5}$。例如，根据上例，若 $t_{8/5} = 36$s，可以确定热影响区的组织组成约为 10% F + 5% P + 85% B，HV_5 硬度值为 240。

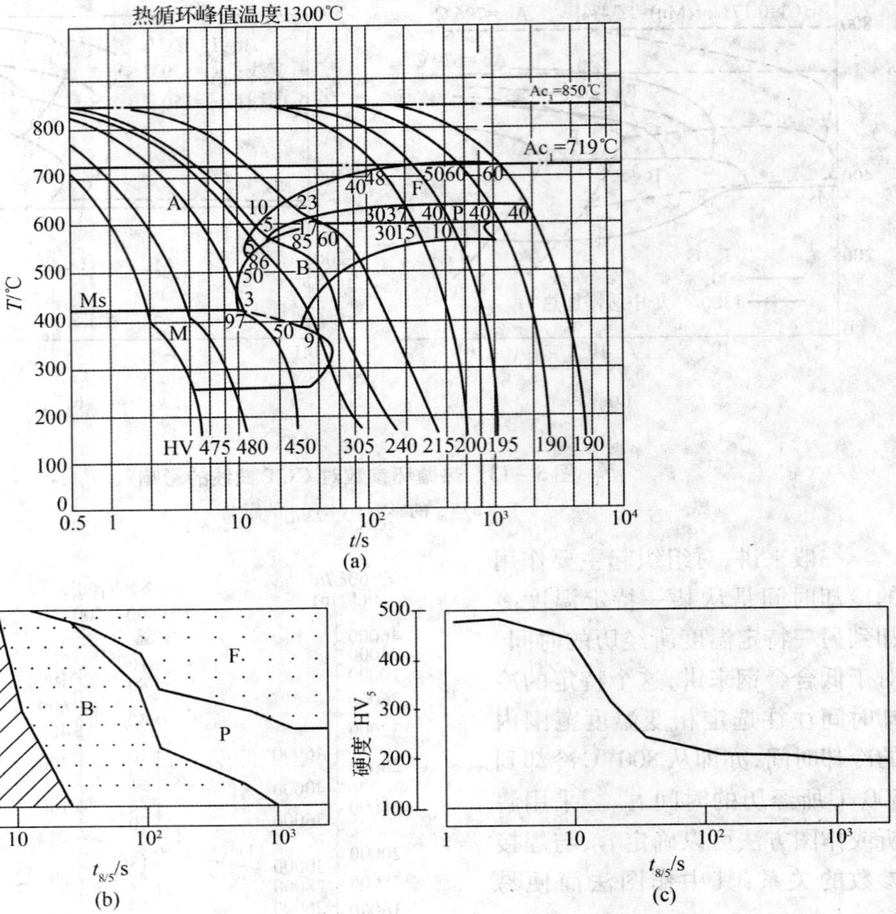

图 5-15 Q345(16 Mn)钢的 CCT 图及 $t_{8/5}$对组织和硬度的影响

(a) CCT 图；(b) $t_{8/5}$对组织的影响；(c) $t_{8/5}$对硬度的影响

第三节 焊接热影响区的组织特征

焊接热影响区上距焊缝远近不同的部位所经历的焊接热循环不同，因而不同部位就会产生不同的组织并具有不同的性能，于是整个焊接热影响区呈现出分布不均的组织和性能。同时，不同的钢材即使所经历的焊接热循环相同，其热影响区组织和性能的分布也会不同。因此，为便于分析焊接热影响区的组织变化规律，可将钢材按淬硬倾向分为不易淬火和易淬火两大类型。

一、不易淬火钢热影响区的组织分布

不易淬火钢包括常用的低碳钢和某些低合金钢，如16Mn、15MnV、15MnTi 等，冷轧态母材的焊接热影响区主要由过热区、完全重结晶区、不完全重结晶区及再结晶区组成，如图5-16所示。当母材为热轧态时，热影响区中没有再结晶区。

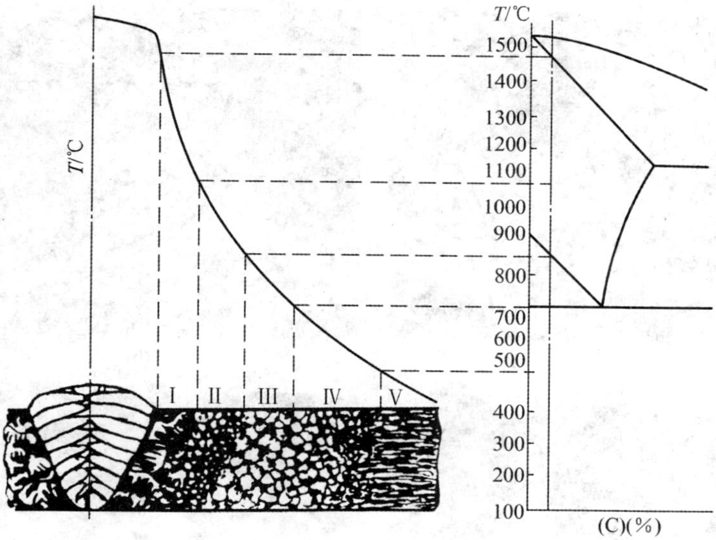

图 5－16 冷轧态不易淬火钢焊接热影响区的组织分布及其温度区间

Ⅰ—过热区；Ⅱ—完全重结晶区；Ⅲ—不完全重结晶区

Ⅳ—再结晶区；Ⅴ—母材

焊接热影响区的大小受许多因素的影响，例如焊接方法、板厚、线能量，以及不同的施工工艺等都会使热影响区的尺寸发生变化，用不同的焊接方法，焊接低碳钢和不易淬火的低合金钢时的热影响区各区的尺寸见表 5－5。

表 5－5 焊接方法对焊接热影响区各区尺寸的影响

焊接方法	各区平均宽度/mm			热影响区总宽/mm
	过热区	完全重结晶区	不完全重结晶区	
焊条电弧焊	2.2～3.0	1.5～2.5	2.2～3.0	6.0～8.5
埋弧自动焊	0.8～1.2	0.8～1.7	0.7～1.0	2.3～4.0
电渣焊	18～20	5～7	2～3	25～30
氧乙炔焊	21	4	2	27
电子束焊				0.05～0.75

(一)过热区

过热区又称粗晶区，其紧邻熔合区，峰值温度范围从晶粒急剧长大的温度一直到固相线的温度。对普通低碳钢来讲，该温区约为 1100～1490℃。由于加热温度很高，金属处于过热状态，特别是在固相线附近，一些难溶的碳化物和氮化物质点也都溶入奥氏体，因此奥氏体晶粒发生严重长大，冷却后主要得到粗大的铁素体和珠光体，甚至在热输入大或高温停留时间长(气焊和电渣焊)时出现魏氏组织。因此，该区的组织特征是晶粒粗大的铁素体和珠光体，甚至形成魏氏组织，如图 5－17(a)所示。

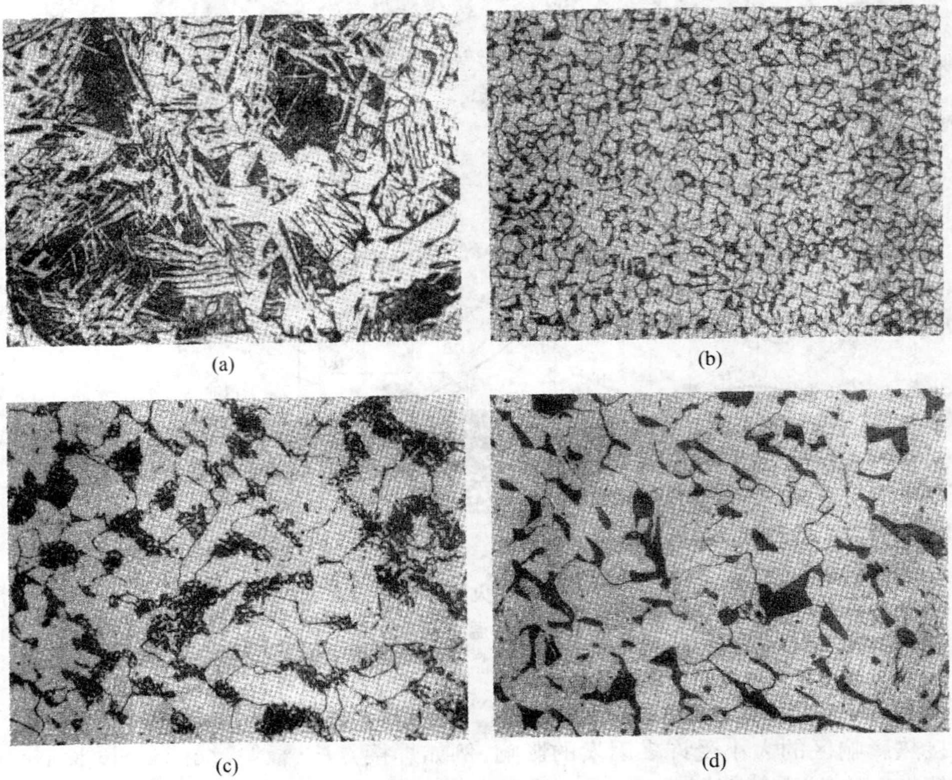

图 5 – 17　Q235A 钢焊接热影响区及母材的组织特征

(a) 过热区；(b) 完全重结晶区；(c) 不完全重结晶区；(d)母材

过热区的组织特征决定了该区脆性大，韧性低，通常降低 20% ~30%，焊接刚度较大的结构时，常在过热粗晶区产生脆化或裂纹，因而成为焊接接头的薄弱环节。但应指出，过热区的组织及过热区的大小与焊接方法和焊接热输入（线能量和母材板厚等）密切相关。一般来讲，气焊和电渣焊时晶粒粗大、过热区较宽，焊条电弧焊和埋弧焊时晶粒粗大并不严重、过热区较窄，而激光束和电子束焊时几乎没有过热区，参见表 5 – 5。

（二）完全重结晶区

完全重结晶区又称正火区或细晶区，其峰值温度范围从 A_{c_3} 一直到晶粒急剧长大的温度。对普通低碳钢来讲，该温区约为 900 ~1 100℃。该区金属在加热过程中全部经历了由铁素体和珠光体到奥氏体的相变重结晶，而冷却过程又经历了由奥氏体到铁素体和珠光体的相变重结晶。正是这两次相变重结晶，使晶粒得到了显著的细化，而且大小均匀。因此，该区的组织特征是晶粒细小而均匀的铁素体和珠光体，如图 5 – 17(b) 所示。

这种组织相当于热处理时的正火组织，由于其晶粒细小、均匀，因而完全重结晶区的塑性和韧性都比较好，具有较高的力学性能，甚至优于母材本身。

（三）不完全重结晶区

不完全重结晶区又称部分相变区或不完全正火区，其峰值温度介于 A_{c_1} 和 A_{c_3} 之间。对普通低碳钢来讲，该温区约为 750 ~900℃。该区金属只有一部分经历了两次相变重结晶，从而形成细小的铁素体和珠光体；而另一部分为始终未能发生重结晶的原始铁素体，其晶粒较为粗大。因此，该区的组织特征是晶粒大小不一的铁素体和细小的珠光体，而且分布不均，如图 5－17(c)所示。

由于不完全重结晶区的晶粒大小不一、分布不均，使得该区的力学性能也不均匀，其冲击韧度低于完全重结晶区。

(四)再结晶区

焊前经过冷作硬化的钢板，在峰值温度介于 500℃ ~ A_{c_1} 之间的热影响区中会出现一个明显的再结晶区，其组织特征为等轴晶粒。再结晶不同于重结晶，其发生温度低于重结晶的相变温度。重结晶时，晶粒的晶体结构要发生变化，即从一种晶体结构转变为另一种晶体结构；而再结晶时，没有晶粒内部晶体结构的变化，只有晶粒外形发生变化，由冷作变形后拉长的晶粒变为再结晶后的等轴晶粒。

低碳钢再结晶区的组织为等轴的铁素体晶粒，它明显不同于母材冷作变形后的拉长晶粒，因而再结晶区的强度和硬度都低于母材，但塑性和韧性都得到改善。因此，再结晶区在整个接头中也是一个软化的区域。如果焊前母材为未经过冷作变形的热轧态或退火态的钢板，那么在热影响区中就不会出现再结晶区。

此外，在低碳钢或碳锰系低合金钢的焊接热影响区内，还可能存在一个组织上与母材没有差别，但塑性和韧性显著低于母材的蓝脆区，其温度范围可扩大到 200 ~ 750℃。一般认为蓝脆的机理是一种热应变时效脆化，这将在下一节中阐述。

二、易淬火钢热影响区的组织分布

易淬火钢包括低碳调质钢(如 18MnMoNb)、中碳钢(如 45 钢)和中碳调质钢(如 30CrMnSi)等，其焊接热影响区的组织分布与母材焊前的热处理状态有关，如图 5－18 所示。当母材为调质状态时，热影响区由完全淬火区、不完全淬火区和回火区组成；当母材为退火或正火状态时，热影响区只由完全淬火区和不完全淬火区组成。

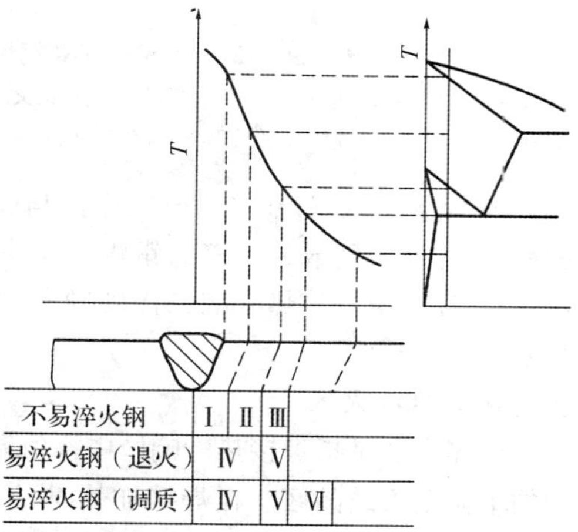

图 5－18 不同类型钢材焊接热影响区的组织分布

I—过热区 II—完全重结晶区

III—不完全重结晶区 IV—完全淬火区

V—不完全淬火区 VI—回火区

(一) 完全淬火区

完全淬火区是指焊接热影响区中峰值温度达到 A_{c_3} 以上的区域，它包括了相当于不易淬火钢的过热区和正火区两部分。由于该区内所有金属在加热过程中都经历了奥氏体化，因而在焊接快冷后将形成淬火组织。其中，相当于过热区的部分，由于晶粒严重长大以及奥氏体均质化程度高而增大了淬火倾向，易于形成粗大的马氏体，如图 5－19(a)所示；而相当于正火区的部分，由于淬火倾向降低而能形成细小的马氏体，如图 5－19(b)所示。此外，由于热输入和冷却速度的不同，还可能得到少量的贝氏体。因此，完全淬火区的组织特征是粗细不同的马氏体与少量贝氏体的混合组织，它们同属于马氏体类型。

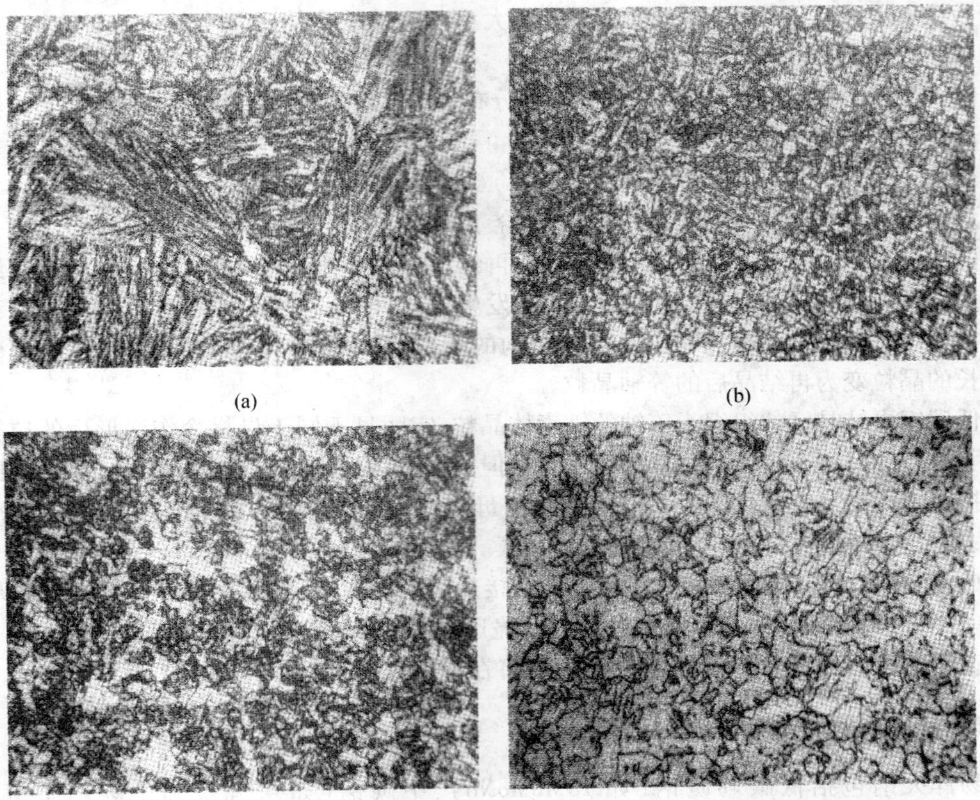

(a) (b) (c) (d)

图5-19 12Cr2MoWVTiB钢焊接热影响区及母材的组织特征

(a)过热区(粗大马氏体);(b)正火区(细小马氏体+少量粒状贝氏体);
(c)不完全淬火区(铁素体+马氏体+粒状贝氏体+少量铁素体-碳化物);(d)母材(铁素体-碳化物)

在完全淬火区内,过热区部分的粗大马氏体组织决定了该区具有较高的硬度、较低的塑性和韧性,并使该区成为易淬火钢焊接接头中性能较差、易于出现焊接缺陷的一个薄弱环节。因此,在分析焊接热影响区淬硬倾向和脆化倾向时,通常都以过热区部分为具体的研究对象。

(二)不完全淬火区

不完全淬火区是指焊接热影响区中峰值温度处于 A_{c_1} 和 A_{c_3} 之间的区域,它相当于不易淬火钢的不完全重结晶区。在焊接加热时,铁素体基本不发生变化,只有珠光体及贝氏体等转变为含碳量较高的奥氏体。在随后的快冷过程中,奥氏体转变为马氏体,而铁素体形态基本不变,但有所长大;当冷却速度较慢时,也可能形成铁素体与碳化物构成的中间体。因此,该区的组织特征是马氏体、铁素体以及中间体构成的混合组织,如图5-18(c)所示。

在这种混合组织中,由于马氏体是由含碳量较高的奥氏体转变而来,因而它属于高碳马氏体,具有又脆又硬的性质。因此,不完全淬火区的脆性也较大,韧性也较低,仅次于完全淬火区中的过热区。

(三)回火区

焊前处于调质状态的母材,热影响区中除了具有以上两个特征区外,还明显存在一个回火区，其峰值温度低于 A_{c_1} 但高于原来调质处理的回火温度。回火区内组织和性能的变化程度取决于焊前调质状态的回火温度。例如，焊前调质时的回火温度为 T_t，那么低于此温度的部位，其组织性能不发生变化；而热影响区高于此温度的部位，组织和性能将发生变化，出现软化，而且该区焊前回火温度 T_t 越低，热影响区中的回火温度越高，组织和性能变化越大。

由于回火区中不同部位所经历的峰值温度不同，因而它们的回火软化程度也不同。随着峰值温度的提高，回火软化程度提高，回火区内峰值温度接近于 A_{c_1} 的部位软化程度最大，其强度最低，从而成为易淬火钢焊接接头的又一薄弱环节。

由此可见，热影响区的组织和性能不仅与母材的化学成分有关，同时也与焊前的热处理状态有关。

综上所述，在焊接热循环的作用下，焊接热影响区具有不均匀的组织分布，其组织特征随钢材种类及焊接工艺而变化。但由于实际问题的复杂性，热影响区可能出现特殊的组织转变特征，这就要根据母材和具体情况进行具体分析。否则，可能会得出不当的结论。例如，淬火倾向小的低碳钢，在焊接快速加热和冷却条件下也会形成又脆又硬的高碳马氏体；而淬火倾向大的高碳钢，经低温短时奥氏体化后淬火，可形成塑性和韧性良好的板条马氏体。

三、焊接热影响区的性能

根据前面的讨论可以知道，在焊接热循环的作用下，焊接热影响区的组织分布是不均匀的，因而其性能的分布也必然是不均匀的。特别是热影响区的某些部位，由于组织和性能的变化而成为整个焊接接头的薄弱部位。对于一般焊接结构，主要考虑热影响区的硬化、脆化、软化，以及综合力学性能、抗腐蚀性能和疲劳性能等，而这些要根据具体使用要求来解决。本节主要论述焊接热影响区的性能分布以及脆化问题，并从焊接工艺的角度探讨其控制方法及途径，以便提高焊接质量。

(一)焊接热影响区的性能分布

1. 硬度的分布

焊接热影响区的硬度主要决定于被焊钢材的化学成分和冷却条件，其实质反映了焊接热影响区不同的微观组织的和性能，它是评价钢种淬硬倾向的重要指标。由于热影响区上微观组织的分布是不均匀的，因而硬度的分布也是不均匀的，即使是热影响区上的同一部位，也会因被焊母材的种类以及采用的焊接工艺不同而得到不同的微观组织，从而引起硬度的变化，如表 5－6 所示。由于硬度试验比较方便，因此常用热影响区(包括熔合区)的最高硬度值 H_{max} 来间接判断热影响区的性能，如强度、韧性、脆性和抗裂性等。

表 5－6　低合金钢焊接热影响区中过热区微观组织对硬度的影响

微观组织的体积分数/%				硬度/HV
铁素体	珠光体	贝氏体	马氏体	
10	7	83	0	212
1	0	70	29	298
0	0	19	81	384
0	0	0	100	393

（1）最高硬度　图5－20给出了易淬火和不易淬火两类钢种焊接热影响区的硬度分布情况。由图可见，无论是易淬火钢，还是不易淬火钢，其焊接热影响区的硬度分布都是不均匀的，而且在熔合线附近的过热区中出现了比母材还高的最高硬度 H_{max}，这正是前面所述的过热区发生淬硬及晶粒严重粗化造成的结果。最高硬度 H_{max} 的出现，必然造成热影响区脆性及冷裂敏感性的增大，因此常用热影响区的最高硬度 H_{max} 来间接判断热影响区的性能。一些国家甚至还制定了参考标准，规定了不同强度级别的低合金高强度钢所允许的最高硬度 H_{max}，如表5－7所示。

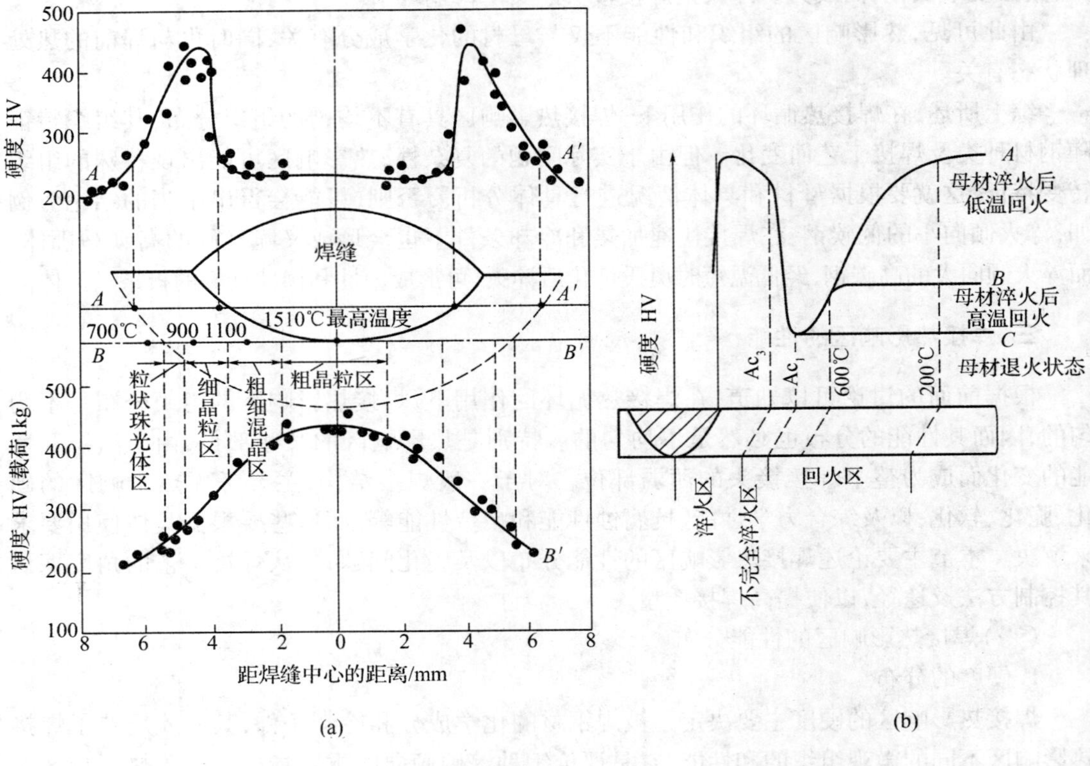

图5－20　不同钢种焊接热影响区的硬度分布

（a）不易淬火的20Mn钢；（b）易淬火的调质钢

表5－7　不同强度级别的钢种所允许的最高硬度 H_{max}

日本钢种	相当于国产钢种	强度/MPa		最高硬度 H_{max}/HV		
		σ_b	σ_s	调质	非调质	正火
HW36	Q345（16Mn）	353	520～630	—	390	—
HW40	Q390（15MnV）	392	559～676	—	400	—
HW45	Q420（15MnVN）	441	5887～06	—	410	380
HW50	14MnMoV	490	608～725	—	420	390
HW56	18MnMoNb	549	668～804	—	—	420
HW63	12Ni3CrMoV	617	706～843	435	—	—
HW70	14MnMoNbB	686	784～931	450	—	—
HW80	14Ni2CrMoMnVCuB	784	862～1030	470	—	—
HW90	14Ni2CrMoMnVCuN	882	961～1127	480	—	—

热影响区最高硬度 H_{max} 与钢种的化学成分和冷却条件有关。因此，可将 H_{max} 写成碳当量 C_{eq} 和冷却时间 $t_{8/5}$ 的函数，即

$$H_{max} = f(C_{eq}, t_{8/5}) \tag{5-1}$$

碳当量 C_{eq} 是将钢中包含碳在内的所有合金元素按其对淬硬倾向的影响程度，人为折算成相当于碳的影响而得到的一个量值，即

$$C_{eq} = \sum_{i=1}^{n} c_i w_i \tag{5-2}$$

其中，w_i 和 c_i 分别是某合金元素的质量分数和碳当量系数。由于各个国家采用的合金体系以及试验方法不同，因此给出了不同系列的碳当量系数 c_i，使用时应根据具体情况加以合理选择。

一般来讲，碳当量 C_{eq} 越大，冷却时间 $t_{8/5}$ 越短，最高硬度 H_{max} 越大，热影响区的淬硬倾向（如脆化、冷裂等）越大。因此，在被焊母材成分一定的情况下，只能通过增加冷却时间 $t_{8/5}$ 来降低最高硬度 H_{max} 的数值，从而达到减小淬硬倾向的目的。而增加冷却时间 $t_{8/5}$ 需要通过调整焊接工艺参数来实现，如加强预热和缓冷，但同时要降低焊接热输入，以减小晶粒的粗化倾向。

碳当量的计算公式很多，早期应用最广的是国际焊接学会推荐的 CE(IIW) 和日本焊接协会的 C_{eq}(WES)。

$$CE(\mathrm{IIW}) = \mathrm{C} + \frac{\mathrm{Mn}}{6} + \frac{\mathrm{Cu}+\mathrm{Ni}}{15} + \frac{\mathrm{Cr}+\mathrm{Mo}+\mathrm{V}}{5} \tag{5-3}$$

$$C_{eq}(\mathrm{WES}) = \mathrm{C} + \frac{\mathrm{Mn}}{6} + \frac{\mathrm{Si}}{24} + \frac{\mathrm{Ni}}{40} + \frac{\mathrm{Cr}}{5} + \frac{\mathrm{Mo}}{4} + \frac{\mathrm{V}}{14} \tag{5-4}$$

上式中的元素符号，表示该元素的质量分数。式(5－3)主要适用于中等强度的非调质低合金钢(σ_b = 400 ~ 700 MPa)；式(5－4)主要适用于强度级别较高的低合金钢(σ_b = 500 ~ 1 000 MPa)，调质与非调质钢均可。根据资料报导得知，上述二式均仅适用于含碳量大于0.18%的钢种，当含碳量小于0.17%时不适用，这点在引用公式时应加以注意。

半个世纪以来，各国都发展了一些低碳微量多合金元素的高强度钢，并在实验基础上建立了一些新的公式，其中具有代表性的是日本学者在对200多个钢种进行试验的基础上，建立的合金元素碳当量 P_{cm} 公式。

$$P_{cm} = \mathrm{C} ++ \frac{\mathrm{Si}}{24} + \frac{\mathrm{Mn}+\mathrm{Cu}+\mathrm{Cr}}{20} + \frac{\mathrm{Ni}}{60} + \frac{\mathrm{Mo}}{15} + \frac{\mathrm{V}}{10} + 5\mathrm{B} \tag{5-5}$$

式(5－5)适用于含碳量小于等于0.17%，σ_b = 400 ~ 900MPa 的低合金高强度钢。

$$P_{cm} = \left(\frac{2\mathrm{C} + CE(\mathrm{IIW})}{3}\right) + 0.005 \tag{5-6}$$

随着新钢种的不断研制，相应的碳当量公式也在不断完善。

大量实验结果表明，热影响区的最高硬度与 CE(IIW)、P_{cm} 呈直线关系，将实测数据加以整理后得出如下关系

$$H_{max} = 1274 P_{cm} + 45$$
$$H_{max} = 559CE(\mathrm{IIW})$$

需要强调的是，上述公式都是在实验基础上建立的，因而都有规定的应用范围，此外，经验公式只能进行近似的估算，实测的结果才是最准确的。

(2)最低硬度　由图5－20还可以看出，对于不易淬火的20Mn钢来讲，随着距熔合线

距离的增加，热影响区的硬度单调降低，直至达到母材的水平。然而，对于易淬火的调质钢来讲，在峰值温度为 A_{c_1} 附近的热影响区上存在一个硬度最低的部位，而且母材焊前调质处理的回火温度越低，热影响区最低硬度与母材本身硬度的差异越大。这就是说，焊接热影响区发生了软化，后面还会对软化问题进一步讨论。

2. 力学性能的分布

焊接热影响区最基本的力学性能就是强度和塑性，由于热影响区上微观组织的分布是不均匀的，因而强度和塑性的分布也是不均匀的，甚至在某些部位出现远低于被焊母材的情况，从而使焊接热影响区成为整个接头的一个薄弱环节。因此，如何保证热影响区的综合力学性能，在提高强度的同时也能获得良好的塑性，这一直是焊接工作者追求的目标。

(1)不易淬火钢热影响区的力学性能　图5－21给出了不易淬火的Q345（16Mn）钢焊接热影响区的力学性能，由此可以分析峰值温度和冷却速度对力学性能的影响规律。由图5－21a可以看出，当峰值温度 T_m 超过 A_{c_1} 时，随 T_m 的提高，抗拉强度 σ_b 和屈服强度 σ_s 提高，而伸长率 δ 和断面收缩率 Ψ 降低，但在不完全重结晶的部位，由于晶粒的大小不均，σ_s 反而最低；当 T_m 达到1 300 ℃左右的过热区时，σ_b 和 σ_s 达到最高；当 T_m 超过1 300 ℃后，由于晶粒过于粗大导致晶界疏松，使 σ_b 和 σ_s 开始降低，同时 δ 和 Ψ 继续降低。同时，由图5－21(b)可以看出，冷却速度对力学性能也有明显的影响，随冷却速度的增加，σ_b 和 σ_s 提高，而 δ 和 Ψ 降低。

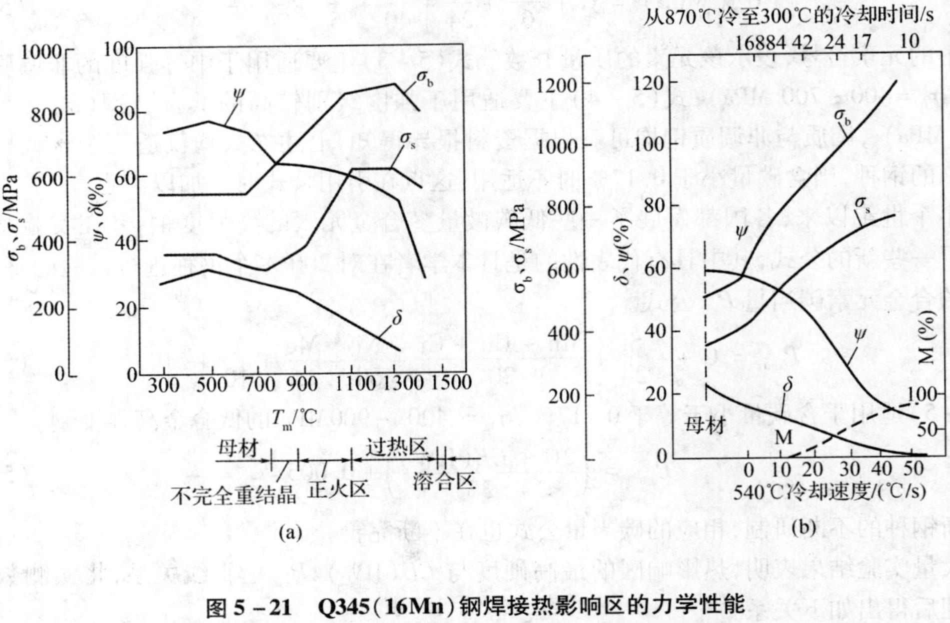

图5－21　Q345(16Mn)钢焊接热影响区的力学性能

(a)各区力学性能的分布；(b)冷却速度对过热区性能的影响

这些结果说明，热影响区的力学性能不但分布不均，而且强度和塑性的变化方向相反。因此，从工艺角度出发，应采取能量集中的热源，并降低焊接热输入，必要时还可采取适当的预热措施，这样既能减小热影响区的宽度以及晶粒的粗化程度，也能降低冷却速度的影响，从而达到提高综合力学性能的目的。

(2)易淬火钢热影响区的力学性能

图5－22给出了易淬火的30CrMnSiA钢焊接热影响区的强度分布。由图可以看出，焊接热影响区中抗拉强度σ_b的变化范围很大，特别是在峰值温度接近于A_{c_1}的回火区内，达到了最低的数值，亦即发生了明显的软化现象，这与前面对硬度的分析结果相一致。特别是随着钢材强度级别的提高，回火软化问题变得越来越突出，应该给予足够重视。

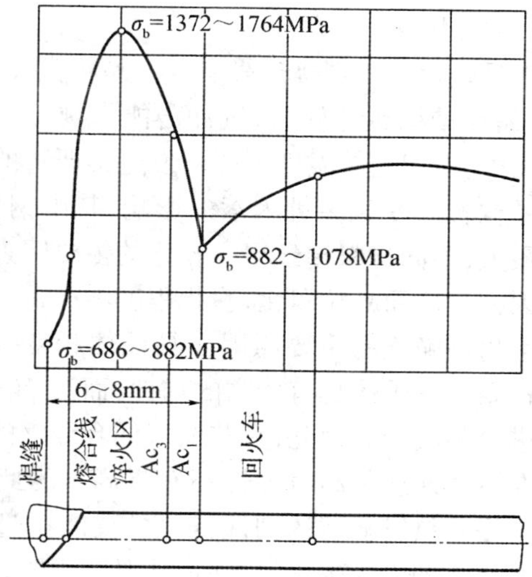

图5－22 30CrMnSiA钢焊接热影响区的强度分布

实际上，除了母材的化学成分之外，焊接方法和焊接工艺参数对易淬火钢热影响区的软化程度及软化区宽度也有一定的影响。焊接热源的能量密度越小，焊接热输入越大，软化区的宽度越大，软化的程度也越大。因此，为降低焊接热影响区的软化程度，应采用能量密度高的焊接方法，同时尽量降低焊接热输入。

(二)焊接热影响区的脆化

焊接热影响区的脆化是指脆性升高或韧性降低的现象。可以认为：由韧性转变为脆性的现象，脆性材料往往在只有少量变形时即发生断裂，而且断裂过程消耗的能量也比韧性材料少得多。因为破坏多是低应变下突发性的，后果更为严重。

金属材料抗脆性断裂能力的判断依据是冲击吸收功(A_k)或冲击韧度(a_k)，a_k代表材料在断裂前单位面积所吸收的能量。除了具有面心立方晶格的金属结构材料外，其他金属在温度下降到一定时都会发生由延性向脆性转变的现象。转变时，表现为a_k值急剧下降，此时温度称为韧脆转变温度(T_{cr}或t_{cr})。T_{cr}不仅能表示材料在低温下的韧性，用来确定其最低的工作温度，而且可以代表这种金属材料的脆化倾向，即金属材料的T_{cr}越高，从韧性转变为脆性越容易，脆化倾向越大。

脆化是焊接热影响区力学性能变化的另一个重要问题。实践证明，很多焊接结构失效都起因于热影响区的脆化。因此，研究焊接热影响区的脆化问题进而提高其韧性，对于提高整个接头的性能是非常重要的。

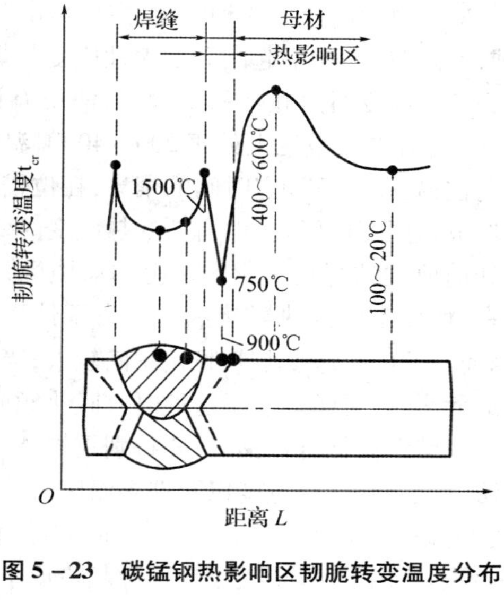

图5－23 碳锰钢热影响区韧脆转变温度分布

碳锰钢焊接热影响区不同部位韧脆转变温度t_{cr}的变化曲线如图5－23所示。可以看出，在过热区(加热温度＝1500℃)和加热温度为400～6000℃的部位t_{cr}出现了两个峰值，前者即为粗晶脆化，后者为热应变时效脆化。在900℃左右的细晶区具有最低的t_{cr}，说明这个部位的韧性高，抗脆化的能力强。

1. 粗晶脆化

粗晶脆化是指焊接热影响区因晶粒粗大而发生韧性降低的现象。一般来讲，晶粒尺寸越大，晶界结构越疏松，抵抗冲击能力越差，因而脆性越大，韧性越低。在焊接热影响区的过热区中，由于受热温度很高而发生了严重的晶粒粗化，从而造成韧性明显降低。

晶粒长大受到多种因素的影响，其中钢种的化学成分、组织状态和加热温度及时间的影响最大，不同材料导致粗晶脆化的主要因素不尽相同。低碳钢和不易淬火的低合金钢主要是因为过热而晶粒粗化，脆化程度不严重，在加热与冷却速度提高时还有所缓解；易淬火钢产生粗晶脆化的主要原因是马氏体相变，脆化程度取决于马氏体的数量与形态两个方面。板条状马氏体具有较高的韧性，而且 M_s 点比较高，转变完成后有自回火作用，韧性可得到进一步改善。因此，有些低碳低合金钢的淬透性虽然很好，但粗晶脆化现象并不严重，而且在冷却速度很高时韧性还有提高。为此，在焊接低碳低合金钢时，选用较小的线能量有利于提高热影响区的韧性；反之，线能量过大，由于粗晶及上贝氏体较多等原因，反而使韧性恶化。钢中含碳量较高时，情况则不同，提高冷却速度会使针状马氏体增加，而使脆化严重。大量试验研究表明，钢中碳的含量小于0.18%时，可得到板条状马氏体，而含碳量大于0.20%，则开始出现针状马氏体。如果钢中含有碳化物形成元素（Ti、Nb、Mo、V、W、Cr等）时，就能抑制晶粒长大，提高晶粒明显长大的温度。因此，当前焊接结构用钢朝低碳多合金系统发展。

此外，反常的混合组织、粗大的魏氏体组织、上贝氏体等也会导致脆化。这种因出现脆硬组织而导致的脆化也叫组织脆化。

2. 时效脆化

时效脆化是指焊接热影响区在 A_{c_1} 以下的一定温度范围内经一定时间的时效后，因出现碳、氮原子的聚集或析出碳、氮的化合物沉淀相而发生的脆化现象，其具体包括热应变时效脆化和相析出时效脆化。

(1)热应变时效脆化　热应变时效脆化多发生在低碳钢和碳锰低合金钢的亚热影响区（加热温度低于 A_{c_3} 的部位），在显微镜下看不出明显的组织变化。多层焊时在熔合区也会出现热应变时效脆化。这种脆化，主要是由制造过程中各种加工（如下料、剪切、弯曲、气割等）或焊接热应力所引起的局部塑性应变与焊接热循环的作用叠加造成的。

关于热应变时效脆化的机理，目前虽有许多论述，但至今尚未有明确一致的结论。多数人认为，在热影响区上处于200～400℃温度范围内的区域，由于承受热应变而引起碳、氮原子向位错移动，经一定时间的聚集，在位错周围形成对位错产生钉扎作用的“柯氏”气团，从而造成该区域的脆化，即所谓的热应变时效脆化。

如前所述的焊接热影响区上的蓝脆区，在脆化的机制上就属于热应变时效脆化，一般发生在 A_{c_1} 以下的亚热影响区中。由于低碳钢或碳锰系低合金钢中含有较多的自由氮原子，因而它们的热应变时效脆化倾向较大；当钢种含有较多的 Ti、Al 及 V 等强碳化物和氮化物形成元素时，可明显减小这种时效脆化倾向。因此，当焊接没有 Ti、Al 及 V 等合金元素的低碳钢或碳锰系低合金钢时，要特别重视 A_{c_1} 以下亚热影响区中的蓝脆问题，在焊接工艺上要设法降低蓝脆区的宽度以及这个温区的停留时间。

(2)相析出时效脆化　在钢材的焊接过程中，在热影响区上温度处于一定范围（一般为400～600℃）内的区域，由于快速冷却造成了碳和氮的过饱和而处于不稳定状态，经一定时间的时效后，在晶界析出对位错运动产生阻碍作用的碳化物和氮化物沉淀相，从而造成热影响区的脆化，即所谓的析出相时效脆化。

对于低微合金化的低碳钢来讲，可能出现的碳化物和氮化物沉淀相及其析出难易程度如表5－8所示。一般来讲，热影响区中碳和氮的过饱和程度越大，析出相时效脆化越明显。但应指出，当沉淀相以弥散而细小的质点分布于晶内时，它们并不会增加脆性，反而对韧性有利；只有当沉淀相分布于晶界并发生聚集或以膜状分布时，才会成为脆化的源头。

表5－8　低合金钢中常见的沉淀相

类型	尺寸/ mm	析出部位	析出难易
TiN	10	γ相内	难
NbC、TiC、BC	100	γ晶界及亚结构	易
NbC、TiC	100	形变诱发γ晶界	易
NbC、TiC、V(C·N)	10	γ/α	易
NbC、TiC、V(C·N)	<10	α相内	难

热影响区脆化的形式除上述几种外，还有在铬钼钢的热影响区出现的石墨脆化，但这种脆化在一般条件下很少出现，这里不作过多的介绍。

热影响区的脆化对整个接头的性能影响很大。脆化后，显微裂纹很容易扩展成为宏观开裂。因此，当热影响区脆化严重时，即使母材与焊缝的韧性都很高，也没有什么实用价值。

（三）热影响区的软化

热影响区软化是指焊后其强度、硬度低于焊前母材的现象。这种现象主要出现在焊前经过淬火＋回火的钢中。软化部位在回火区（加热温度为$t_{回}$－A_{c_1}的部位）。

钢经过淬火处理后，在回火过程中随回火温度提高强度与硬度逐渐下降，在回火区焊接加热温度超过了焊前回火温度，相当于提高了回火温度，强度必然比焊前低。软化区从A_{c_3}开始，到A_{c_1}点达到最低值。然后逐渐回升，到$t_{回}$处达到与母材相等。焊前回火温度越低，强度下降的幅度越大（图5－20(b)中曲线A、B）。母材焊前是退火状态时，不存在软化现象（图中曲线C）。加热温度超过A_{c_3}的部位，加热时发生了相变重结晶，焊前热处理效果消失。焊前热处理状态对这个部位的性能没有影响。

焊接热影响区发生了软化，造成了接头强度的损失，而且软化程度随着母材焊前强化程度的增大而增大。但应指出，由于软化区只是接头很窄的一部分，并处在相邻的强体之间，承载变形时会受到相邻强体的约束而产生应变强化的效果，从而在一定程度上补偿了接头强度的部分损失。此外，从理论角度来看，这种软化现象也可在焊后采取重新调质的方法加以消除。

除上述变化外，对某些特殊材料焊后还可能发生一些特殊问题，如铸铁的白口化、不锈钢的耐蚀性下降等。

（四）改善热影响区性能的途径

改善热影响区性能的主要内容是提高其韧性。韧性是金属材料由塑性应变到断裂全过程中吸收变形能量的能力，是强度和塑性的综合表现。提高韧性可以阻止裂纹的扩展，有效地提高焊接结构的安全性。

热影响区在焊接过程中不熔化，焊后化学成分基本不发生变化。因此，不能像焊缝那样通过调整化学成分来改善性能。目前改善热影响区性能主要从以下几个方面入手。

（1）采用高韧性母材　为了保证焊接热影响区焊后具有足够的韧性，近年来发展了一系列低碳微量多元素强化的钢种。这些钢在焊接热影响区可获得韧性较高的组织——针状铁素体、下贝氏体或低碳马氏体，同时还有弥散分布的强化质点。

随着冶炼技术的迅速发展，采用炉内精炼、炉外提纯等一系列工艺，可使钢中的杂质(S、P、N、O等)含量极低，加之微量元素的强化作用，而得到高纯度、细晶粒的高强度钢。这些钢有很高的韧性，热影响区的韧性相应也有明显的提高。

新钢种和先进的冶炼技术，为扩大焊接技术的应用开辟了广阔的前景。但在母材选用上，必须注重合理性。也就是说，钢材的质量与价格应与产品的重要性及工作条件相匹配，而不是一味追求高质量。

(2)焊后热处理　焊后热处理(如正火或正火加回火)可以改善组织，有效提高性能，是重要产品制造中常用的一种工艺方法。但对大型的、复杂的或在工地装配的结构，即使采用局部热处理也很困难，因此焊后热处理的应用很有局限性。

(3)合理制订焊接工艺　包括正确选择预热温度、合理控制焊接参数及后热等。具体的数据则因钢的成分之不同而异。

第四节　熔合区

熔合区在焊接接头中的焊缝与母材交界处，是介于焊缝与热影响区之间的相当窄小的过渡区。在焊接接头横截面低倍组织图(图5-24)中可以看到焊缝的轮廓线，这就是通常所说的熔合线。而在显微镜下可发现，这个所谓的熔合线实际上是具有一定宽度的半熔化区，就是熔合区。以前习惯上把熔合区作为焊缝或热影响区的一部分，近年来随着对熔合区的深入研究，发现熔合区的组织与性能有其本身的特点，而将熔合区单独列为焊缝接头的一个组成部分。在一般条件下，熔合区通常会成为整个接头的薄弱环节，对接头质量起到决定性作用，很多焊接结构失效的起源往往就在熔合区。

图5-24　焊接接头的低倍组织

一、熔合区形成的原因

熔合区是由于母材坡口表面复杂的熔化情况形成的。首先，即使焊接参数保持稳定，而由于电弧吹力的变化和金属熔滴过渡，都使传播到母材表面的热量随时发生变化，造成母材熔化不均匀。其次，由于母材表面晶粒的取向各不相同而熔化程度不同，其中取向与导热方向一致的晶粒熔化较快。图5-25中阴影线部分代表已熔化的部分，其中1,3,5等晶粒的取向有利于导热而熔化较多，2,4晶粒则熔化较少。此外，母材各点的溶质分布实际上的不均匀，使各点的有效熔

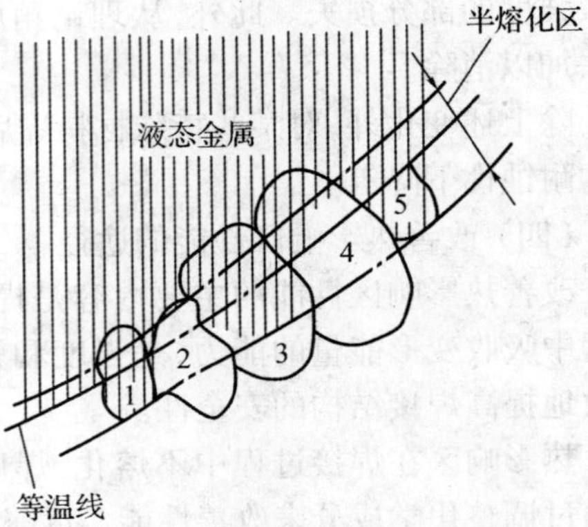

图5-25　熔合区附近晶粒熔化的情况

点与理论熔点存在不同的差值，因而在理论熔点的等温面上必然存在了已经熔化和尚未熔化的部位。总的结果就形成固—液两相交错并存的半熔化区，即熔合区。

由上所述，熔合区是由部分熔化的母材和部分未熔化的母材所组成的区域。其化学成分、微观组织和力学性能极不均匀，常常是热裂纹、冷裂纹及脆性相的发源地，从而成为焊接接头的最薄弱环节。因此，研究这个区域的形成机理及其特性，对于解决焊接问题、提高焊接质量具有重要的实际意义。

二、熔合区的边界

熔合区的边界是指焊接接头横截面上熔合区与焊缝和热影响区的分界。显然，这不仅涉及到熔合区本身，而且也涉及到焊缝和热影响区。由于母材熔化的不一致，而影响到熔合区边界所在的位置。

1. 熔合区的理论边界

从理论上讲，在焊接热源的作用下，母材上峰值温度超过其液相线温度的区域将发生全熔化，形成单一的液相区，冷却后得到所谓的焊缝；峰值温度介于母材固、液相线温度之间的区域将发生部分熔化，形成固、液共存的两相区，冷却后得到所谓的熔合区；而峰值温度低于母材固相线温度的区域，完全没有发生熔化，但其中部分区域组织及性能发生了变化，这部分区域就是所谓的热影响区。因此，在焊接接头的横截面上，熔合区的理论边界就是与液相线温度和固相线温度相对应的两条位置线。

为叙述方便，将与液相线温度相对应的位置线称为理论熔化线（用 TML 表示），而将与固相线温度相对应的位置线称为理论不熔化线（用 TNL 表示），并将它们统称为熔合区的理论边界线，如图 5-26(a)所示。

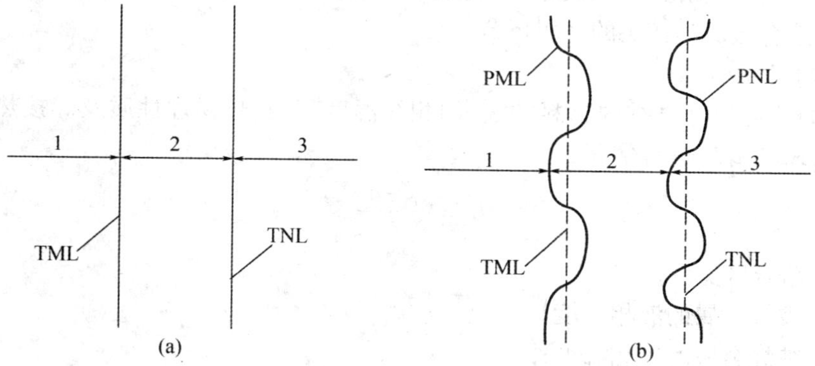

图 5-26 熔合区的边界示意图

(a) 理论边界；(b) 实际边界

1—焊缝；2—熔合区；3—热影响区；TML—理论熔化线；TNL—理论不熔化线

PML—实际熔化线；PNL—实际不熔化线

2. 熔合区的实际边界

熔合区的实际边界由两条边界线构成，一条称为实际熔化线（用 PML 表示），而另一条称为实际不熔化线（用 PNL 表示），二者统称为熔合区的实际边界线，以便于与理论边界线相对应。在实际焊接条件下，有两方面的原因可使熔合区的实际边界围绕理论边界而变化，如图5－26(b)所示。

一方面，由于焊接热源加热的不均匀性和母材晶粒散热的不一致性，必然造成母材晶粒实际受热温度发生变化，从而导致母材晶粒的不均匀熔化。比如，在理论熔化线TML附近左侧的晶粒，可能因实际受热温度低于液相线温度而不发生熔化；而在理论熔化线TML附近右侧的晶粒，可能因实际受热温度高于液相线温度而发生熔化。因此，母材的实际熔化线PML将围绕理论熔化线TML而变化。同理可知，母材的实际不熔化线PNL将围绕理论不熔化线TNL而变化。

另一方面，由于母材局部区域化学成分的不均匀性，使其局部熔化温度发生变化，从而造成局部区域的不均匀熔化。比如，在理论不熔化线TNL附近左侧的局部区域，可能因实际熔化温度高于固相线温度而不发生熔化；而在理论不熔化线TNL附近右侧的局部区域，可能因实际熔化温度低于固相线温度而发生熔化。因此，母材的实际不熔化线PNL将围绕理论不熔化线TNL而变化。同理可知，母材的实际熔化线PML将围绕理论熔化线TML而变化。

正是由于这两方面的综合作用，使得熔合区两侧的实际边界变得参差不齐。其中，由实际熔化线所构成的熔合区边界就是熔合区与焊缝的交界，也就是所说的熔合线。由此看来，将熔合区视为焊接接头的一个独立区域而不是一条熔合线后，并没有对原有焊缝的划分产生任何影响，只是将熔合线附近原属于热影响区的最高受热部分划成了现在所指的熔合区。

三、熔合区的特征

焊接接头中的熔合区，既不同于焊缝，也不同于热影响区。其主要特征表现在几何尺寸小、成分不均匀、空位密度高、残余应力大以及晶界液化严重等方面，从而造成接头性能的降低，并使熔合区成为接头的薄弱环节。

(一)几何尺寸小

熔合区的几何尺寸与被焊材料的液、固相线温度范围、热物理性质及焊接热源的类型有关，并可用式(5－7)进行估算

$$B = \frac{t_L - t_S}{G} \tag{5-7}$$

式中 B——熔合区宽度；

t_L——被焊金属的液相温度；

t_S——被焊金属的固相温度；

G——熔池边缘的实际温度梯度。

由式(5－7)可以看出，从母材液、固相线的温度范围来考虑，该范围越小，熔化区的宽度越小；从温度梯度来考虑，母材导热性越差，焊接热源的能量密度越高，温度梯度就越大，因而熔合区的宽度就越小。

根据式(5－7)进行估算可以得到，采用一般电弧焊时，G在300～80 ℃/cm之间，$t_L - t_S$约为40 ℃，其熔合区宽度

$$B = 40/(300 \sim 80)\ \text{cm} = 0.133 \sim 0.50\ \text{cm}$$

由此可知，碳钢和低合金钢接头的熔合区宽度为0.13～0.50 cm，而奥氏体钢接头的熔合区宽度只有0.06～0.12 cm。总的来看，熔合区的宽度较小，与焊缝和热影响区相比，它

是焊接接头的一个较为窄小的区域。

(二)成分不均匀

一般来说,钢中的合金元素及杂质在液相中的溶解度都大于在固相中的溶解度。因此在熔池凝固过程中,随着固相的增加,溶质原子必然要大量地堆积在固相前沿的液相中。特别是开始凝固时,高温析出的固相比较纯,这种堆积更加明显。这样在固－液交界的地方溶质的浓度将发生突变,如图5－27所示。图中实线表示固－液并存时溶质浓度的变化,虚线表示熔池完全凝固后的情况,说明了在凝固过程中堆积在固相前沿的液相中的溶质来不及扩散到液相中心,而将不均匀的分布状态保留到凝固以后。

由不平衡凝固过程所造成的这种化学不均匀性程度,与溶质原子的性质有关,如硫、磷、碳等易偏析元素,表现很明显。在凝固后的冷却过程中,扩散能力较强的元素还有可能在浓度梯度的推动下由焊缝向母材扩散,使化学不均匀性有所缓和。如同种钢在焊接时,碳的扩散能力强,在凝固后仍可扩散而趋于均匀,完全冷却后没有明显的偏析;而硫、磷等扩散能力弱的元素,凝固后浓度变化很小,保留了较严重的偏析,熔合区硫的分布如图5－28所示。

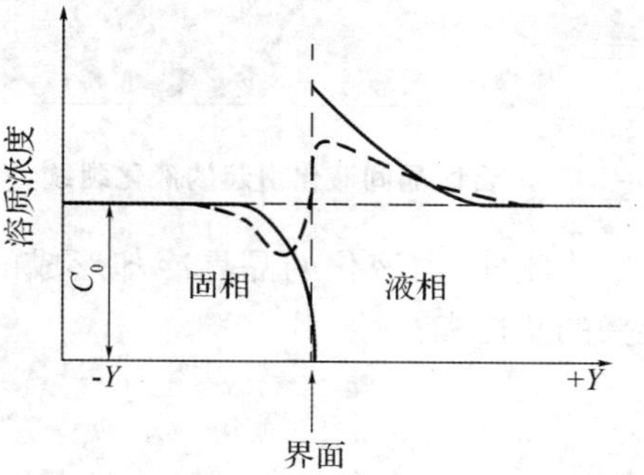

图5－27 固液界面的溶质分布

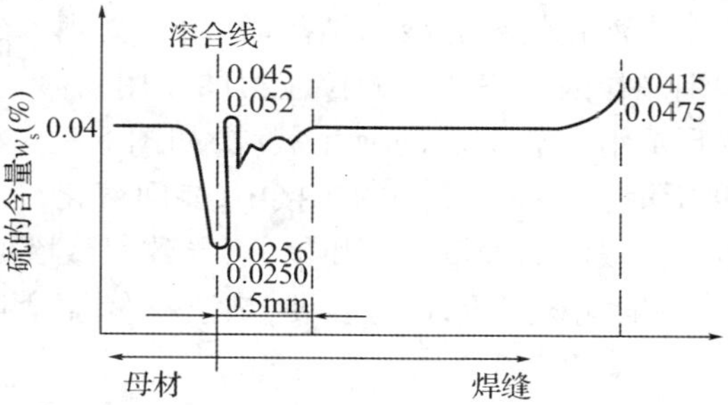

图5－28 熔合区中硫的分布

上行数字表示在 E＝11 760 J/cm 条件

下行数字表示在 E＝23 940 J/cm 条件

在异种材料焊接或同种材料焊接但采用不同填充材料时,这种成分不均匀现象可能会更加明显。因此,化学成分严重不均匀是熔合区最大的特征,从而引起熔合区组织和性能的不均匀,甚至导致焊接缺陷的产生。

(三)空位密度高

在不平衡的加热和冷却条件下,熔合区及其附近的热影响区会发生空位及位错等结晶缺陷的聚集或重新分布。焊接加热时,原子振动加强,键合力减弱,易于离开静态的平衡位置而使空位密度增大,而且加热的温度越高,空位的密度越大。焊接冷却时,空位密度应该降低,但由于冷却速度很快,空位来不及迁移而处于过饱和状态。特别是在熔合区,加热时所受的温度高,空位密度大,因而冷却时位错的过饱和程度大,亦即残余的空位密度高,从而对接头的性能产生重大的影响。例如,使金属的抗裂能力降低,可能成为焊接头延时开裂的裂源。

(四)残余应力大

熔合区残余应力大是由熔合区在焊接接头中所处的位置决定的。如前所述,在焊接接中,熔合区两侧分别是焊缝和热影响区,它们之间的分界就是熔合区的边界。一方面,这三个区域的线膨胀系数不同,因而由加热和冷却引起的胀缩程度不同;另一方面,这三个区域的屈服强度和弹性模量不同,因而由胀缩引起的应力不同。因此,在焊接热循环的作用下,由于热变形而产生热应力时,在熔合区的两个边界上将产生应力集中,再加上熔合区本身较窄,而且成分和组织的分布也不均匀,更加重了应力集中的程度,最终在熔合区内形成了较大的残余应力,从而造成接头性能的降低。

(五)晶界液化严重

对于共晶型合金或含有能与基体形成共晶的元素的合金而言,在熔合区的加热过程中,往往伴随共晶液相的产生,这些共晶液相除了少量之外,大多数都分布在晶界附近,而晶本体还处于固态,即晶界发生了严重的液化。此外,在一些合金材料的晶界附近也可能富集较多的低熔点杂质,造成晶界熔化温度的降低。当对这样的材料进行焊接时,熔合区中也会出现晶界液化现象。

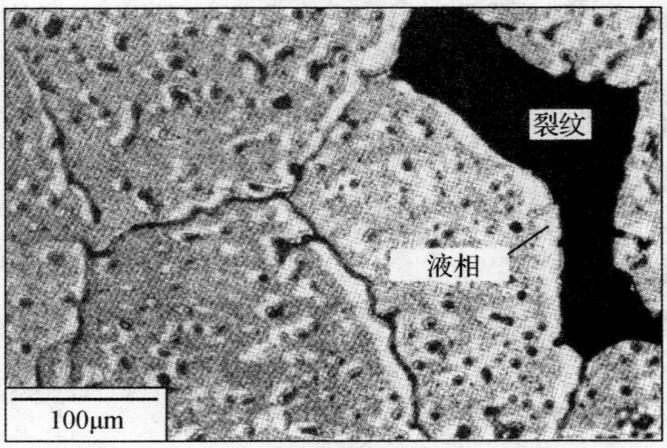

图 5-29 熔合区晶间液化引起的液化裂纹

当液化的晶界冷却结晶时,由于受到周围晶粒因收缩产生的拉应力的作用,容易形成沿晶界扩展的液化裂纹,如图 5-29 所示。在高强度钢的焊接中,晶间液化也会造成氢的大量扩散和聚集,导致氢致裂纹的产生。此外,由液化的晶界冷却形成的组织,一般偏析严重,而且脆硬,难于变形,显著降低接头的塑性和韧性。

思考题

5-1 焊接熔池结晶有哪些特点,为什么?焊接速度对熔池结晶有何影响?

5-2 焊接熔池结晶的形态有哪几种类型,是由哪些因素决定的?

5-3 说明焊缝结晶组织的一般分布规律及其影响因素。

5-4 低合金钢的焊缝相变组织有哪些类型,其形成条件是什么?

5-5 论述焊缝组织和性能的控制方法和途径。

5-6 焊接热影响区加热和冷却过程中的组织转变特点是什么?

5-7 如何根据焊接 CCT 图来确定焊接热影响区的组织构成?

5-8 论述不易淬火钢热影响区的组织分布特征。

5-9 论述易淬火钢热影响区的组织分布特征。

5-10 低合金高强度钢焊接热影响区存在哪些脆化,如何防止?

5-11 何谓熔合区的理论边界和实际边界,二者有何区别和联系?

5-12 论述熔合区中液相的形成机理。

5-13 熔合区的主要特征是什么?

5-14 熔合区易发生哪些焊接问题?

第六章 焊接裂纹

在焊接应力及其他致脆因素共同作用下，焊接接头中局部地区的金属原子结合力遭到破坏而形成的新界面所产生的缝隙，叫做焊接裂纹。它具有尖锐的缺口和大的长宽比的特征。

第一节 裂纹的概述

一、焊接裂纹的危害性

焊接裂纹是焊接生产中比较常见且危害性十分严重的焊接缺陷。它不仅会使焊成的结构成为废品，而且有可能酿成灾难性的事故。据统计，焊接结构所发生的各种事故中，除少数是由设计不当和产品运行不规范而造成的之外，绝大多数是由焊接裂纹而引起的断裂，如图 6－1 所示。英国原子能压力容器工程检验组在 1970 年的调查统计显示：在 17 件压力容器的破坏事故中，有 12 件是由于焊接裂纹而引起的，占事故的 70.5%。

图 6－1 容器因裂纹而导致爆炸的实例

1930～1940 年的 10 年间，在比利时、南斯拉夫、法国，先后有数座桥梁由于焊接裂纹扩展而断裂或倒塌。比利时的一座长度为 74.5m 的桥在没有载荷的情况下突然断裂。

1969 年，日本有一艘 5 万吨的矿石运输船在太平洋上航行时，因断裂成两段而沉没。

压力容器的破坏事故常常会造成巨大损失。如 1944 年 10 月，美国俄亥俄州煤气公司的二台内径为 17.4 m 的焊制球形液化天然气贮罐发生连锁式爆炸，造成大火，死亡达 133 人，经济损失 680 万美元，后经现场检查，是由于焊缝有裂纹隐患而造成的。1971 年西班牙马德里一台 5 000 m^3 的煤气罐发生爆炸，死伤 15 人。

我国近年来也发过一些焊接结构的断裂事故，如 1979 年 10 月吉林液化石油气厂发生的球罐爆炸事故造成很大损失；广州由 16Mn 钢制的电视塔，因焊接裂纹造成大量返修而延期使用。此外，在球形容器、各种压力容器、水洗塔、水轮机涡壳等焊接结构上都曾遇到过各种裂纹，给焊接生产上带来了严重的影响。

由此可见，裂纹是焊接结构发生破坏事故的最主要原因。这是因为裂纹两端的缺口效应造成了严重的应力集中，很容易扩展而形成宏观开裂或整体断裂。因此，在焊接生产中，裂纹一般是不允许存在的。为了提高焊接质量和结构运行的可靠性，对焊接裂纹的研究和预防，已经成为国内外焊接工作者目前最为关注的重要课题。

二 、焊接裂纹分类及其一般特征

在焊接生产中，由于采用的母材和结构类型不同，可能会出现各种各样的裂纹。裂纹有时分布在焊缝上，有时分布在焊接热影响区（HAZ），有时出现在焊缝的表面上，也有时出现在焊缝的内部；有时宏观就可以看到，有时必须用显微镜才能发现，也有时出现在断弧的地方而形成所谓的弧坑裂纹。焊接裂纹的分类方法很多，可按裂纹走向、产生区域及产生的条件等划分。图 6－2 为焊接裂纹分布形态示意图。

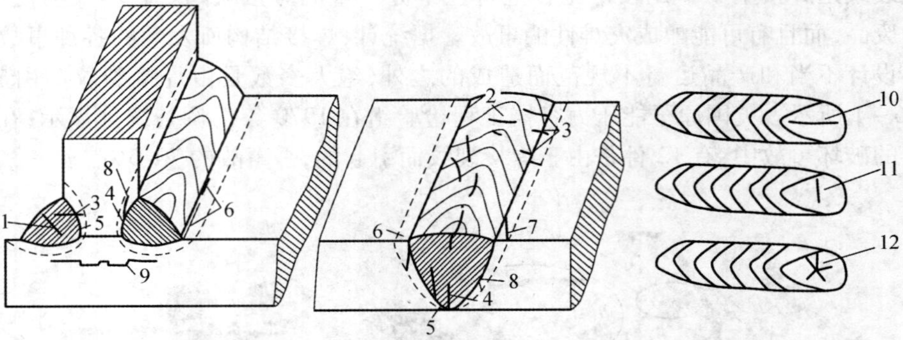

图 6－2　焊缝裂纹分布形态示意图

1—焊缝中的纵向裂纹与弧形裂纹（多为结晶裂纹）；2—焊缝中的横向裂纹（多为延迟裂纹）；3—熔合区附近的横向裂纹（多为延迟裂纹）；4—焊缝根部裂纹（延迟裂纹、热应力裂纹）；5—近缝区根部裂纹（延迟裂纹）；6—焊趾处纵向裂纹（延迟裂纹）；7—焊趾处纵向裂纹（液化裂纹、再热裂纹）；8—焊道下裂纹（（延迟裂纹、液化裂纹、高温低塑性裂纹、再热裂纹）；9—层状撕裂；10—弧坑纵向裂纹；11—弧坑横向裂纹；12—弧坑星形裂纹

值得注意的是，焊接裂纹有时在焊接过程中产生，有时是在放置或运行一段时间之后才出现的，即所谓延迟裂纹。这种延时形成的裂纹在生产中无法检测，所以其危害就更为严重。

目前按产生裂纹的本质及影响因素，大体上可分为以下四大类。

1. 焊接热裂纹（高温裂纹）

在焊接过程中，焊缝和热影响区金属冷却到固相线附近的高温区时产生的焊接裂纹，叫做焊接热裂纹。热裂纹又分为结晶裂纹、高温液化裂纹和多边化裂纹等三类。

2. 再热裂纹

焊件焊后在一定温度范围再次加热（进行消除应力热处理）时，由于高温及残余应力的共同作用而产生的晶间裂纹，叫做再热裂纹，又叫消除应力裂纹（国外简称“SR 裂纹”）。

3. 焊接冷裂纹

焊接接头冷却到较低温度（对钢来说在 M_s 温度以下）时产生的焊接裂纹，叫做焊接冷裂纹。大体分为延迟裂纹、淬硬脆化裂纹(淬火裂纹)、低塑性脆化裂纹等三类。

4. 层状撕裂

层状撕裂是指焊接时,在焊接构件中沿钢板轧制分层而形成的呈台阶状的一种层状开裂。

在实际焊接生产中所遇到的裂纹是多种多样的,远非上述几种所能概括,上面介绍的只是常见的几种。随着对各种裂纹认识的不断深入,将形成更为合理的分类方法。

以上几种裂纹的一般特征见表6-1。

表6-1 各种焊接裂纹的分类及一般特征

<table>
<tr><th colspan="2">裂纹分类</th><th>基本特征</th><th>敏感的温度区间</th><th>被焊材料</th><th>位 置</th><th>裂纹走向</th></tr>
<tr><td rowspan="3">热裂纹</td><td>结晶裂纹</td><td>在结晶后期,由于低熔共晶形成的液态薄膜削弱了晶粒间的联结,在拉伸应力作用下发生开裂</td><td>在固相线温度以上稍高的温度(固液状态)</td><td>杂质较多的碳钢、低中合金钢、奥氏体钢、镍基合金及铝</td><td>焊缝上,少量在热影响区</td><td>沿奥氏体晶界(在晶间,无延迟性)</td></tr>
<tr><td>多边化裂纹</td><td>已凝固的结晶前沿,在高温和应力的作用下,晶格缺陷发生移动和聚集,形成二次边界,它在高温处于低塑性状态,在应力作用下产生的裂纹</td><td>固相线以下再结晶温度</td><td>纯金属及单相奥氏体合金</td><td>焊缝上,少量在热影响区</td><td>沿奥氏体晶界</td></tr>
<tr><td>液化裂纹</td><td>在焊接热循环峰值温度的作用下,在热影响区和多层焊的层间发生重熔,在应力作用下产生的裂纹</td><td>固相线以下稍低温度</td><td>含S、P、C较多的镍铬高强钢、奥氏体钢、镍基合金</td><td>热影响区及多层焊的层间</td><td>沿晶界开裂</td></tr>
<tr><td colspan="2">再热裂纹</td><td>厚板焊接结构消除应力处理过程中,在热影响区的粗晶区存在不同程度的应力集中时,由于应力松弛所产生附加变形大于该部位的蠕变塑性,则发生再热裂纹</td><td>600 ~ 700℃回火处理</td><td>含有沉淀强化元素的高强钢、珠光体钢、奥氏体钢、镍基合金等</td><td>热影响区的粗晶区</td><td>沿晶界开裂</td></tr>
<tr><td rowspan="3">冷裂纹</td><td>延迟裂纹</td><td>在淬硬组织、氢和拘束应力的共同作用下而产生的具有延迟特征的裂纹</td><td>在 M_s 点以下</td><td>中、低碳钢低、中合金钢、钛合金等</td><td>热影响区,少量在焊缝</td><td>沿晶或穿晶(在晶间或晶内)</td></tr>
<tr><td>淬硬脆化裂纹</td><td>主要是由淬硬组织,在焊接应力作用下产生的裂纹</td><td>在 M_s 点以下</td><td>含碳的Ni、Cr、Mo钢、马氏体不锈钢、工具钢</td><td>热影响区,少量在焊缝</td><td>沿晶或穿晶</td></tr>
<tr><td>低塑性脆化裂纹</td><td>在较低温度下,由于被焊材料的收缩应变,超过了材料本身的塑性储备而产生的裂纹</td><td>在400℃以下</td><td>铸铁、堆焊硬质合金</td><td>热影响区及焊缝</td><td>沿晶及穿晶</td></tr>
<tr><td colspan="2">层状撕裂</td><td>主要是由于钢板的内部存在有分层的夹杂物(沿轧制方向),在焊接时产生的垂直于轧制方向的应力,致使在热影响区或稍远的地方,产生“台阶”式层状开裂</td><td>约400℃以下</td><td>含有杂质的低合金高强钢厚板结构</td><td>热影响区附近</td><td>沿晶或穿晶</td></tr>
</table>

第二节 焊接热裂纹

焊接热裂纹是焊接生产中比较常见的一种焊接缺陷，焊接结构常用钢或有色金属在焊接中都有可能产生热裂纹。

金属在产生焊接热裂纹的高温下，晶界强度低于晶粒强度，因而热裂纹具有沿晶界开裂的特征。热裂纹可分为结晶裂纹、高温液化裂纹和多边化裂纹等，其中结晶裂纹是热裂纹中最常见的一种形态。

一、结晶裂纹的形成机理

结晶裂纹又叫凝固裂纹，主要产生于焊缝金属凝固过程中。当液态金属冷却到固相温度附近时，由于凝固金属的收缩，残余液体金属不足而不能及时填充缝隙，在应力作用下发生沿晶界开裂，形成结晶裂纹（如图6－3所示）。

裂纹是一种局部的破坏。要造成这种破坏必然有力的作用，且当作用力大于其抵抗能力时破坏才会发生。焊缝在凝固结晶过程中液态的焊缝金属变成固态时，体积要缩小，同时凝固后的焊缝金属在冷却过程中体积也会收缩，而焊缝周围金属阻碍了上述这些收缩，这样焊缝就受到了一定的拉应力的作用。在焊缝刚开始凝固结晶时，晶粒刚开始生长，液体金属比较多，流动性较好，可以在晶粒间自由流动，因而由拉应力造成的晶粒间的间隙都能被液体金属填满，因此，这时拉应力不会引起裂纹。

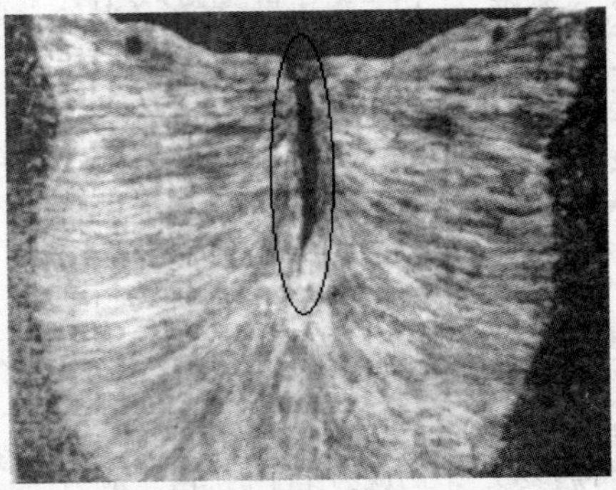

图6－3　焊缝中的结晶裂纹

从金属学中我们知道，金属在结晶过程中先结晶的金属比较纯，后结晶的金属含有较多的杂质，在实际结晶时，这些杂质会被不断生长的柱状晶体推向晶界，并聚集在晶界上。杂质中的S、P、Si、C等都极易与其他元素形成熔点较低的低熔点共晶体，如一般碳钢和低合金钢的焊缝在含硫量较高时，会形成硫化铁（FeS），而FeS与铁发生作用能够形成熔点只有988℃的低熔点共晶体；若与氧化亚铁（FeO）发生作用将会形成熔点更低的低熔点共晶体。

当焊缝温度继续下降，大部分液态焊缝已凝固时，这些低熔点共晶体由于熔点较低仍未凝固，从而在晶界间形成了一层液体夹层，即所谓的“液态薄膜”，如图6－4所示。由于液体金属本身不具有抗拉能力，这层液体薄膜使得晶粒与晶粒之间的结合力大为削弱。这样，在已增大了的拉应力的作用下，就使柱状晶体间的缝隙增大。此时仅靠低熔点共晶液体无法填充

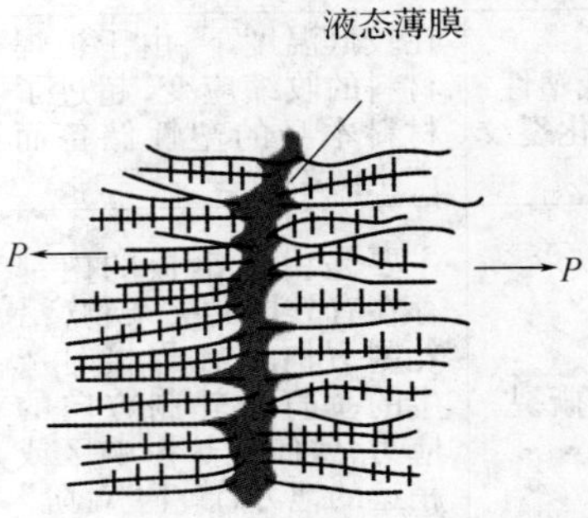

图6－4　“液态薄膜”示意图

扩大了的缝隙,这样,焊缝中的液态薄膜就成了薄弱地带,在拉伸应力的作用下就有可能在这些薄弱地带开裂而形成结晶裂纹。

由此可见,产生结晶裂纹的原因就在于焊缝中存在液态薄膜和在焊缝凝固过程中受到拉应力共同作用的结果。拉应力是产生结晶裂纹的外因,液态薄膜(晶界上的低熔点共晶)是产生结晶裂纹的内因。结晶裂纹是焊缝中存在的拉应力通过作用在晶界上的低熔点共晶体而造成的。如果没有低熔点共晶体存在,或者数量很少,则晶粒与晶粒之间的结合比较牢固尽管有拉应力的作用,仍不会产生裂纹。

结晶裂纹主要产生在含杂质(S、P、C、Si)较多的碳钢、低合金钢以及单相奥氏体钢、镍基合金与某些铝合金焊缝中。一般沿焊缝晶界处发生和扩展,如图6-5所示。

结晶裂纹既可以在焊缝中产生,也可以在熔合线附近的热影响区中产生,常以焊缝金属中纵、横裂纹或弧坑裂纹的形式出现(如图6-6所示)。结晶裂纹表面无金属光泽,带有氧化颜色,焊缝表面的宏观裂纹中往往填满焊渣。

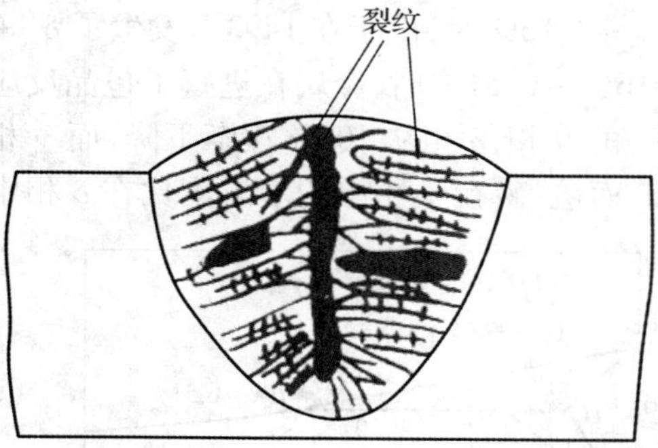

图6-5 焊缝中结晶裂纹出现的地带

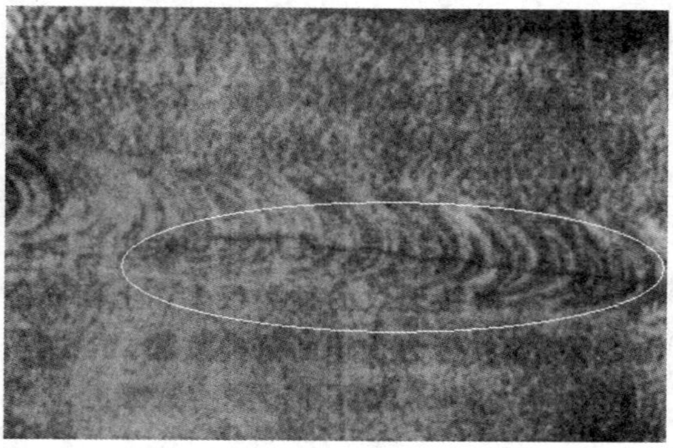

图6-6 沿焊缝中心线的纵向裂纹

二、结晶裂纹的影响因素

从以上分析可知,结晶裂纹的产生主要取决于焊缝金属在脆性温度区间(固相温度 T_s 附近存在的一个塑性很低的温度范围)的塑性和应变。前者取决于冶金因素,后者则取决于力的因素。因此,在分析结晶裂纹的影响因素时,主要从冶金及力学两个因素着手。

(一)冶金因素对结晶裂纹的影响

按照金属学的基本原理,决定金属材料性能的根本因素是化学成分。成分的变化将改变合金各组元的溶解度、相的组成与比例、结晶形态以及晶粒尺寸等。这些因素都将影响焊缝金属的塑性,从而直接或间接地影响其结晶裂纹的敏感性。

1.常用合金元素的影响

合金元素对结晶裂纹敏感性影响的规律很复杂,其中既有元素本身单独的作用,也有各元素相互之间的作用。下面仅讨论低碳钢与低合金钢中常见合金元素的影响。

(1)硫、磷 硫和磷都是提高结晶裂纹敏感性的元素。它们的有害作用来自以下几方面:首先,钢中含有微量的硫或磷,使结晶温度区间明显加宽,如图6-7所示;其次,硫和磷能在钢中形成多种低熔点共晶体,这些共晶体在焊缝金属凝固后期形成液态薄膜;最后,硫和磷都是偏析度较大的元素，容易在局部富集，更有利于形成低熔点共晶体或化合物。液态薄膜或偏聚的低熔点物质，都会使金属在凝固后期的塑性急剧下降，因此，硫、磷都是明显提高结晶裂纹的元素，对焊接质量危害极大。

(2)碳　碳是钢中必不可少的元素，在焊接时也是提高结晶裂纹敏感性的主要元素。碳不仅本身会造成不利影响，而且促使硫、磷的有害作用加剧。

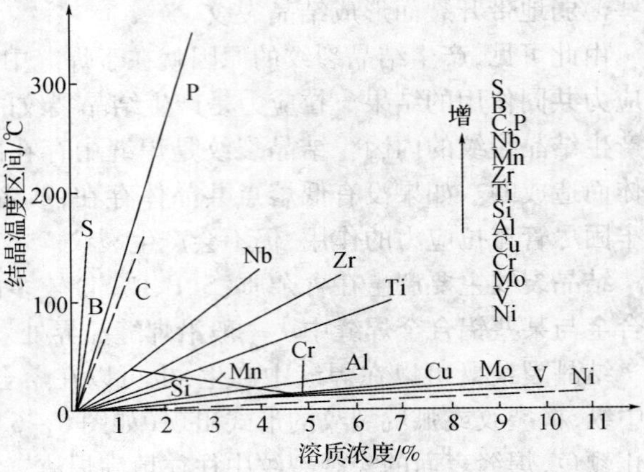

图 6-7　各种合金元素对结晶温度区间的影响

由 Fe-C 相图的高温部分(如图 6-8所示)可知，随着含碳量 ω_c 的增加，从液相中析出的初生相将发生变化。当 $\omega_c<0.10\%$ 时为单一的 δ 相；当 $\omega_c=0.10\%\sim0.16\%$ 时，由于在 1493℃ 发生了 $\delta_H+L_B\rightarrow\gamma_J$ 的包晶反应，初生相为 $\delta+\gamma$ 相。当 $\omega_c=0.16\%\sim0.51\%$ 时，金属在进行了包晶反应后，剩余的液体直接转变为 γ 相，全部凝固后为单一的 γ 相，δ 相从 100% 逐渐下降，而 γ 相逐渐增加，初生相由单一 δ 相到 $\delta+\gamma$ 到单一 γ 相。而硫、磷在 γ 相中的溶解度比在 δ 相中低得多(表 6-2)，初生相中的 γ 相越多，固体中能溶解的硫、磷就越少，残留液相中的硫、磷就越多，并富集于晶界，使结晶裂纹倾向增大。

表 6-2　磷和硫在 δ 和 γ 相中的溶解度

元素	最大溶解度 ω(%)	
	在 δ 相	在 γ 相
磷	2.8	0.25
硫	0.18	0.05

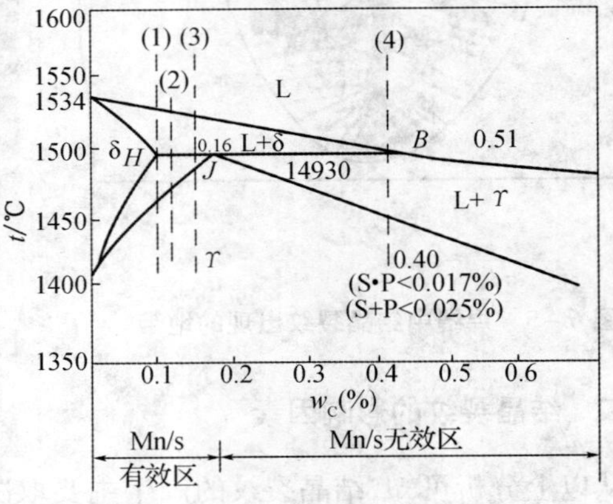

图 6-8　Fe-C 相图的高温部分

(3)锰　锰可以脱硫，脱硫产物 MnS 不溶于铁而进入熔渣，少量残留在焊缝金属中呈弥散分布，对钢的性能没有明显的影响。因此，在一般钢焊缝中锰可以抑制硫的有害作用，有助于提高焊缝的塑性，可提高其抗结晶裂纹的能力。为了充分发挥 Mn 的有利作用，要求焊缝金属中应保证一定的 Mn/s 值，如图 6-9 所示。要求：

$\omega_c\leqslant0.10\%$ 时 Mn/s≥22

$\omega_c=0.10\%\sim0.125\%$ 时 Mn/s≥30

$\omega_e=0.125\%\sim0.155\%$ 时 Mn/s≥59

当 ω_c 超过 0.16%(包晶成分)时，磷对结晶裂纹的作用超过了硫，继续增加 Mn/s 值对防止结晶裂纹已无意义，这时应严格控制磷的含量。如：

$\omega_c=0.40\%$ 的中碳钢，要求 ω_S 和 ω_P 均≤0.017%，其总和 $\omega_{S+P}\leqslant0.025\%$

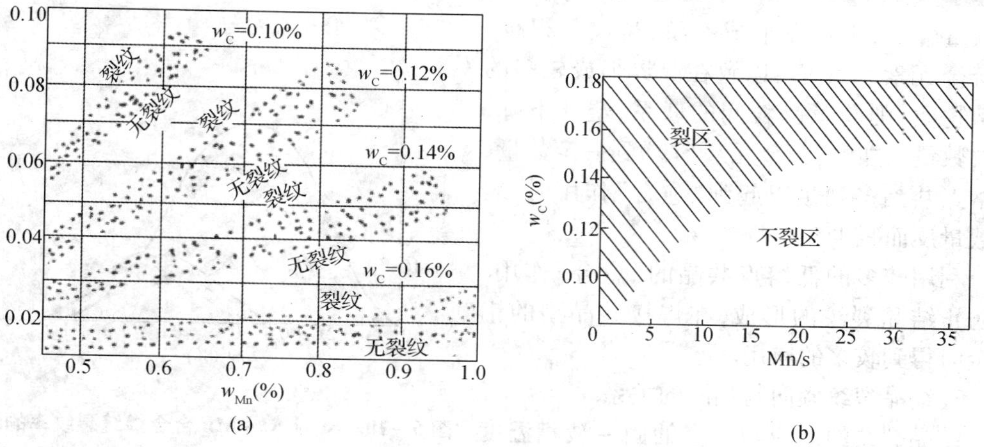

图 6－9 C、Mn、S 共存时对结晶裂纹的影响

(a)不同 ω_C、ω_S 时对含锰量的要求；(b)不同 ω_C 时对 Mn/S 的要求

(4)硅　硅对结晶裂纹的影响依含量不同而不同。硅是 δ 相形成元素，含量较低时有利于防止结晶裂纹。但当 $\omega_{Si} \geqslant 0.42\%$ 时，由于会形成低熔点的硅酸盐，反而使裂纹倾向加大。

此外，一些可形成高熔点硫化物的元素如 Ti、Zr 和一些稀土金属，都具有很好的脱硫效果，也能提高焊缝金属的抗结晶裂纹能力。一些能细化晶粒的元素，由于晶粒细化后可以扩大晶界面积，打乱柱状晶的方向性，也能起到抗结晶裂纹的作用。但 Ti、Zr 和稀土金属大都与氧的亲和力很强，焊接时通过焊接材料过渡到熔池中比较困难。

按照各种元素对低碳钢和低合金钢焊缝结晶裂纹敏感性的影响，可以分为四种类型见表 6－3。

表 6－3　合金元素对结晶裂纹倾向的影响

增加形成结晶裂纹	<时影响不大 >时促使开裂	降低焊缝的裂纹倾向	尚未取得一致意见
C、S、P Cu、Ni(当有 S、P 同时存在时)	ω_{Si}(0.4%) ω_{Mn}(0.8%) ω_{Cr}(0.8%)	Ti、Zr 稀土、Al 等 $\omega_{Mn}<0.8\%$	N、O、As

需要强调一点，即同一合金元素在不同的合金系统中的影响不一定相同。以 Mn 为例，在多数情况下，Mn 是防止结晶裂纹有效的元素，但与 Cu 共存时，增加 Mn 反而不利，这是由于 Mn 与 Cu 相互作用促使晶间偏析严重发展所致。总之，合金元素的影响是通过对焊缝凝固后期 δ_{min} 的大小而起作用的。

2. 易熔相的影响

晶界存在易熔第二相是生成结晶裂纹的重要原因，但也与其分布形式有关。易熔相在凝固后期以液态薄膜形式存在时裂纹倾向明显增大，而若以球状分布时，则裂纹倾向显著减小。

此外，大量的实验证明，低熔点共晶的数量超过一定限度后对裂纹反而有“愈合”作用。这是因为在低熔点共晶较多时，可以自由流动，填充开裂的部位，结晶裂纹反而减少。图 6－10 为 Al－Mn 系合金焊缝中 Si 的含量与裂纹数量的关系。说明当 ω_{Si} 较少时，低熔点共晶数量较少，不足以形成裂纹，裂纹数很少；当合金元素 Si 增多，以致在晶界形成较多的易熔物质，削弱了晶粒间的联系，塑性下降，裂纹数量增加；当合金元素 Si 增到一定数量，低熔点共晶多到足以起到“愈合”作用时，裂纹数量反而减少。

利用较多的低熔点共晶的“愈合”作用，以防止结晶裂纹的形成，在焊接共晶型的铝合金时得到较多的应用。

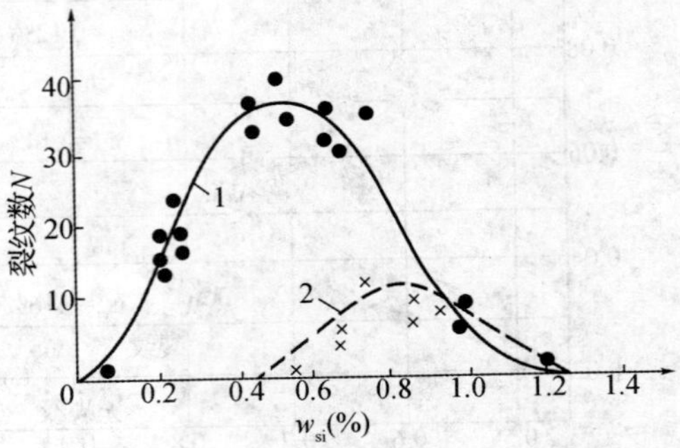

图 6-10　Si 对 Al-Mn 合金焊缝裂纹率的影响

1-ω_{Fe}=0.16%～0.20%；2-ω_{Fe}=0.37%～0.43%

3. 结晶裂纹倾向与相图的关系

结晶裂纹的形成与合金的固-液相温度差(Δt_f)有密切关系。

以图 6-11 为例，图中阴影线部分的垂直距离表示脆性温度区的宽度，它随固液相线间的垂直距离的增加(即Δt_f)而加宽，裂纹倾向亦作相应的变化(图 b 中的实线)，在Δt_f最宽处 *S* 点达到最大值。在实际生产中，不平衡结晶时 *S* 点向左下方移到 *S'* 点，因此，实际的裂纹倾向变化规律如图 b 虚线所示。根据上述规律，四种基本类型的二元状态图的结晶裂纹倾向变化的规律如图 6-12 所示。从图示规律，可得出以下结论。

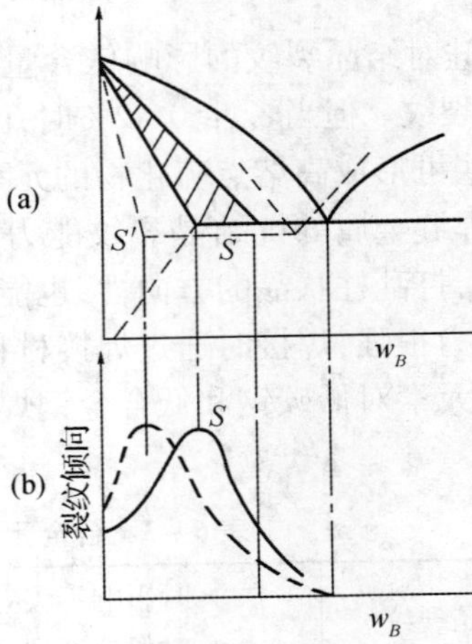

图 6-11　结晶温度区间宽度的变化与裂纹倾向的关系

①与基本组元完全互溶的元素 B 对结晶裂纹倾向影响较小(图 6-12(a))。

②与基本组元有限互溶的 B 元素，随含量的增加裂纹倾向开始增大。元素增加到一定值后，裂纹倾向开始下降(图 6-12(b))。

③与基本组元基本不互溶，但能形成机械混合物的元素 B 含量极少时，就会使裂纹倾向急剧加大(图 6-12(c))。

④与基本组元完全不互溶的元素 B 对结晶裂纹倾向无明显影响(图 6-12(d))。

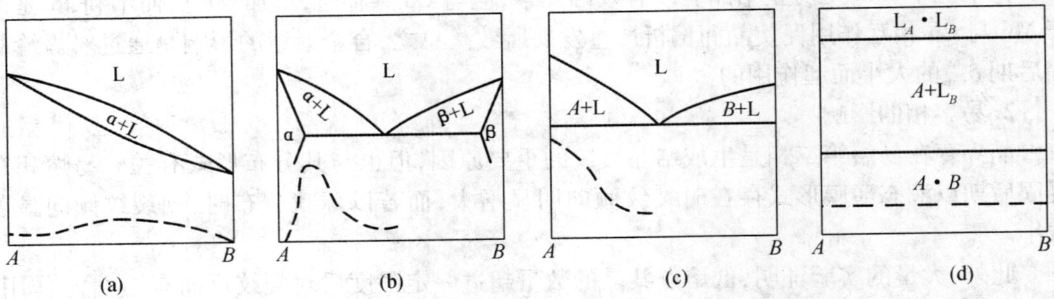

图 6-12　合金相图与结晶裂纹倾向的关系

(a)完全互溶；(b)有限互溶；(c)机械混合物；(d)完全不互溶(虚线表示结晶裂纹倾向变化的规律)

四种相图共同的规律是，裂纹倾向随结晶温度区间的变化而变化。这一规律亦适用于多元合金，但需考虑各元素之间的作用，情况更复杂些。

上述各冶金因素的影响归纳于表6－4。

表6－4 影响结晶裂纹的冶金因素

	增加裂纹倾向	降低裂纹倾向
结晶温度区间	大	小
碳当量（化学成分）	大	小
残液形态（表面张力）	薄膜状	球状
一次结晶组织（晶粒度）	粗大	细小
一次结晶组织（初生相）	γ	δ

（二）力的因素对结晶裂纹的影响

如前所述，力的作用是产生结晶裂纹的外因，是必要条件，只有在力的作用下产生的应变超过材料的 δ_{min} 时，才会开裂。

金属在高温时，温度超过一定数值时（图6－13中的 T_0），晶界强度 σ_0 < 晶内强度 σ_G，因此当外力超过 σ_0 时，就会开裂。如焊缝所承受的应力为 σ_2，在温度升高时 σ_2 始终低于 σ_0，就不会产生裂纹，而若焊缝承受的应力为 σ_1，则在高温时 $\sigma_1 > \sigma_0$，超过了金属的高温强度 σ_0，就会产生裂纹。可见，拉应力的大小是开裂与否的决定因素。

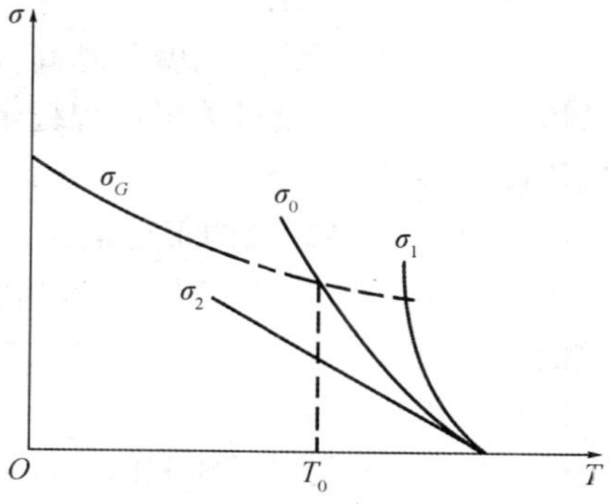

图6－13 金属在高温下强度随温度的变化和与拉应力的关系

力的因素也受到许多方面的影响，其中包括结构的几何形状、尺寸和复杂程度、焊接顺序、装配焊接方案以及冷却速度等。在产品结构一定时，可从工艺方面对力的因素加以控制。

产生结晶裂纹的影响因素是复杂的，是多方面的，但冶金因素与力的因素是影响结晶裂纹形成的两个主要因素，二者之间既有内在联系，又有各自独立的变化规律。在具体情况下，产生结晶裂纹的条件必须是冶金因素和力的因素共同作用，二者缺一不可。分析这些因素的作用的主要目的就是要找到防止结晶裂纹的措施。

三、防治结晶裂纹的措施

由于结晶裂纹在焊接生产中的危害性很大，故应采取有效的措施加以防治。根据影响结晶裂纹产生因素的分析，防止结晶裂纹主要从冶金和工艺两个方面着手，其中冶金措施更为重要。

（一）防止结晶裂纹的冶金措施

1. 控制焊缝中硫、磷、碳等有害元素的含量

硫、磷、碳等元素主要来源于母材与焊接材料，因此首先要控制母材、焊材中的含量。具体的措施如下。

（1）对焊接结构用钢的化学成分在国家或行业标准中都做了严格的规定，如锅炉及压

力容器用钢一般规定 ω_S 和 ω_P 均≤0.035%，强度级别较高的调质钢则要求更严；

(2)为了保证焊缝中有害元素低于母材，对焊丝用钢、焊条药皮、焊剂原材料中的碳、硫、磷含量也做了更严格的规定，如焊丝中的碳、硫、磷含量均低于同牌号的母材。

2. 提高焊丝的含锰量

锰能与 FeS 作用生成 MnS，MnS 的熔点较高，也不与其他元素形成低熔点共晶体，可减少硫的有害作用。一般含锰量不超过2.5%时，Mn 对减少结晶裂纹是有利的。

3. 对熔池进行变质处理

通过变质处理细化晶粒，不仅可以提高焊缝金属的力学性能，还可提高抗结晶裂纹能力。

4. 形成双相组织

当焊接铬镍奥氏体不锈钢时，焊缝形成 $\gamma+\delta(<5\%)$ 的双相组织，不仅打乱了奥氏体的方向性，使焊缝组织变细，而且也提高了焊缝的抗结晶裂纹的能力。

5. 调整熔渣的碱度

实验证明，焊接熔渣的碱度越高，熔池中脱硫、脱氧越完全，其中杂质越少，从而不易形成低熔点化合物，可以显著降低焊缝金属的结晶裂纹倾向。因此，在焊接较重要的产品时，应选用碱性焊条或焊剂。

(二)防止结晶裂纹的工艺措施

采用合适的工艺措施不仅可改善焊缝的形状，而且可有效地减小焊接应力，防止结晶裂纹的产生。

1. 控制焊缝成形系数

熔焊时，在单道焊缝横截面上焊缝宽度(B)与焊缝计算厚度(H)的比值 ϕ (ϕ = B/H)，称为焊缝成形系数。成形系数 ϕ 不同时，会影响柱状晶长大的方向和区域偏析的情况，如图6－14所示。一般来说，提高成形系数可以提高焊缝的抗裂能力。

从图6－15可以看出，当焊缝中 ω_C 提高时，为防止结晶裂纹所需要的成形系数也相应提高，以保证枝晶呈人字形向上生长，避免因晶粒相对生长而在焊缝中心形成杂质聚集的脆弱面。为此，要求 $\phi>1$，但也不宜过大。如当 $\phi>7$ 时，由于焊缝过薄，抗裂能力反而下降。

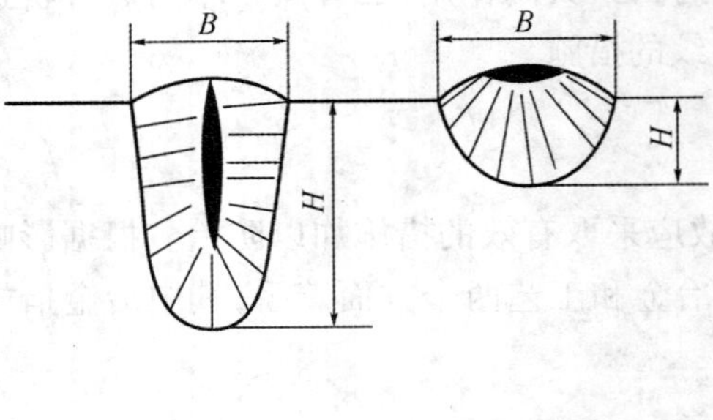

图6－14　不同成形系数(B/H)时的结晶情况

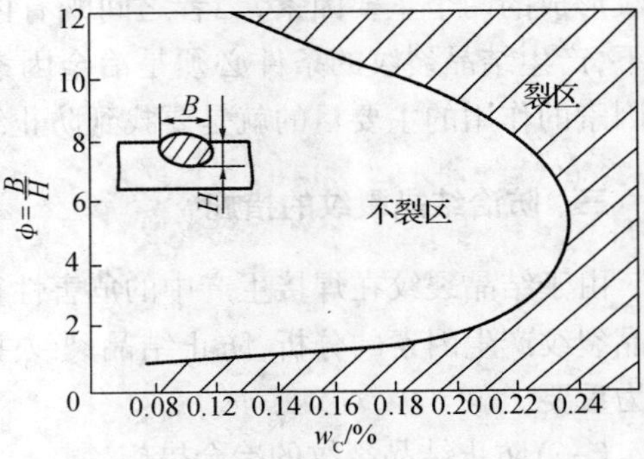

图6－15　碳钢成形系数与结晶裂纹的关系

为了调整成形系数，必须合理选用焊接工艺参数。一般情况下，成形系数随电弧电压升高而增加，随焊接电流的增加而减小。当线能量不变时，则焊速越大，裂纹倾向也越大。

2. 调整冷却速度

冷却速度越高,焊接应力越大,结晶裂纹倾向也越大。降低冷却速度可通过调整焊接参数或预热来实现。用增加线能量来降低冷却速度的效果是有限的,采用预热则效果较明显。但应注意,因结晶裂纹产生于固相线附近的高温区域,需用较高的预热温度才能降低高温的冷却速度。高温预热将提高成本,恶化劳动条件,有时还会影响接头金属的性能,应用时要全面权衡利弊。实际生产中,只在焊接一些对结晶裂纹非常敏感的材料(如中、高碳钢或某些高合金钢)时,才用预热来防止结晶裂纹。

3. 调整焊接顺序,降低拘束应力

接头刚性越大,焊缝金属冷却收缩时受到的拘束应力也越大。在产品尺寸一定时,合理安排焊接顺序,对降低接头的刚度、减小焊接应力有明显效果,从而可以有效防止结晶裂纹。图 6-16所示的钢板拼焊,可选择不同的焊接顺序。方案Ⅰ是先焊焊缝 1,后焊 2、3;方案Ⅱ为先焊焊缝2、3,后焊焊缝 1。采用方案Ⅰ,则各条焊缝在纵向及横向都有收缩余地,内应力较小。采用方案Ⅱ,则在焊接焊缝 1 时其横向和纵向收缩都受到上下两焊缝的限制,收缩较困难,焊接应力大,容易产生纵向裂纹。又如,锅炉管板上管束的焊接,若采用同心圆或平行线的焊接顺序,都会因刚度大而导致开裂,而采用放射交叉式的焊接顺序,就可获得较好的效果,如图 6-17 所示。

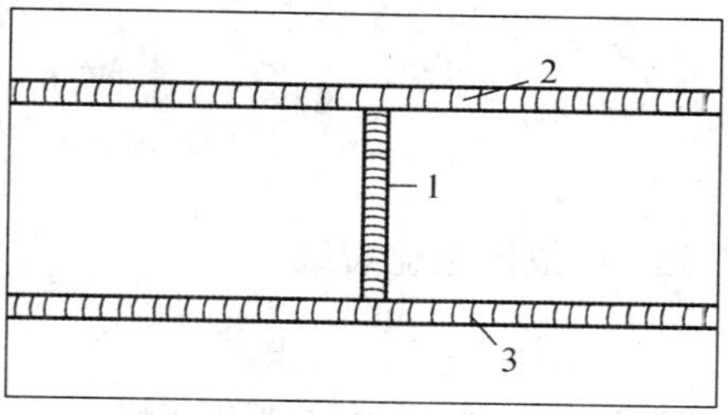

图 6-16 钢板拼焊

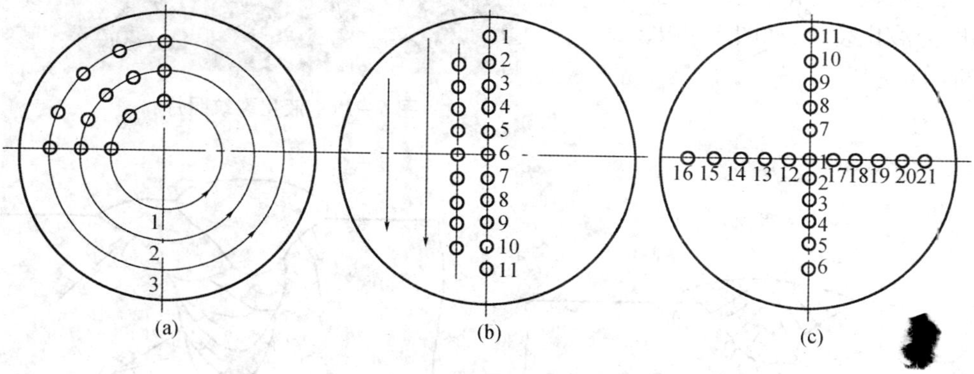

图 6-17 锅炉管板的管束焊接顺序

(a)同心圆式(不好);(b)平行线式(不好);(c)放射交叉式(好)

在一般情况下,尽可能采用对称施焊,以利于分散应力,减小裂纹倾向。一些简要的对称焊法如图 6-18 所示。

上面结合影响结晶裂纹的因素介绍了一些主要的防治措施。生产中的实际情况比较复杂,必须根据具体条件(材料、产品结构、技术要求、工艺条件等),抓住主要问题,才能有针对性地采取有效合理的防治措施。

目前,结晶裂纹的形成与扩展规律已基本被人们所掌握,人们在钢种设计、冶炼与焊接材料设计制造中采取了必要措施。因此,在焊接低碳钢和低合金可焊钢种时,只要做到选材正确、工艺合理和检验严格,结晶裂纹是完全可以避免的。

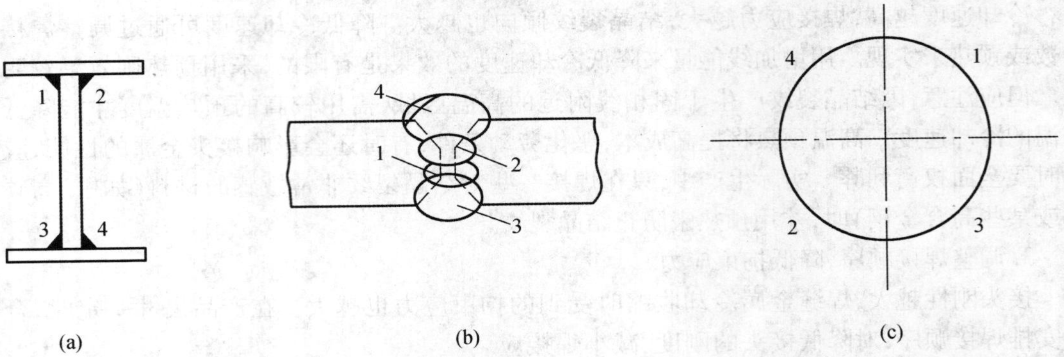

图6－18 对称施焊举例

(a)工字梁;(b)厚板对接多层焊;(c)球形容器环缝

四、近缝区液化裂纹

(一)液化裂纹的特点

焊接过程中,在焊接热循环峰值温度作用下,在母材近缝区与多层焊的层间金属中,由于低熔点共晶体被加热熔化,在一定收缩应力作用下沿奥氏体液化晶界产生的开裂,即为液化裂纹,如图6－19、6－20所示。

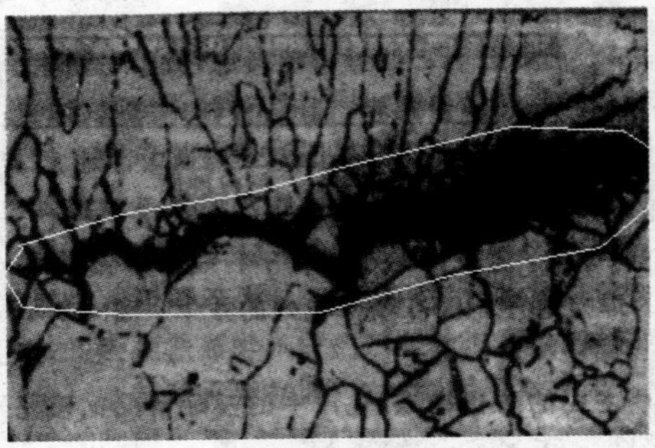

图6－19 液化裂纹照片

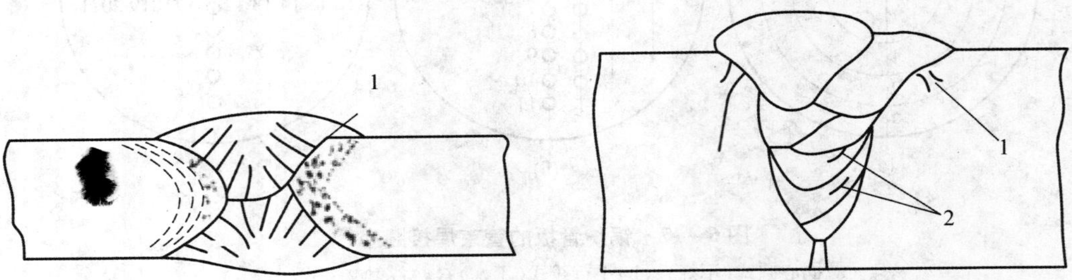

(a) 近缝区液化裂纹

1—近缝区的液化裂纹

(b) 多层焊层间液化裂纹

1—熔合线凹陷处的液化裂纹;2—多层焊层间过热区的液化裂纹

图6－20 液化裂纹的分布形态

焊接时,近缝区熔合线附近处于半熔化状态。如果近缝区母材的晶界上存在低熔点的液态间层,则两侧的晶粒冷却收缩时促使液态间层受到拉伸而可能引起近缝区液化裂缝。近缝区液化裂缝也可能产生在多层焊时前一层受到后一层的热影响部位。但有时,即便没有低熔点液态间层，而在熔融的焊缝中有能使母材晶界表面能下降的元素，扩散到母材中后，随即出现液态薄膜，当拉应力大时，母材晶界就会出现近缝区裂缝。液化裂纹与结晶裂纹一样，同属于与晶界液态薄膜有关的高温裂纹。但近缝区或多层焊的层间在宏观上始终保持固态，这种晶界的局部熔化属于不正常的熔化。

液化裂纹形成的温度比结晶裂纹低，稍低于固相温度，主要发生在高镍低锰型的低合金钢、合金元素较多的高强钢、不锈钢和耐热合金钢的焊件中。但当钢中的碳、硫较低时，即使含镍较高，对液化裂纹也不敏感。液化裂纹的产生还与母材的偏析有关，因而在偏析较严重的低碳钢热影响区中也曾发现过这种裂纹。

液化裂纹多为微裂纹，尺寸很小，一般在 0.5mm 以下，个别达 1mm。近缝区上的液化裂纹多发生在母材向焊缝凸进去的部位，该处熔合线向焊缝侧凹进去而过热严重。有时还出现多层焊的层间过热区，如图 6－20 所示。由于裂纹尺寸较小，一般只有在显微镜下才能发现。但是，液化裂纹常会成为冷裂纹、消除应力裂纹、脆性断裂或疲劳断裂的裂源。

虽然形成液化裂纹的冶金因素与力的因素与结晶裂纹有共同之处，但由于近缝区和层间金属是在凝固状态下经历的快速加热与冷却，因而处于更为复杂的应力－应变状态，使之有自身的特殊规律。例如，在相同的焊接条件下，单道焊时焊缝中并未出现结晶裂纹，而在多层焊时却在层间金属中发现了液化裂纹。这意味着结晶裂纹倾向小的焊缝并不一定具有良好的抗液化裂纹能力。

（二）液化裂纹的防治措施

具有近缝区液化裂缝倾向的金属材料，为数并不多。对于具有该种裂缝倾向的钢材，应设法降低钢材有害杂质的含量，细化母材晶粒度，提高有害杂质分布的分散度，以及采用尽量小的焊接线能量。主要防治措施如下。

1. 选用对液化裂纹敏感性较低的母材

可选用含碳、硫、磷和镍较低，并有较高 Mn/s 值的母材。对含镍的低合金钢，Mn/s 值最好大于 50；含镍较高的钢，则应严格限制杂质含量。如 14Cr2Ni4MoV 钢，改用电炉冶炼，纯度提高，就可以基本消除液化裂纹。

2. 减小焊缝的凹度

实验表明，当焊缝断面呈明显蘑菇状时，在凹入处很容易产生微小的裂纹，而且裂纹率随凹度 d 的增加而增加，如图 6－21 所示。凹度的大小与焊接方法及焊接参数有关。埋弧焊和气体保护焊的焊缝断面多呈蘑菇状（也称指状），而且电流越大就越明显。

为了减小焊缝的凹度，可采取用焊条电弧焊盖面或将焊丝倾斜等办法，如图 6－22 所示。

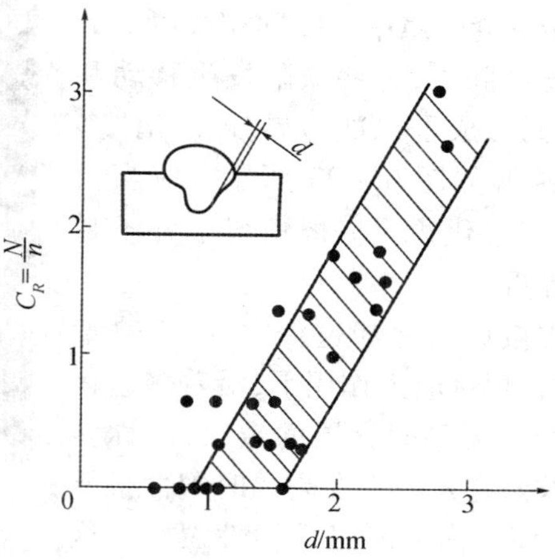

图 6－21 焊缝形状的凹度 d 对液化裂纹率的影响

CR－裂纹率；N－所检断面发现的裂纹总数；n－被检断面数

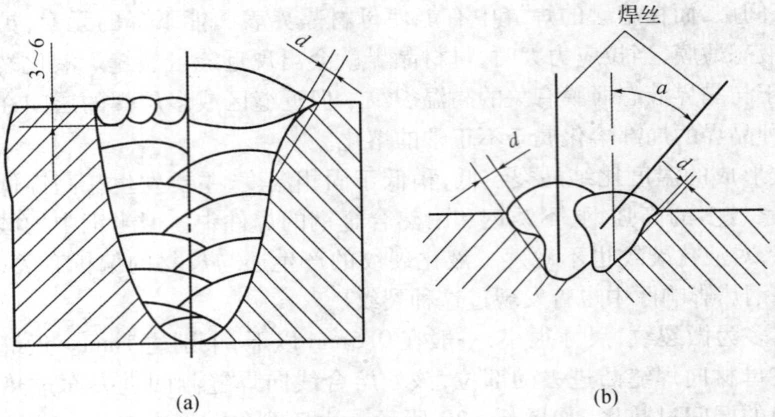

图6-22 减小焊缝凹度的措施

a—焊条电弧焊盖面；b—焊丝倾斜一定角度

3. 采用较小的线能量

母材过热往往是产生液化裂纹的重要原因之一，降低线能量可以减小液化裂纹的倾向。但对一些液化裂纹敏感性强的金属，仅依靠调整线能量并不能解决根本问题，只有同时减小焊缝凹度或提高母材的纯度，才能有效地防止液化裂纹。

五、多边化裂纹

(一)多边化裂纹的特点

多边化裂纹是属热裂纹中的另一种形态。它是焊缝金属在结晶前沿已凝固的固相晶粒中，萌生出大量的晶格缺陷(如空位和位错)，并在快速的冷却条件下，由于不易扩散，它们暂时被保留，以过饱和的状态存在于焊缝金属中。在固相线以下的一个温度区间内，这些缺陷发生移动和聚集，从而形成了二次边界，即所谓"多边化边界"，如图6-23所示。应当指出，这种多边化边界一般情况下并不与一次晶界重合。

图6-23 由晶格缺陷形成的多边化边界

(a)铸造状态；(b)经600℃回火

在焊接后的冷却过程中，由于热塑性降低，在焊接应力作用下，沿着多边化的晶界产生无晶间夹层的裂纹，故称多边化裂纹。它是由于在高温时塑性很低而造成的，又称为高温低塑性裂纹。这种裂纹多发生在纯金属或单相奥氏体焊缝中，个别也出现在热影响区中。这类裂纹的特点是：

①在焊缝金属中裂纹的走向与一次结晶方向并不一致，常以任意方向贯穿于树枝状结晶中(实际上与晶格的畸变能有关)；

②裂纹附近常伴随有再结晶晶粒出现；

③裂纹多发生在重复受热的多层焊层间金属及热影响区中，其位置并不都紧靠熔合区，说明这种裂纹原则上与晶界液化无关；

④断口无明显的塑性变形痕迹，呈现高温低塑性开裂特征。

从以上的特点可以看出多边化裂纹与结晶裂纹和液化裂纹有本质的区别。这种裂纹是由于空位、位错的移动和聚集，在二次边界上成核，并扩展而成为沿多边化边界的裂纹，如图 6－24 所示。

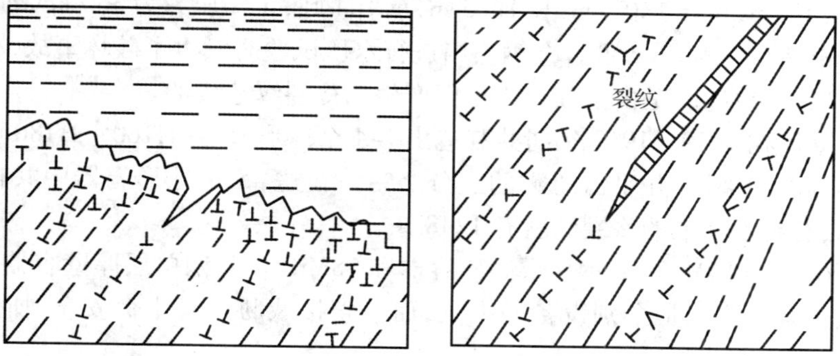

(a) (b)

图 6－24 多边化裂纹的形成过程

(a)结晶开始；(b)结晶结束

(二)多边化裂纹的影响因素

影响多边化裂纹的因素主要是合金成分、应力状态和温度。它们的不同影响，可以用完成多边化过程所需的时间来确定。

1. 合金成分的影响

如果多边化的激活能越高，则晶格缺陷的移动和聚集就越慢，形成多边化过程所需的时间就越长。因此，向焊缝中加入可提高多边化激活能的元素（如铌、钽、钼、钨、钛等），则可防止形成二次边界，有效地阻止多边化过程，减小多边形化裂缝倾向。例如可使熔敷金属成分为 Cr15Ni25Mo6、Cr15Ni70MolONb 等单相奥氏体焊条、焊丝，都具有较好的抗裂性。高温 δ 相的存在也会阻碍位错的移动，因而也可作为阻止二次晶界形成的组织因素。

2. 应力状态的影响

应力的存在能增加原子的活动性，所以能够加速多边化过程。

3. 温度的影响

许多实验证明，在形成多边化的温度区间内，温度越高，则完成多边化过程所需的时间就越短。因此高温时，多边化刚刚形成温度，原子的活动能力大，晶体缺陷的移动和聚集比较容易，所以就容易产生多边化裂纹。

目前对多边化裂纹的实质还缺乏全面深入地研究，这里只能从概念上进行定性的分析。

第三节 焊接冷裂纹

焊接冷裂纹与热裂纹不同，它是在焊后较低温度下产生的。焊接接头冷却到较低温度（如结构钢的马氏体转变温度 M_S 附近）时，由于拘束应力、淬硬组织或氢的作用而产生的裂纹，统称为冷裂纹，又称为低温裂纹。

一、冷裂纹的危害性及其一般特征

(一)危害性

由于大多数冷裂纹具有延迟性,焊后不易及时发现,因而,在焊接裂纹所引发的事故中,由冷裂纹所造成的事故约占90%。

焊接结构由于冷裂纹而引起的破坏事故是很多的,例如,1965年美国制造了一台大型合成氨塔,内径1.7m,壁厚150 mm,长18.3 m,重164吨,工作压力为360 kgf/cm^2($3528N/cm^2$),材料为Mn-Cr-Mo-V低合金钢。当进行水压试验时发生了破坏事故,有四块1~2吨重的碎片飞出。经检验,是由于预热不足而产生的冷裂纹造成的。

又如日本某厂在1959~1969年间共制造出144个球形容器(HT60~HT80),其中有45个发生了不同程度的裂纹,几乎占总数的三分之一。在这45个球形容器中共检验出1471条裂纹,其中具有延迟特征的冷裂纹就有1248条。

国内某厂生产的14MnMoV钢多层高压容器和18MnMoNb钢单层厚壁容器也都出现过冷裂纹。事故带来的不仅是个别设备的损失,而且直接威胁人身生命安全,所以引起了人们的普遍重视。

由此可见,深入了解产生冷裂纹的机理,及时采用有效措施,防止冷裂纹的产生是焊接领域中一项极其重要的任务。

(二)一般特征

从冷裂纹产生的条件及形成原因看,它与其他焊接裂纹(结晶裂纹、再热裂纹等)有本质上的区别。这些区别构成了冷裂纹的主要特征,可作为判别裂纹性质的主要依据。冷裂纹的主要特征表现在如下几方面。

1. 冷裂纹的形成温度

大量研究结果表明,对钢材来说,冷裂纹形成的温度大体在100℃~-100℃之间,具体温度随母材及焊接条件不同而异。对于淬硬性较强的中、高碳钢、超高强度钢或工具钢,冷裂纹一般是在焊后冷却到M_s点附近(200~300℃)或以下的温度产生。对于低合金高强度钢,则产生在150℃以下的室温或低温条件下,而且在冷却到+50℃~-70℃的温度范围内时较敏感。

2. 产生冷裂纹的材料

冷裂纹主要发生在中碳钢、高碳钢、合金结构钢、低合金高强度钢、某些超高强度钢、工具钢、钛合金以及铝合金等材料的焊接接头热影响区的熔合线附近的过热区中,但有时也会在焊缝金属中出现,特别是在厚板多层焊的焊缝中。

3. 冷裂纹的断口特征

从宏观上看冷裂纹的断口具有脆性断裂的特征,表面有金属光泽,呈人字形态发展。从微观上看,裂纹多起源于粗大奥氏体晶粒的晶界交错处。与热裂纹单一的沿晶界断裂不同,冷裂纹可以沿晶界扩展(沿晶开裂),也可以穿晶扩展(贯穿晶粒的晶内裂纹),常常是晶间与晶内断裂的混合,如图6-25所示。

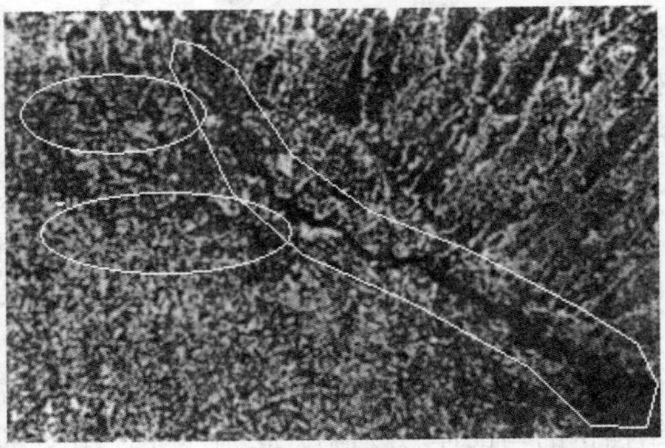

图6-25 15MnVN钢接头冷裂纹的显微照片

4. 冷裂纹产生的时间

冷裂纹有些出现在焊接过程中，但大部分是在焊后几分钟内，当焊缝冷却到一定温度后才出现，而有时要经过几十分钟、几小时、几天，甚至更长时间才出现（或才被发现）。一般把有延迟现象的裂纹称为延迟裂纹。焊后至出现裂纹的时间，称为裂纹的潜伏期。由于冷裂纹不是在焊后立即可以发现，需要延迟一段时间，甚至在使用过程中才能发现，它的危害性就更为严重。

5. 冷裂纹的分布

根据焊接冷裂纹宏观形态及其在焊接接头中的位置，可分为热影响区冷裂纹及焊缝金属中的冷裂纹两大类。

如图 6－26 所示，热影响区冷裂纹有：焊道下裂纹 1，焊趾裂纹 2，根部热影响区裂纹 3，横向热影响区裂纹 4；焊缝金属中的冷裂纹有：焊缝金属的纵向裂纹 5，焊缝金属的根部裂纹 6，过渡区裂纹 7，焊缝金属的横向焊纹 8。

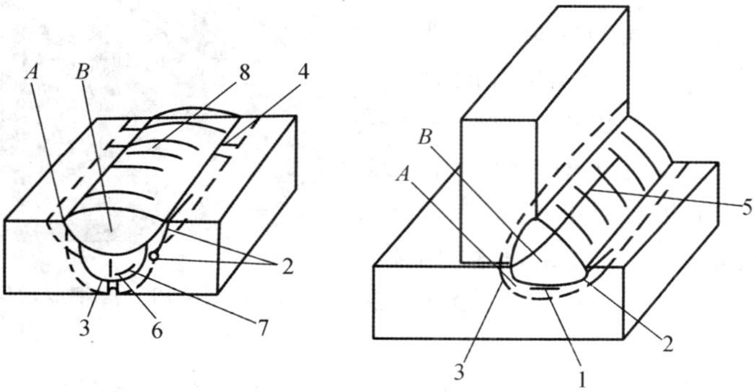

图 6－26　焊接冷裂纹的类型及分布

A－热影响区；B－焊缝金属

1—焊道下裂纹；2—焊趾裂纹；3—根部热影响区裂纹；4—横向热影响区裂纹；5—焊缝金属纵向裂纹；6—焊缝金；属根部裂纹；7—过渡区裂纹；8—焊缝金属横向裂纹

二 、冷裂纹的种类

冷裂纹是目前焊接生产中影响较大的一种焊接缺陷，甚至会造成灾难性的事故。根据引起冷裂纹的主要因素不同，冷裂纹主要可分为三种类型延迟裂纹、淬硬脆化裂纹（淬火裂纹）及低塑性脆化裂纹。其中延迟裂纹是冷裂纹中一种比较普遍的裂纹形态。

（一） 延迟裂纹

其主要特点是裂纹不在焊后立即出现，延迟现象的产生取决于钢种的淬硬倾向、焊接接头的应力状态和熔敷金属中的扩散氢含量，其中扩散氢起着非常特殊的作用。

根据延迟裂纹发生和分布位置的特征，可分为以下三类。

1. 焊趾裂纹

焊缝表面与母材交界处叫做焊趾。焊趾裂纹起源于有明显的应力集中的焊趾部位（如咬肉处）。裂纹一般由焊趾的表面开始，向母材的深处延伸扩展，止于近缝区粗晶部分的边缘，有时也向焊缝中扩展。一般沿纵向发展，取向经常与焊缝纵向平行，如图 6－26 中 2 或如图 6－27 中 1 所示，图 6－28 为焊趾裂纹的照片。

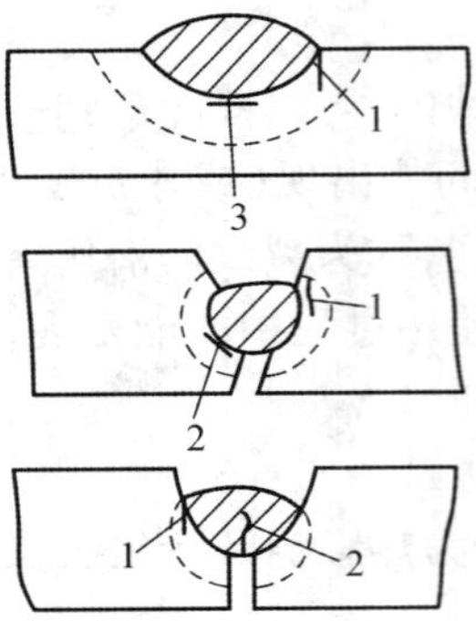

图6-27 延迟裂纹的分布形态

1—焊趾裂纹；2—根部裂纹；3—焊道下裂纹

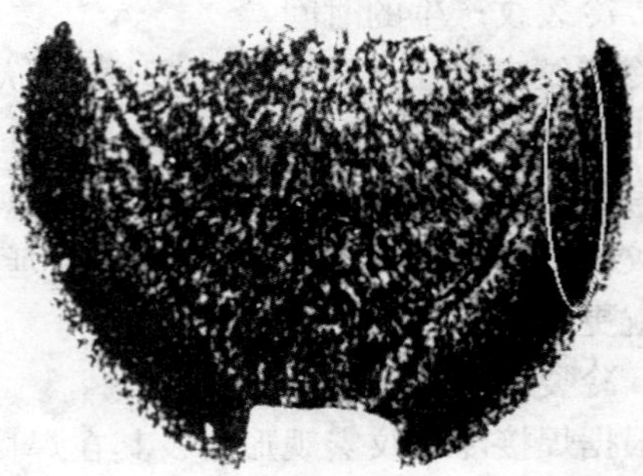

图6-28 焊趾裂纹照片

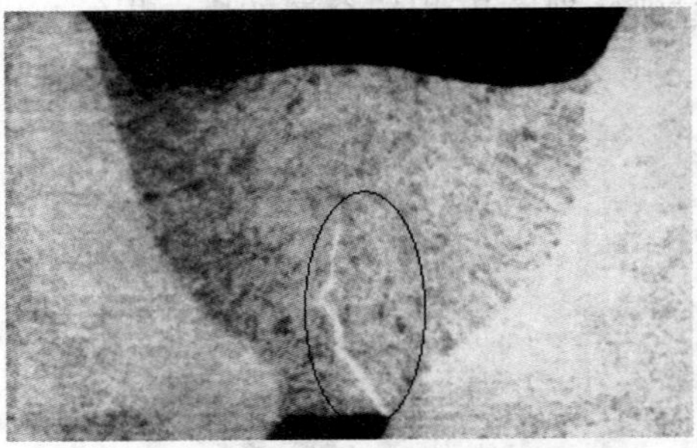

图6-29 焊根裂纹照片6-27

2. 焊根裂纹(根部裂纹)

此种裂纹是延迟裂纹中较常见的一种形态。主要发生在使用含氢量较高的焊条和预热温度不足的情况下，它起源于焊缝金属根部的应力集中处，既可能出现在焊缝中，也可能发生在焊接热影响区的粗晶区。在近缝区中大体沿平行于熔合线方向扩展，有时也可能再进入焊缝金属中。出现何种状态，取决于母材和焊缝的强度、塑性以及根部的形状，如图6-26所示，图6-29为焊根裂纹的照片。

焊趾裂纹与焊根裂纹均属于缺口裂纹。缺口处应力集中严重，裂纹容易发生也容易扩展。

3. 焊道下裂纹

焊道下裂纹多产生于用铁素体焊条焊接，且钢材淬硬倾向较大、含氢量较高的条件下。位置在靠近堆焊焊道下部的焊接热影响区内，距熔合线约0.1~0.2 mm处，该处常常没有明显的应力集中，亦无大的收缩应力，但奥氏体化温度最高，晶粒粗化明显。一般情况下裂纹不显露于焊缝表面，走向大体与熔合线平行，但有时也垂直于熔合线。

(二)淬硬脆化裂纹(或称淬火裂纹)

主要出现在淬硬倾向很大的钢种，在应力作用下，即使没有氢的诱发也会形成开裂。焊接含碳量较高的Ni-Cr-Mo钢、马氏体不锈钢、工具钢以及异种钢等都有可能出现这种裂纹。它完全是由于冷却时发生马氏体相变而脆化所造成的，与氢的关系不大，基本上没有延迟现象。焊后常立即出现，在热影响区和焊缝上都可能发生。

(三)低塑性脆化裂纹

某些塑性较低的材料(如铸铁)，在冷却至低温时，由于收缩时引起的应变超过了材料本身的变形能力或材质变脆而产生开裂。例如，铸铁补焊、堆焊硬质合金和焊接高铬合金时，就容易出现这类裂纹。通常也是焊后立即产生，无延迟现象。

三、焊接冷裂纹的机理

(一)形成冷裂纹的三要素

钢种的淬硬倾向、焊接接头中扩散氢的含量及分布、焊接接头所受的拘束应力是引起冷裂纹的三大因素。通常把它们称为形成冷裂纹的三要素。

1. 钢种的淬硬倾向

大量实践证明，焊接接头的淬硬倾向主要取决于钢种的化学成分，其次是焊接工艺、结构板厚及冷却条件等。一般来说，钢的淬硬倾向越大，出现马氏体的可能性也越大，也越容易产生裂纹。当材料一定时，随着冷却速度不同，接头的组织将相应改变，冷却速度越高，马氏体的含量越高。马氏体含量对冷裂纹率（C_R）的影响如图 6－30 所示。由图中可以看出，冷却速度提高使马氏体含量增加，导致裂纹率上升。这个规律对各种钢都是适用的，只是钢种的化学成分不同时，因马氏体的形态不同而产生冷裂纹的临界马氏体含量不同。总之，钢种的淬硬倾向决定了接头中硬脆组织的数量，是促使冷裂纹形成的重要因素之一。

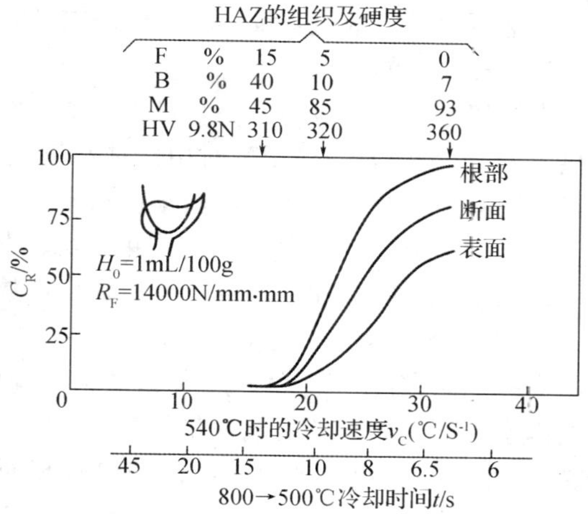

图 6－30 马氏体含量与冷却速度的关系及其对热影响区冷裂纹率的影响

2. 氢的影响

在焊接条件下，焊接材料中的水分、焊件坡口附近的油污、铁锈以及空气中的湿气都是焊缝金属中富氢的主要原因（一般情况下母材和焊丝中的含氢量是极少的，可以忽略不计）。焊条药皮中水分含量越多，空气中的湿气浓度越大，则焊缝中的扩散氢含量越多。

在焊接过程中，由于电弧的高温作用，氢分解成原子或离子（即质子）状态，并大量溶解于焊接熔池中。在随后冷却和凝固的过程中，由于溶解度的急剧下降，氢极力向外逸出。但由于焊接条件下冷却速度较快，多余的氢来不及逸出而残存在焊缝金属的内部，使焊缝中的氢处于过饱和的状态。焊缝中的含氢量与焊条的类型、烘干温度以及焊后的冷却速度等有关。

实践证明，扩散氢是导致焊接接头产生冷裂纹的最重要的因素。有时又把这种由氢引起的延迟裂纹称为“氢致裂纹”。焊缝中随着扩散氢含量的增加，冷裂纹率提高。例如，用含有较多有机物的焊条（如氧化钛纤维素型）进行焊接，会出现大量的焊道下裂纹；而用低氢型焊条焊接时，则未出现或很少出现焊道下裂纹。图 6－31 所示为在电弧气氛中加入不同量的氢试焊的结果，表明焊道下裂纹率随加氢量的增加而上升。

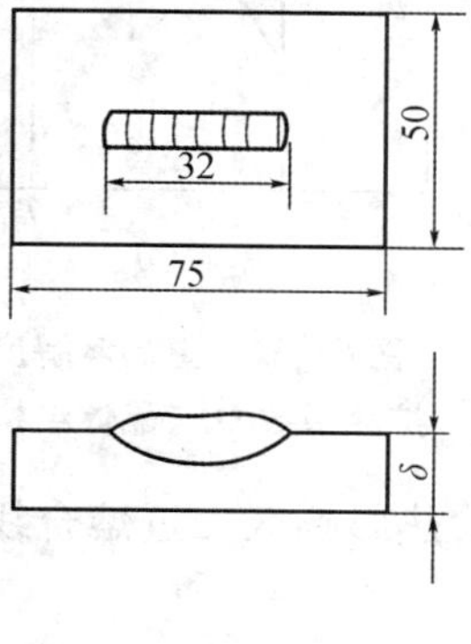

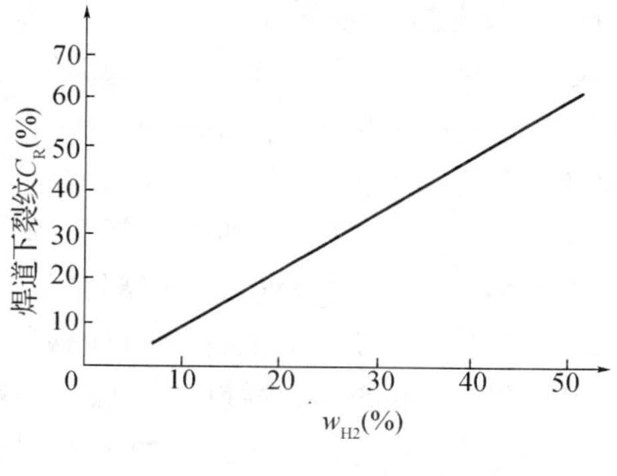

图 6－31 电弧气氛中含氢量对焊道下裂纹率的影响

近年来,一些学者在显微镜下观察弯曲试件的断裂情况时,还观察到在裂纹尖端附近有氢气泡析出。扩散氢含量影响延迟裂纹延时的长短,扩散氢含量越高,延时越短。

3. 焊接接头的拘束应力

焊接接头的拘束应力主要来自于三个方面:一是焊接过程中不均匀加热和冷却所产生的热应力;二是金属结晶相变时由于体积变化而引起的组织应力;三是结构自身拘束条件(包括结构刚性、焊接顺序、焊缝位置等)造成的内应力。这三方面的应力都是不可避免的,由于都与拘束条件有关而统称为拘束应力。拘束应力的作用也是形成冷裂纹的重要因素之一,在其他条件一定时,拘束应力达到一定数值就会产生开裂。

(二)三个要素的作用及其关系

实践和研究证明,上述三个要素的作用既相互联系,又相互促进,不同条件下起主要作用的因素不同。如当扩散氢含量较高时,即使马氏体的数量或拘束应力比较小,也有可能开裂(如焊道下裂纹);当材料的碳当量较高而在接头中形成较多的针状马氏体时,即使扩散氢很少甚至没有,也会产生裂纹。因此,有必要进一步了解冷裂纹发生与扩展的规律,以及在冷裂形成过程中三要素的作用与相互联系,以便采取相应的措施来防止冷裂纹的产生。

1. 氢在开裂过程中的作用

氢在冷裂纹形成过程中的作用与其溶解和扩散规律有关。

(1)氢在金属中的溶解与扩散 溶解在液体金属中的氢原子,在凝固和发生固态相变时,其溶解度将发生突变,如图6-32(a)。在快冷时,就会有多余的氢来不及析出,从而以过饱和形式存在,如图中γ相转变为α相时的状况。

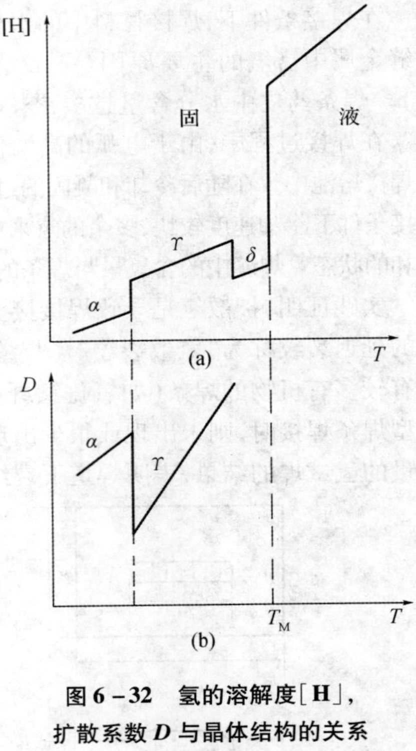

图6-32 氢的溶解度[H],扩散系数D与晶体结构的关系

由于氢的扩散能力很强,所以过饱和状态的氢是不稳定的,随着时间的延长它将不断扩散,其中一部分扩散到金属表面逸出,另一部分则在金属内部迁移。氢在不同的晶格结构中扩散能力不同,如图6-32(b)所示。显然,在α相中的扩散能力比在γ相中高。在发生γ相向α相转变时,氢的溶解度突降,而扩散能力突升。这两个突变决定了氢在焊接接头冷却过程中的扩散方向与分布。

(2)焊缝金属中氢的扩散 过饱和的氢以间隙原子状态游动地存在于α铁的体心立方晶格中,成为扩散氢。由于氢的体积小、质量轻,因而它能在体心立方晶格内的铁原子之自由扩散。这种扩散所需的扩散激活能小,扩散系数大,扩散速度快。这部分氢焊后逐渐向热影响区及母材扩散。随着时间的延长,扩散到热影响区的氢浓度增加,焊缝中的氢浓度减小,热影响区靠近熔合线的粗晶区扩散氢的浓度最高,这一区域往往成为氢致裂纹的发生地。

2. 氢与力的共同作用

冷裂纹的延迟现象从一开始就引起了人们的重视。氢致裂纹的延迟,实际上是氢逐渐向开裂部位扩散、集中、结合成分子并形成一定压力的过程。开始时,氢的分布相对比较均匀,在热应力和相变应力作用下金属中出现一些微观缺陷,氢开始向缺陷前沿高应力部位迁移。焊缝中氢的平均浓度越高,则迁移的氢数量越多,迁移的速度也越高。当氢聚集到发生裂纹所需要的临界浓度时,便开始产生微裂。由于裂纹尖端的应力集中,促使氢进一步向尖端高应力区扩散,裂纹扩展。氢的扩散、聚集并达到临界浓度都需要时间,这就形成了裂纹的延迟特征。

氢致裂纹潜伏期与裂纹扩散期的长短,取决于氢的扩散速度,而扩散速度又由扩散氢含量与应力大小所决定。而且,氢与应力大小有着互相补充的关系,即扩散氢含量越高,开裂所需的应力(临界应力)越小,潜伏期也越短;应力越大,则开裂所需的含氢量越低。冷裂纹一般形成于 -100 ~100 ℃温度范围内,也是由氢的扩散特性所决定的。当温度高于 100 ℃时,氢原子有足够的动能析出到金属外部,残留的扩散氢较少,不足以导致开裂;当温度低于 -100 ℃时,氢在金属内部的扩散受到抑制,难以聚集而形成一定的压力。因此,当温度高于或低于上述范围时,一般都不会产生冷裂纹。

综上所述,延迟裂纹从裂源开始孕育并形成、扩展都需要时间,因而有延迟现象。延迟长短则与应力大小、扩散氢含量和氢的析出条件等因素有关。具体地说,就是与焊接接头的拘束情况、应力集中程度、焊缝金属的扩散氢含量、冷却速度以及接头缺口处(根部或焊趾)金属的韧性等条件有关。

3. 钢材淬硬倾向的作用

马氏体是典型的淬硬组织,这是由于间隙原子碳的过饱和使铁原子偏离平衡位置,晶格发生明显畸变所致。特别是在焊接条件下,近缝区的加热温度高达 1 350 ~1 400 ℃,使奥氏体晶粒严重长大,当快速冷却时,粗大的奥氏体将转变成粗大、淬硬的马氏体组织。硬脆的马氏体在断裂时所需能量较低,因此,焊接接头中有马氏体存在时,裂纹易于形成和扩展。钢材的淬硬倾向越大,热影响区或焊缝冷却后得到的脆性组织马氏体越多,对冷裂纹就越敏感。

值得注意的是,这里的淬硬倾向包括淬透性与淬硬性两个方面。也就是说冷裂纹倾向的大小,既取决于马氏体的数量,也取决于马氏体本身的韧性。不同成分和形态的马氏体组织,对裂纹的敏感性也不同。马氏体的形态和性能与含碳量和合金元素有关。低碳马氏体呈板条状,M_s 点较高,转变后自回火。这种马氏体不仅具有较高的强度,还具有良好的韧性。当钢中含碳量较高且冷却速度较快时,就会出现针状马氏体。这种马氏体硬度和脆性高,对冷裂纹的敏感性大。因此,如果仅以马氏体的数量来比较不同钢种的冷裂纹敏感性,会造成较大的误差。不同组织对冷裂纹的敏感性,大致按下列顺序递增:

铁素体或珠光体→贝氏体→板条状马氏体→马氏体 + 贝氏体→针状马氏体

马氏体对冷裂纹的影响除了其本身的脆性外,还与不平衡结晶所造成的较多晶格缺陷有关。这些缺陷在应力作用下会迁移、集中而形成裂源。裂源数量增多,扩展所需能量又低,必然使冷裂纹敏感性明显增大。

此外,马氏体产生时一般也会伴随体积的改变而产生附加应力和应变,进一步导致应力和应变的复杂化,促进裂纹的产生。

四、影响焊接冷裂纹的主要因素及其防治

根据冷裂纹产生的条件和影响因素,防治冷裂纹可从冶金、工艺和降低焊接应力等三个方面入手，一般采取下列措施：

（一）选用对冷裂纹敏感性低的母材

母材的化学成分不仅决定了其本身的组织与性能，而且决定了所用的焊接材料，因而对接头的冷裂纹敏感性有着决定性作用。在化学成分中，碳对冷裂敏感性影响最大，合金钢中合金元素单一、多量也会提高冷裂敏感性。所以，选用低碳多元合金化钢材，可以有效提高焊接接头的抗冷裂性能。

（二）提高焊缝金属的塑性和韧性储备

1. 通过焊接材料向焊缝过渡 Ti、Nb、Mo、V、B、Te 或稀土元素来韧化焊缝，利用焊缝的塑性和韧性储备减轻热影响区的负担，从而降低整个接头的冷裂纹敏感性，提高焊缝的抗裂能力。

2. 采用奥氏体焊条焊接某些淬硬倾向较大的中、低合金高强度钢，它能大量溶解氢，提高焊缝塑性，从而防止热影响区裂纹。如用 E310（A407）焊条补焊 20CrMoV 钢汽缸体；用 E316（A202）焊条焊接 30CrNiMo 钢都取得了较好的效果。但奥氏体焊缝本身强度低，对于承受主应力的焊缝需经过计算，在强度条件允许的情况下才可使用。

（三）严格控制氢的来源

1. 选用低氢优质焊接材料或低氢的焊接方法。目前，对不同强度级别的钢种，都有配套的焊条、焊丝和焊剂，基本上满足了生产的要求。对于重要结构，则应选用超低氢、高强高韧性的焊接材料。CO_2 气体保护电弧焊因保护气体具有氧化性，可以获得低氢焊缝（[H] 仅为 0.04～1.0mL/100g）。

2. 严格按规定对焊接材料进行烘焙（使用时携带保温筒，随用随取，防止焊条再次吸潮）及进行焊前清理工作（焊前仔细清理焊丝的油、锈及坡口的油污、水分）。

（四）焊前预热

焊前预热可以有效降低冷却速度，从而改善接头组织，降低拘束应力，并有利于氢的扩散逸出，可有效地防止冷裂纹，是生产中常用的方法。但焊前预热使劳动条件恶化，增加了结构制造的难度与工作量。预热温度选择不当，还会对产品质量带来不良影响。选择最佳预热温度是保证产品质量的关键。影响预热温度的因素有以下几方面。

1. 钢种的强度等级　在焊缝与母材等强的情况下，钢材的强度 σ_s 越高，预热温度 t 也应越高，如图 6－33 所示。

2. 焊条类型　不同类型焊条的焊缝金属扩散氢含量不同，预热温度亦应不同，焊缝金属中扩散氢含量越低，预热温度也越低。用奥氏体钢焊条焊接时，扩散氢含量低，可以不预热。因此，用低氢（或超低氢）焊条焊接高强度钢，可以降低预热温度。用奥氏体钢焊条焊接时，具有优良的塑性，也是影响预热温度的一个重要因素。

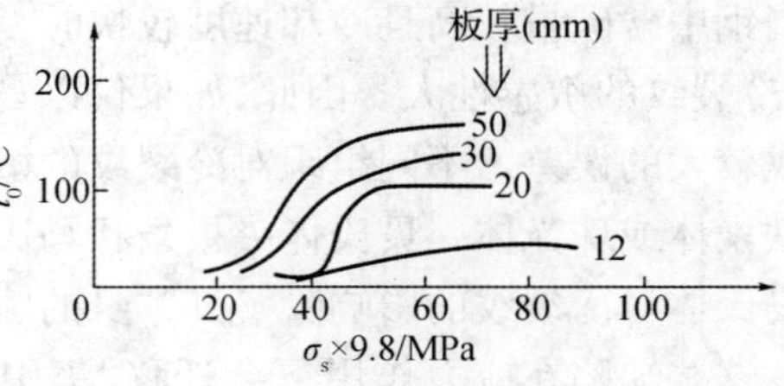

图 6－33　钢种强度与预热温度的关系

3. 坡口形式　一般地说，坡口根部所造成的应力集中越严重，要求预热温度越高。

4. 环境温度　环境温度过低会使冷却速度上升，预热温度应相应提高，但一般提高的幅度不超过 50℃，如图 6－34 所示。

(五)选择合理的焊接规范及线能量

控制800~500℃(或800~300℃)的冷却时间,可以改善焊缝及热影响区的组织状态。线能量增加可以降低冷却速度,从而降低冷裂纹倾向。但线能量过大,则可能造成焊缝及过热区的晶粒粗化,而粗大的奥氏体一旦转变为粗大的马氏体,裂纹倾向反而增高。因此,通过调整线能量来降低冷裂倾向的效果是有限的。

(六)焊后热处理

焊后进行不同的热处理,可分别起到消除扩散氢、降低和消除残余应力、改善接头组织和性能等作用(图6-34为气温对最低预热温度的影响)。焊后常用的热处理工艺有消氢处理、消除应力退火、正火和淬火(或淬火+回火)。具体选用情况则视产品的要求而定。

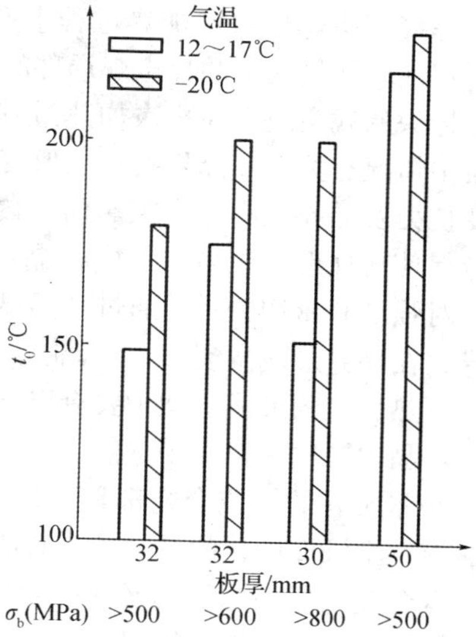

图6-34

(七)降低焊接应力

通过选用合适的焊接方法和线能量、预热、焊后热处理等,可以降低焊接应力,此外,还可以采取如下措施:

1. 选择合理的焊接顺序,减小焊接内应力;
2. 改进接头设计,减小拘束度,避免应力集中。

第四节 其他裂纹

一、再热烈纹(消除应力裂纹)

(一)再热裂纹的特征

焊接的残余应力是促使产生焊接接头脆断的重要因素之一,因此,焊后常需进行消除应力的热处理。但是对于合金元素(铬、钼或钒等)较多的合金结构钢,在消除应力处理时,却常可在焊接接头处产生裂纹,即消除应力处理裂纹。实际上,不仅在消除应力处理,在其他形式焊后再次加热处理过程中,包括高温长期使用过程,也会出现类似的裂纹,因此把上述这种性质的裂纹,通称为再热裂纹。

再热裂纹的主要特征有以下几点。

(1)产生的部位均在热影响区的粗晶区中。它属于典型的晶间断裂性质,裂纹均是大体上沿熔合线方向在奥氏体粗晶粒边界发展。

(2)再热裂纹的产生与加热温度和加热时间有密切关系,存在一个最易于产生再热裂纹的敏感性温度范围。如低合金高强钢一般在500~700℃之间,且由于钢种不同,最易于产生再热裂纹的敏感性温度也不相同。

(3)再热裂纹的产生必须以存在大的残余应力和应变为先决条件,为此,在大拘束度的厚件或应力集中部位最易于产生再热裂纹。

(二)再热裂纹的形成条件

焊接接头焊后再次加热过程中产生的再热裂纹，其形成条件主要是：晶界微观局部的实际塑性应变量大于晶界微观局部的塑性形变能力，导致产生裂纹。而实际塑性应变主要由于接头的残余应力在再次加热过程中发生应力松弛而引起的自然与接头的拘束度和应力集中情况有关。而晶界的塑性形变能力则首先取决于晶界的聚合强度，同时也应与晶内蠕变抗力及晶粒大小等有关。而晶内存在沉淀相析出硬化时，必增大晶内蠕变抗力，从而也应促使塑性形变更易于集中在晶界上发生。所以，再热裂纹的产生，应当同晶界和晶内的相对强度有密切关系。通过高温显微镜的直接观察，再热裂纹确实是由于晶界优先滑动而导致在晶界形成微裂纹，并沿晶界扩展而成。

再热裂纹的形成机理主要有以下几个方面。

1. 晶内二次硬化作用

并非所有的钢或合金都具有再热裂纹的敏感性，只是那些合金元素含量较多，而又能使晶内发生沉淀硬化的材料才具有明显的再热裂纹倾向，如含铬、钼、钒等能形成碳化沉淀相的低合金钢（特别是珠光体耐热钢），是易于产生再热裂纹的典型金属材料。

2. 晶界杂质析集的作用

实验得出，再热裂纹不仅与晶内二次硬化造成的晶内强化有关，更主要的是和晶界本身弱化有关，特别强调了杂质在晶界析集而造成的脆化作用。如在低合金高强钢再热裂纹敏感温度范围内测定临界 COD 值，并通过断口分析，发现磷在晶界的析集对再热裂纹的产生有重要影响，因此认为晶界杂质的析集是促使产生再热裂纹的主要原因。

3. 蠕变脆化作用

由于比较倾向于把再热过程中的应力松弛看作是应力逐步随时间而降低的蠕变现象，因此，可以直接用蠕变断裂理论来解释再热裂纹的形成。认为再热裂纹的产生也有两种模型，即：楔劈开裂模型和空穴开裂模型。前者是晶粒相对移动时沿晶界发生应力松弛，致使三晶粒交接顶角处应力集中而形成裂纹；后者则是晶界滑动时，优先于垂直于拉应力的晶界形成空穴核心（不是特别择优于三晶粒顶角），然后孤立长大聚合而形成横向裂纹。许多低合金高强钢中的再热裂纹属于楔劈开裂性质；珠光体耐热钢的再热裂纹则多数是空穴开裂性质。但不管属于哪种开裂性质，再热裂纹的产生关键在于晶界的性质。

另外，还在 $2\frac{1}{4}$Cr－1Mo 钢的模拟焊接热影响区的蠕变实验中得出，再热裂纹的产生是温度和应力变动的各阶段中蠕变损伤积累的结果。因此，有理由认为再热裂纹是温度和应力变动下的一种蠕变断裂现象。

（三）再热裂纹的控制

在钢种和结构型式一定的条件下，主要从改善过热粗晶区的塑性和减少焊接残余应力特别是减少应力集中这两个方面着手，来防止产生再热裂纹。

具体可采取以下几方面措施。

1. 焊接工艺方面措施

主要是采用焊前预热，这是防止再热裂纹的有效措施之一。预热温度随钢种不同而有所不同。实验得出，在斜 V 型坡口拘束试验条件下，18MnMoNb 钢的预热温度应为 230℃，而 14MnMoNbB 钢则应为 300℃。总的来讲，提高预热温度，再热裂纹倾向将显著减小。一般预热温度在 200～450℃范围是比较有效的。若焊后能及时进行焊后热处理，也可产生类似的预热效果，这时也可适当降低预热温度。如 18MnMoNb 钢焊后在 180℃后热处理 2 小时，预热温度可降低到 180℃；而 14MnMoNbB 钢在 250℃后热处理 2 小时，预热温度也可降低到180℃。

另外，工艺措施是控制焊接线能量，由于焊接线能量的影响比较复杂，它与钢种成份、热影响区组织状态及残余应力等都有关系。一般认为减小过热区硬度，应有利于降低再热裂纹的敏感性。如通过研究$2\frac{1}{4}$Cr－1Mo钢的再热裂纹产生倾向时，则肯定了降低过热区硬度的有利作用。认为增大线能量可以降低冷却速度，从而增加贝氏体组织的数量，由于过热区的硬度和二次硬化元素过饱和度的下降，再热裂纹敏感性也可随之降低。但是增大线能量致使奥氏体晶粒严重粗化，将促使增大再热裂纹的敏感性。从这一点考虑，增大线能量并不适宜，不过有时适当增大线能量可以降低接头的平均拘束应力，则又可减少再热裂纹的倾向。

还有在多层焊时，控制层间温度，也能起到防止再热裂纹的作用。

实际上，焊接方法不同，变动线能量对于再热裂纹的影响也并不相同。实验得出，在大线能量时，可能是降低拘束应力的有利作用占了优势，所以无论埋弧焊或手弧焊，再热裂纹敏感性都随线能量增大而降低。在小线能量时，对于埋弧焊仍然是拘束应力起了主要作用，对于手弧焊则可能是晶粒度起了主要作用。

2. 低强焊缝的选用

适当降低焊缝强度以提高其塑性形变能力，可减轻近缝区塑性应变的集中程度，从而有利于降低再热裂纹的敏感性。当焊缝强度高出母材强度较多时，很易于产生再热裂纹，甚至还易于形成冷裂纹。通过对强度级别为800MPa的HT80钢采用不同强度等级的焊条焊接时，得出再热裂纹率随焊条强度等级的降低而显著减小。

生产实践表明，仅在焊缝表面层用低强度塑性焊条进行盖面焊接，也有降低再热裂纹产生倾向的效果。

3. 减小残余应力

消除应力集中源十分重要，如焊缝的增强量削除后，可以显著减少近缝区的应力集中。咬边及根部未焊透等缺陷也是应力集中源，为避免这类缺陷，也可在一定程度上减少再热裂纹的产生倾向。另外，正确合理地制订焊接工艺程序，也是减少残余应力的重要手段。

二、层状撕裂的特征及其危害

（一）层状撕裂的特征

层状撕裂是一种特殊形式的裂纹（如图6－35所示）。它大多发生在大厚度高强度钢材的焊接结构中，其发生部位总是在焊接接头的热影响区（包括熔合区），或远离热影响区的母材之中，而焊缝中不可能出现层状撕裂。在外观上则具有阶梯状特征，也就是由基本上平行于轧制表面的平台与大体上垂直于平台的剪切壁所组成。在裂纹的平台部分常可找到各种形式的非金属夹杂物（如片状MnS等）。

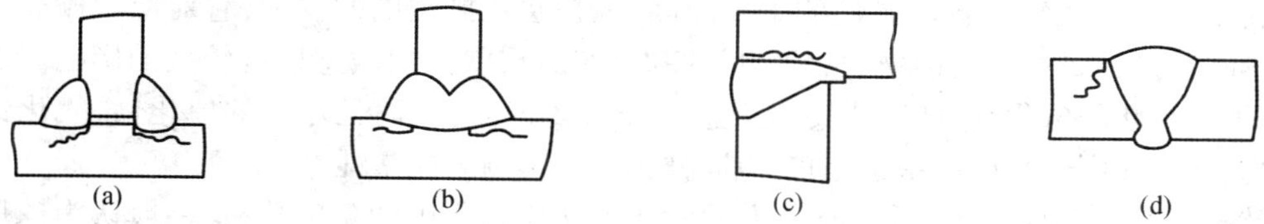

图6－35 层状撕裂的分布形态

（a）焊根处层状撕裂；（b）焊道下层状撕裂（1）；（c）焊道下层状撕裂（2）；（d）焊趾处层状撕裂

层状撕裂一般都发生在 T 形接头或角接接头，而发生在对接接头的极为少见，这可能与厚度方向上焊接应力及应变的大小有直接关系。

由于检验手段的限制，在无损探伤的条件下，层状撕裂往往不易被发觉而造成潜在的危险，且即使判明了接头中存在层状撕裂，修复也大多是很困难的，如果得以勉强修复，在经济上也将受到很大损失。所以，弄清层状撕裂的本质及形成机理，从根本上防止层状撕裂的发生，就成了焊接工作者的重要课题之一。

（二）层状撕裂的形成条件

钢材在轧制过程中，会形成平行于轧制表面的带状组织，与此同时，夹杂物的形状和分布也必然具有相似的方向性，这就导致钢材力学性能的各向异性。具有各向异性的钢板的轧向（L 向）与厚度方向（Z 向）的力学性能有着显著的差别。通过拉伸试验可以证实，钢板在这两个方向上的强度极限相差不大，而其延伸率却有极大的差别。也即 Z 向的强度并不低，但塑性却是很低的。

当 T 形接头或角接接头焊接时，如果处于刚性拘束的条件下，焊缝收缩会在母材内厚度方向上引起很大的收缩应力和应变。若达到一定程度而超过母材的变形能力后，夹杂物与金属基体之间的弱结合面会发生脱离，形成显微裂纹沿着自身所处的平面扩展。这样在同一平面其相邻的一群夹杂物连成一起，就形成了平台，与此同时，相邻近的两个平台之间的裂纹尖端处，由于上述的应力、应变的影响，在剪切力的作用下，发生剪切断裂，就形成了剪切壁。而这些平台和剪切壁合在一起，就构成了层状撕裂所特有的阶梯形态。

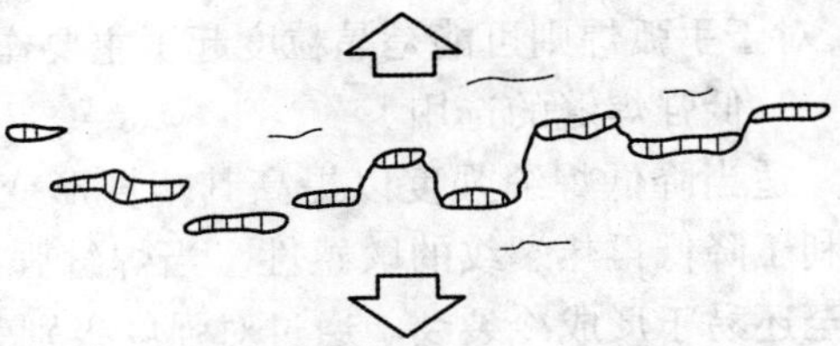
(a)

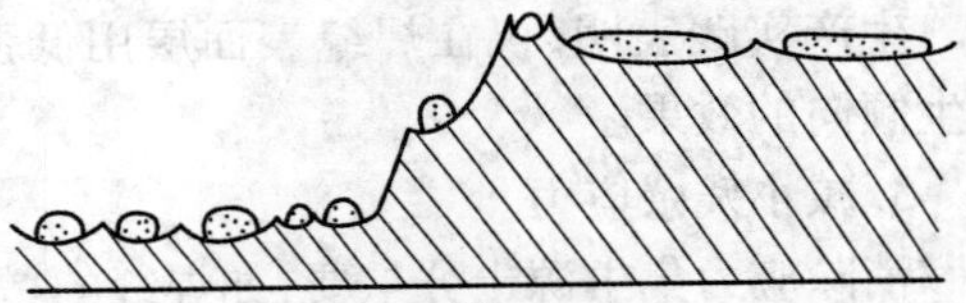
(b)

图 6－36 层状撕裂破坏的断口形态示意图

钢材层状撕裂破坏的断口形态可用图 6－36 来表示。图中（a）是层状撕裂的总体示意图；（b）是在某一处平台与剪切壁的局部放大示意图。由于母材基本具有相当的塑性变形能力，所以当夹杂物与母材基体脱离或夹杂物本身断裂后，基体金属仍会有较大的塑性变形，因而断口表面存在大量韧窝，而夹杂物则散布于韧窝之中。正是由于夹杂物集中的位置易于发生断裂，所以在层状撕裂断口表面，总是可以观察到大量各种类型的夹杂物。

（三）层状撕裂的主要影响因素

影响钢材层状撕裂敏感性的因素主要包括：夹杂物、金属基体性能、氢及拘束应力等。

1. 夹杂物

夹杂物是导致钢材各向异性的主要原因，也是层状撕裂的发源地，它对层状撕裂敏感性的影响是最重要的。夹杂物的数量、尺寸和分布对层状撕裂敏感性有较大的影响。实践证明，不仅片状的硫化锰、硅酸盐夹杂物急剧降低 Z 向塑性，而且球状的硫化锰、氧化铝等夹杂物，如果在同一平面内密集分布，也同样会严重影响 Z 向塑性。

就夹杂物的形状而言，从减小受力截面和尖端应力集中的角度分析，一般认为球形比薄片状要好些，端部圆钝的比端部尖锐的要好些。所以被轧制成薄膜状的硫化锰夹杂物，造成钢材层状撕裂倾向严重增大。而同样重量和体积的夹杂物，由于在钢材中以不同形状存在，对层状撕裂倾向的影响也不同。但在同一平面内存在密集的片状夹杂物时对层状撕裂倾向的加剧更为严重。

2. 金属基体性能

金属基体自身的塑性、韧性对层状撕裂也有很重要的影响。由于夹杂物的脱开或破裂仅是形成了分散的微观裂纹，而层状撕裂的平台还需要同一平面内产生大量微观裂纹，并在基体金属中扩展而互相连接起来才能形成。同样层状撕裂的剪切壁，则需要相邻两平台之间的基体金属发生剪切破坏才能形成，所以无论是平台还是剪切壁，在形成时都与基体金属的塑性、韧性有着很密切关系，塑性、韧性愈差，则变形能力也差，裂纹易于扩展，抗层状撕裂能力愈差。总之，只要存在很大的Z向拉伸应力，而金属变形能力又很低的情况下，就有可能发生层状撕裂。

3. 氢

一般认为，由冷裂纹诱发成为的层状撕裂，如根部裂纹或焊趾裂纹引起的层状撕裂与氢脆密切相关，氢就是一个重要的影响因素。但远离焊接热影响区的母材处，产生的层状撕裂，焊缝中氢就不会产生影响，所以，氢的影响应根据具体条件具体分析。

4. 拘束应力

层状撕裂是在拉伸应力作用下发生的，也即角接接头或T字接头这类形成较大Z向拘束力，导致较大Z向变形而超过材料形变能力的情况下，才会引起层状撕裂。因此，即使基体金属含有较多的夹杂物，层状撕裂倾向较大，若接头形式允许焊缝自由收缩而不致形成Z向收缩应力，也就是说拘束应力不大的话，也不致于产生层状撕裂。

另外，焊接材料、焊接工艺条件等也都可影响拘束应力的大小，如采用低强度的填充金属可降低拘束应力；工艺上采用多层、多道焊代替单道焊也能降低拘束应力；预热或保持一定的层间温度，也是降低拘束应力的有效措施。

（四）层状撕裂的控制

对于层状撕裂通常是着眼于预防，而不能是修复。因为当已经发生层状撕裂，则需刨去焊缝缺陷后重新焊接，不仅耗费大量人工、焊材，且往往在重焊时更易再度产生层状撕裂，为此，应根据其影响因素采取以下预防措施：

1. 控制夹杂物

实践表明，降低钢中夹杂物的含量和控制夹杂物的形态，来提高钢板Z向的塑性是有效的。如采用精炼钢，即含硫量只有0.003%～0.005%的超低碳钢，它的断面收缩率（Z向）可达到23%～40%。

另外，把硫化锰变成其他元素的硫化物，使其在热轧时难以伸长，从而减轻各向异性，广泛使用的添加元素是钙和稀土元素。经过上述处理的钢，可生产出Z向断面收缩率达50%～70%的抗层状撕裂钢。但上述冶金措施，使钢材成本大为提高，只能在某些极为重要的结构中使用。

我国已有专门生产的钢种：Z向钢。必要时可进行选用。

2. 防止基体金属脆化

由于夹杂物在基体金属中相当于内部缺口，这样基体金属本身的塑性、韧性必然对裂纹的扩展条件有直接的影响，决定了钢材变形能力的大小，从而也决定了层状撕裂倾向的大小。研究表明，在焊接接头热影响区很容易发生低塑性断裂，而靠近母材处的断裂韧性值是很低的，这可能是应变时效的结果。这也说明，若基体金属的塑性、韧性如有改善，就可以提高抗层状撕裂性能。

大量的各种钢材都可能由于应变时效而硬化，且温度升高时应变时效也加快，其最主要表现是在200℃时塑性下降。焊缝在冷却过程中的收缩变形，造成热影响区的应变时效硬化，紧靠熔合线的显微硬度值显著提高，发生了强化和脆化。

上述情况的解决途径是正确选用母材，避免采用对淬火敏感的材料，控制焊接热循环，如采用预热、保温缓冷及控制层间温度等措施，防止淬硬脆化，这同时也有利于扩散氢的逸出，避免氢脆。

3. 采用合理的焊接工艺

主要是减小Z向拘束度，使焊接接头的应力、应变尽可能小一些。如在设计上避免Z向应力和应力集中，如图6－37所示中的两种接头型式，如果由(a)形式改成(b)，就可以起到防止层状撕裂的作用。其中前者是将钢板塑性、韧性较差的Z向安排在与受力方向垂直的部位；而后者则通过开坡口来减轻钢板Z向所承受的应力和应变，从而防止层状撕裂。

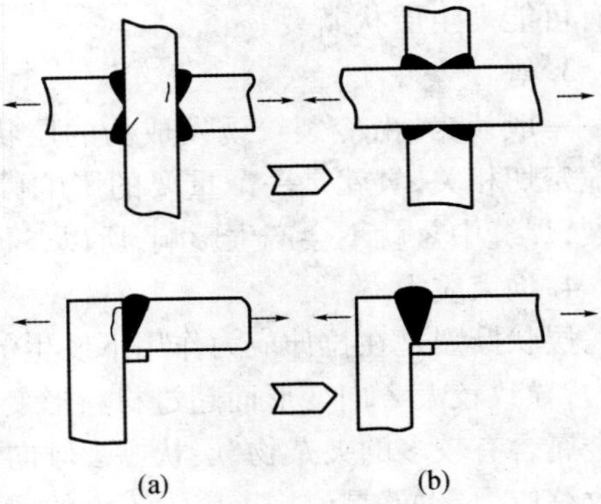

图6－37 通过改变接头型式防止层状撕裂

另外，还可采用低强度隔离焊缝来承受接头的应变，以防止层状撕裂。显然，使用低强度焊道必须在接头设计所允许的情况下进行。至于控制预热和层间温度，采用多道焊等能够减少应力变形的措施，都有利于防止层状撕裂。此外，有不少层状撕裂是由于其他焊接裂纹诱发而成的，如焊缝热裂纹、根部冷裂纹及焊趾裂纹等，所以，防止这些裂纹也是十分重要的。

思考题

6－1　什么是焊接裂纹，其主要特征是什么？

6－2　按照产生的条件，焊接裂纹分为哪几种，各有何特征？

6－3　产生结晶裂纹的原因是什么，为什么结晶裂纹都产生在焊缝中？

6－4　防止结晶裂纹的措施有哪些？

6－5　为什么碳会增加硫、磷的有害作用？

6－6　某工程所用的16Mn钢板，经化验其碳、硫均居于上限(属合格产品)，为了防止产生结晶裂纹，应采取什么措施？

6－7　液化裂纹与结晶裂纹有何共同点与不同点？

6－8　为什么说冷裂纹具有更大的危害性？

6－9　比较结晶裂纹和冷裂纹的特征、产生原因有何不同点和相同点。

6－10　形成冷裂纹的三要素是什么，它们之间有什么制约关系？

6－11　氢致裂纹为什么具有延迟性？

6－12　为什么焊缝中扩散氢较高时会在热影响区开裂？在何情况下延迟裂纹会产生在焊缝中？

附 录

一、焊接术语

GB/T3375—1994(焊接术语)规定了焊接的常用术语名称、定义,可分为一般术语、熔焊术语、压焊术语、钎焊术语、焊接材料术语、焊接缺陷和检验术语和焊接工艺装备八个部分。这里我们仅介绍常用的一般术语、熔焊术语、焊接缺陷和检验术语。

附表 1-1 常用的一般焊接术语

序号	术 语	定 义
1	焊 接	通过加热或加压,或两者并用,并且用或不用填充材料,使工件达到结合的一种方法
2	焊接技能	手焊工或焊接操作工执行焊接工艺细则的能力
3	焊接方法	指特定的焊接方法,如埋弧焊、气体保护焊,其含义包括该方法涉及的冶金、电、物理、化学及力学原则等内容
4	焊接工艺	制造焊件所有关部门的加工方法和实施要求,包括焊接准备、材料选用、焊接方法确定、焊接参数、操作要求等
5	焊接工艺规范(程)	制造焊件所有关部门的加工方法和实践要求的细则文件,可保证由熟练焊工或操作工操作时质量的再现性
6	焊接操作	按照给定的焊接工艺完成焊接过程的的各种动作的总称
7	坡口	根据设计或工艺需要,在焊件的待焊部位加工并装配成的一定几何形状的沟槽。主要的坡口形式有:I 型、V 型、X 型、K 型、U 型、J 型等
8	接头	由两个或两个以上零件要用焊接组合或已经焊合的接点。检验接头性能应考虑焊缝、熔合区、热影响区甚至母材等不同部位的相互影响
9	对接接头	两件表面构成大于或等于 135°,小于 180°夹角的接头
10	角接接头	两件端部构成大于 30°,小于 135°夹角的接头
11	T 型接头	一件之断面与另一件表面构成直角的接头
12	搭接接头	两件部分重叠构成的接头
13	十字接头	三个件装配成“十字”型的接头
14	母材金属	被焊金属材料的总称
15	热影响区	焊接或切割过程中,材料因受热的影响(但未熔化)而发生金相组织和机械性能变化的区域
16	过热区 *	焊接热影响区中,具有过热组织或晶粒显著粗大的区域

附表 1 -1(续)

序号	术 语	定 义
17	熔合区 *	焊缝与母材交接的过渡区,即熔合线处微观显示的母材半熔化区
18	熔合线 *	焊接接头横截面上,宏观腐蚀所显示的焊缝轮廓线
19	焊缝	焊件经焊接后所形成的结合部分
20	焊缝区	焊缝及其邻近区域的总称
21	焊缝金属区	在焊接接头横截面上测量的焊缝金属区域。熔焊时,由焊缝表面和熔合线所包围的区域
22	对接焊缝	在焊件的坡口面间或一零件的坡口面与另一零件表面间焊接的焊缝
23	角焊缝	沿两直交或近似直交零件的交线所焊接的焊缝
24	焊趾	焊缝表面与母材的交界处
25	焊脚	在角焊缝横截面中,从一个直角面的焊趾到另一个直角面表面的最小距离
26	焊脚尺寸	在角焊缝横截面中画出的最大直角等腰三角形中直角边的长度
27	熔 深	在焊接接头横截面上,母材或前道焊缝熔化的深度
28	焊缝成形系数	熔焊时,在单道焊缝横截面上,焊缝宽度(B)与焊缝计算厚度(H)的比值($\Psi = B/H$)
29	余 高	超出母材表面连线上面的那部分焊缝金属的最大高度
30	焊 根	焊缝背面与母材的交界处
31	焊缝金属	构成焊缝的金属。一般指熔化的母材和填充金属凝固后形成的那部分金属
32	手工焊	手持焊炬、焊枪或焊钳进行操作的焊接方法
33	自动焊	用自动焊接装置完成全部焊接操作的焊接方法
34	对接焊	焊件装配成对接接头进行的焊接
35	角焊	焊件装配成角接接头进行的焊接
36	搭接焊	焊件装配成搭接接头进行的焊接
37	焊接参数	焊接时,为保证焊接质量而选定的各项参数(例如,焊接电流、电弧电压、焊接速度、热输入等)等的总称
38	焊接电流	焊接时,流经焊接回路的电流

附表 1-1(续)

序号	术 语	定 义
39	焊接速度	单位时间内完成的焊缝长度
40	电弧电压	电弧(两电极)两端之间的电压
41	热输入	熔焊时,由焊接能源输入给单位长度焊缝上的热量
42	熔化速度	熔焊过程中,熔化电极在单位时间内熔化的长度或质量
43	熔化系数	熔焊过程中,单位电流、单位时间内,焊芯(或焊丝)的熔化量 g/(A.h)
44	熔敷速度	熔焊过程中,单位时间内熔敷在焊件上的金属量(kg/h)
45	熔敷系数	熔焊过程中,单位电流、单位时间内,焊芯(或焊丝)熔敷在焊件上的金属量 g/(A.h)
46	合金过渡系数	焊接材料中的合金元素过渡到焊缝金属中的数量与其原始含量的百分比
47	熔敷效率	熔敷金属量与熔化的填充金属(只焊芯或焊丝)量的百分比
48	稀释	填充金属受母材或先前焊道的熔入而引起的化学成分含量降低,通常可用母材金属或先前焊道的焊缝金属在焊道中所占的质量比来确定
49	预热	焊接开始前,对焊件的全部或局部进行加热的工艺措施
50	后热	焊接后立即对焊件的全部或局部进行加热或保温,使其缓冷的工艺措施。它不等于焊后热处理
51	预热温度	按照焊接工艺的规定,预热需要达到的温度
52	后热温度	按照焊接工艺的规定,后热需要达到的温度
53	道间温度	多层多道焊时,在施焊后续焊道之前,其相邻焊道应保持的温度
54	焊接热循环	在焊接热源作用下,焊件上某点的温度随时间变化的过程
55	焊接温度场	焊接过程中的某一瞬间,焊接接头上各点的温度分布状态,通常用等温线或等温面来表示
56	焊后热处理	焊后,为改善焊接接头的组织和性能或消除残余应力而进行的热处理
57	焊接性	材料在限定的施工条件下,焊接成按规定设计要求的构件,并满足预定服役要求的能力。焊接性受材料、焊接方法、构件类型及使用要求等四个因素的影响
58	焊接性试验	评定母材焊接性的试验。例如:焊接裂纹试验、接头力学性能试验、接头腐蚀试验等
58	焊接应力	焊接构件由焊接而产生的内应力
60	焊接残余应力	焊后残留在焊件内的焊接应力

附表 1－1(续)

序号	术 语	定 义
61	焊接变形	焊件由焊接而产生的变形
62	焊接残余变形	焊后焊件残留的变形
63	碳当量	把钢中合金元素(包括碳)的含量按其作用换算成碳的相当含量。可作为评定钢材焊接性的一种参考指标
64	扩散氢	焊缝区中能自由扩散运动的那一部分氢
65	残余氢	焊件中扩散氢充分逸出后仍残留于焊缝中的氢
66	电极	熔化焊时用以传导电流,并使填充材料和母材熔化或本身也作为填充材料而熔化的金属丝(焊丝、焊条)、棒(石墨棒、钨极)
67	熔化电极	焊接不断熔化并作为填充金属的电极
68	焊接循环	完成一个焊点或一条焊缝所包括的全部程序

附表 1－2　熔焊术语

序号	术 语	定 义
1	熔焊(熔化焊)	将待焊处的母材金属熔化以形成焊缝的焊接方法
2	熔池	熔焊时在焊接热源的作用下,焊件上所形成的具有一定几何形状的液态金属部分
3	弧坑	弧焊时,由于断弧或受弧不当,在焊缝末端形成的低洼部分
4	熔敷金属	完全由填充金属熔化后所形成的焊缝金属
5	熔敷顺序	堆焊或多层焊时,在焊缝横截面上各焊道的施焊次序
6	焊道	每一层熔敷所形成的一条单道焊缝
7	焊波	焊缝表面上的鱼鳞状波纹
8	焊层	多层焊时的每一个分层。
9	焊接电弧	由焊接电源供给的,具有一定电压的两电极间或电极与母材间,在气体介质中产生的强烈而持久的放电现象
10	引弧	弧焊时,引燃焊接电弧的过程
11	电弧稳定性	电弧保持稳定燃烧(不产生断弧、漂移和磁偏吹等)的程度
12	电弧挺度	在热收缩和磁收缩等效应的作用下,电弧沿电极轴向挺直的程度
13	电弧动特性	对于一定弧长的电弧,当电弧电流发生连续的快速变化时,电弧电压与电流瞬时值之间的关系

附表 1－2(续)

序号	术 语	定 义
14	电弧力	等离子电弧在离子体所形成的轴向力，也可指电弧对熔滴和熔池的机械作用力
15	电弧静特性	在电极材料、气体介质和弧长一定的情况下，电弧稳定燃烧时，焊接电流与电弧电压变化的关系
16	电弧偏吹	电弧受磁力作用而产生偏移的现象
17	弧长	焊接电弧两端间的最短距离
18	熔滴过渡	熔滴通过电弧空间向熔池转移的过程，分粗滴过渡、短路过渡和喷射过渡三种形式
19	粗滴过渡	熔滴呈粗大颗颗粒状向熔池自由过渡的形式
20	短路过渡	焊条(或焊丝)端部的熔滴与熔池短路接触，由于强烈过热和磁收缩的作用使其爆断，直接向熔池过渡的形式
21	喷射过渡	熔滴呈细小颗粒并以喷射状态快速通过电弧空间向熔池过渡的形式
22	脉冲喷射过渡	利用脉冲电流控制控制的喷射过渡
23	极性	直流电弧焊或电弧切割时，焊件的极性，焊件接电源正极称为正极性，反之为负极性
24	正接	焊件接电源正极，电极接电源负极的接线法
25	反接	焊件接电源负极，电极接电源正极的接线法
26	焊接位置	焊接时，焊件接缝所处的空间位置，可用焊缝倾角和焊缝转角来表示。有立焊、平焊、横焊、和仰焊位置等
27	平焊位置	焊缝倾角 0°，焊缝转角 90°的焊接位置
28	横焊位置	焊缝倾角 0°，焊缝转角 0°、180°的对应焊接位置
29	立焊位置	焊缝倾角 90°(立向上)，270°(立向下的位置)
30	仰焊位置	对接焊缝倾角 0°，180°；转角 270°的焊接位置
31	气焊	用气体火焰作热源的焊接法，最常用的是氧—乙炔焊
32	氧—乙炔焊	用氧—乙炔焰进行焊接的方法
33	电弧焊	用电弧作为热源的焊接方法
34	焊条电弧焊	用手工操纵焊条进行焊接的电弧焊
35	碳弧焊	利用碳棒作电极进行焊接的电弧焊方法
36	埋弧焊	电弧在焊剂下燃烧进行焊接的方法
37	二氧化碳气体保护焊	用二氧化碳作为保护气体的气体保护焊
38	惰性气体保护焊	用惰性气体作为保护气体的气体保护焊

附表 1-2(续)

序号	术 语	定　义
39	钨极惰性气体保护焊(GTAW)	使用纯钨或活化钨(钍钨、铈钨等)电极的惰性气体保护焊
40	熔化极惰性气体保护焊	使用熔化电极的惰性气体保护焊
41	氩弧焊	用氩气作为保护气体的气体保护焊
42	混合气体保护焊	由两种或两种以上气体,按一定比例组成的混合气体作为保护气体的气体保护焊
43	药芯焊丝电弧焊	依靠药芯焊丝在高温时反应形成的熔渣和气体保护焊接区进行焊接的方法,也有另加保护气体的
44	等离子弧焊(PAW)	借助水冷喷嘴对电弧的拘束作用,获得较高能量密度的等离子弧进行焊接的方法
45	电渣焊	利用电流通过液体熔渣所产生的电阻热进行焊接的方法。根据使用的电极形状,可分为丝极电渣焊、板极电渣焊和熔嘴电渣焊
46	渣池	电渣焊过程中,由焊剂熔化并覆盖在案金属熔池上面有一定深度的液态熔渣
47	电子束焊	利用加速和聚焦的电子束轰击置于真空或非真空中的焊件所产生的热能进行焊接的方法
48	激光焊	以聚焦的激光束作为能源轰击焊件所产生的热能进行焊接的方法
49	清根	从焊缝背面清理焊根,为背面焊接做准备的操作
50	飞溅	熔焊过程中向周围飞散的金属颗粒
51	飞溅率	飞溅损失的金属与熔化的焊丝(或焊条)金属质量的百分比
52	焊接烟尘	焊接时由焊接材料和母材蒸发、氧化产生的烟雾状颗粒
53	焊接有害气体	焊接时由焊接材料、母材及其冶金反应产生的有害气体,如 CO,NO,HF 和 O_3 等
53	焊接发尘量	焊接时,单位质量的焊接材料(如焊条、焊丝等)所产生的烟尘量,单位为 mg/g

附表 1-3　焊接缺陷名称及定义

序号	术 语	定　义
1	焊接缺陷	焊接过程中在焊接接头中产生的金属不连续、不致密或连续不良的现象
2	未焊透	焊接时接头根部未完全熔透的现象,对对接焊缝也指标焊缝深度未达到设计要求的现象
3	未熔合	熔焊时,焊道与母材之间或焊道与焊道之间,未完全熔化结合的部分,电阻点焊指母材与母材之间未完全熔化结合的部分
4	夹渣	焊后残留在焊缝中的焊渣

附表 1-3(续)

序号	术语	定　义
5	夹杂物	由于焊接冶金反应产生的，焊后残留在焊缝中的微观非金属杂质(如氧化物、硫化物等)
6	夹钨	钨极惰性气体保护焊时由钨极进入到焊缝中的钨粒
7	气孔	熔焊时，熔池中的气泡在凝固时未能能逸出而残留下来所形成的空穴。气孔可分为密集气孔、虫条状气孔和针状气孔等
8	咬边	由于焊接参数选择不当，或操作方法不正确，沿焊趾的母材部位产生的沟槽或凹陷
9	焊瘤	焊接过程中，熔化金属流淌到焊缝之外未熔化的母材上所形成的金属瘤
10	白点	在焊缝金属拉断面上，出现的如鱼目状的的一种圆形斑点
11	烧穿	焊接过程中，熔化金属自坡口背面流出，形成穿孔的缺陷
12	凹坑	焊后在焊缝表面或焊缝背面形成的低于母材的局部低洼部分
13	未焊满	由于填充金属不足，在焊缝表面形成的连续或断续的沟槽
14	下塌	单面熔化焊时，由于焊接工艺不当，造成焊接金属过量透过背面，而使焊缝正面塌陷，背面凸起的现象
15	焊接裂纹	在焊接应力及其致脆因素的共同作用下，焊接接头中局部地区的金属原子结合力遭到破坏而形成的新界面所产生的缝隙。它具有尖锐的缺口和大的长宽比的特征
16	热裂纹	焊接过程中，焊缝和热影响区金属冷却到固相线附近的高温区产生的焊接裂纹
17	弧坑裂纹	在弧坑中产生的热裂纹
18	冷裂纹	焊接接头冷却到较低的温度下(对于钢来说在 M_s 温度以下)时产生的焊接裂纹
19	延迟裂纹	钢的焊接接头冷却到室温后并在一定时间才出现的焊接冷裂纹
20	焊根裂纹	沿应力集中的焊缝根部所形成的焊接冷裂纹
21	焊趾裂纹	沿应力集中的焊趾处所形成的焊接冷裂纹
22	焊道下裂纹	在靠近堆焊焊道的热影响区内所形成的焊接冷裂纹
23	消除应力裂纹	焊后焊件在一定温度范围再次加热时由于高温及残余应力的共同作用而产生的晶间裂纹
24	层状撕裂	焊接时，在焊接构件中沿钢板轧层形成的呈解体状的一种裂纹
25	裂纹敏感性	金属材料在焊接时产生裂纹的敏感程度

二、焊条

根据 GB/T5117－1995《碳钢焊条》、GB/T5118－1995《低合金钢焊条》分别规定了碳钢焊条及低合金钢焊条的型号、分类、技术要求和试验方法分如下：

附表 2－1　碳钢焊条分类(GB/T5117－1995)

焊条型号	药皮类型	焊接位置	电流种类
E43 系列－熔敷金属抗拉强度≥420MPa(43kgf/mm²)			
E4300	特殊型	平、立、仰、横	交流或直流正、反接
E4301	钛铁矿型		
E4303	钛钙型		
E4310	高纤维素钠型		直流反接
E4311	高纤维素钾型		交流或直流反接
E4312	高钛钠型		交流或直流正接
E4313	高钛钾型		交流或直流正、反接
E4315	低氢钠型		直流正接
E4316	低氮钾型		交流或直流反接
E4320	氧化铁型	平	交流或直流正接
E4322		平、平角焊	交流或直流正、反接
E4323	铁粉钛钙型	平、平角焊	交流或直流正、反接
E4324	铁粉钛型		
E4327	铁粉氧化铁型	平	交流或直流正、反接
		平角焊	交流或直流正接
E4328	铁粉低氢型	平、平角焊	交流或直流反接
E50 系列－熔敷金属抗拉强度≥49MPa(50kgf/mm²)			
E5001	钛铁矿型	平、立、仰、横	交流或直流正、反接
E5003	钛钙型		
E5010	高纤维素钠型		直流反接
E5011	高纤维素钾型		交流或直流反接
E5014	铁粉钛型		交流或直流正、反接
E5015	低氢钠型		直流反接
E5016	低氢钾型		交流或直流反接
E5018	铁粉低氢钾型		交流或直流反接
E5018M	铁粉低氢型		
E5023	铁粉钛钙型	平、平角焊	交流或直流正、反接
E5024	铁粉钛型		
E5027	铁粉氧化铁型		交流或直流正接
E5028	铁粉低氢型	平、仰、横、立向下	交流或直流正接
E5048			

注:1. 焊接位置中:平—平焊、立—立焊、仰—仰焊、横—横焊、平角焊—水平角焊、立向下—立向下焊。

2. 焊接位置栏中立和仰系指适用于立焊和仰焊的直径不大于 4.0 mm 的 E5014、EXX15、EXX16、E5018 和 E5018M 型焊条及直径不大于 5.0 mm 的其他型号焊条。

3. E4322 型焊条适宜单道焊。

附表 2－2　低合金钢焊条分类(GB/T 5118－1995)

焊条型号	药皮类型	焊接位置	电流种类
E50 系列－熔徽金属抗拉强度≥490 MPa (50 kg f /mm^2)			
E5003－X	钛钙型	平、立、仰、横	交流或直流正、反接
E5010－X	高纤维素钠型		直流反接
E5011－X	高纤维素钾型		交流或直流反接
E5015－X	低红钠型		直流反接
E5016－X	低氢钾型		交流或直流反接
E5018－X	铁粉低氢型		
E5020－X	高氧化铁型	平角焊	交流或直流正、反接
		平	交流或直流正接
E5027－X	铁粉氧化铁型	平角焊	交流或直流正接
		平	交流或直流正、反接
E55 系列－熔效金属抗拉强度≥540MPa (55kgf /mm^2)			
E5500－X	特殊型	平、立、仰、横	交流或直流正、反
E5503－X	钛钙型		
E5510－X	高纤维素钠型		直流反接
E5511－X	高纤维素钾型		交流或直流反接
E5513－XX	高钛钾型		交流或直流正、反接
E5515－X	低氢钠型		直流反接
E5516－X	低氢钾型		交流或直流反接
E5518－X	铁粉低氢型		
E60 系列－熔敷金属抗拉强度≥590MPa(60kgf /mm^2)			
E6000－X	特殊型	平、立、仰、横	交流或直流正、反接
E6010－X	高纤维素钠型		直流反接
E6011－X	高纤维素钾型		交流或直流反接
E6013－X	高钛钾型		交流或直流正、反接
E6015－X	低氢钠型		直流反接
E6016－X	低氢钾型		交流或直流反接
E6018－X	铁粉低氢型		

E70 系列－熔敷金属抗拉强度≥690MPa(70kgf/mm²)

焊条型号	药皮类型	焊接位置	电流种类
E7010	高纤维素钠型	平、立、仰、横	直流反接
E7011－X	高纤维素钾型		交流或直流反接
E7013－X	高钛钾型		交流或直流正、反接
E7015－X	低氢钠型		直流反接
E7016－X	低氢钾型		交流或直流反接
E7018－X	铁粉低氢型		

E75 系列－熔敷金属抗拉强度度≥740MPa (75kgf /mm²)

E7515—X	低氢钠型		直流反接
E7516－X	低氢钾型		交流或直流反接
E7518－X	铁粉低氢型		

E80 系列－熔敷金属抗拉强度 780MPa (80kgf /mm²)

E8015－X	低氢钠型		直流反接
E8016－X	低氢钾型		交流或直流反接
E8018－X	铁粉低氢型		

E85 系列－熔敷金属抗拉强度度≥830MPa (85kgf /mm²)

E8515－X	低氢钠型		直流反接
E8516－X	低氢钾型		交流或直流反接
E8518－X	铁粉低氢型		

E90 系列－熔敷金属抗拉强度≥880MPa (90kgf /mm²)

E9015－X	低氢钠型		直流反接
E9016－X	低氢钾型		交流或直流反接
E9018－X	铁粉低氢型		

E90 系列－熔敷金属抗拉强度≥980MPa (100kgf /mm²)

E10015－X	低氢钠型		直流反接
E10016－X	低氢钾型		交流或直流反接
E10018－X	铁粉低氢型		

注:后缀字母 X 代表熔敷金属化学成分分类代号如 A1、B1、B2 等见附表 2－4